COMPUTING POWER
A NEW ENGINE OF DIGITAL ECONOMY

U0187852

算力

数字经济的新引擎

邢庆科◎编著

北京大学出版社
PEKING UNIVERSITY PRESS

内 容 提 要

互联网的普及，大数据、云计算、5G、人工智能、区块链等技术的成熟，促成了数字经济的大繁荣。以计算能力为基础，万物感知、万物互联、万物智能的数字经济新时代正在到来。数据量呈爆发式增长，对算力的需求达到空前高度，算力成为数字经济的新引擎。

本书共有8章，对算力及算力经济进行系统阐述，涉及新基建、新能源体系、数据资源、算力技术体系、基于新能源电力的算力中心、算力产业等，并从多个产业应用的角度，剖解算力对数字经济的驱动逻辑，帮助企业与个人找准发力的方向。

本书适合互联网、人工智能、大数据、智能制造等数字经济领域的从业者，以及对数字经济感兴趣的行业人士阅读，也适合高等院校数字经济、计算机、大数据、人工智能等相关专业师生参考。

图书在版编目（CIP）数据

算力：数字经济的新引擎 / 邢庆科编著. — 北京：北京大学出版社，2022.9
ISBN 978-7-301-33302-0

Ⅰ. ①算… Ⅱ. ①邢… Ⅲ. ①计算能力 Ⅳ. ①TP302.7

中国版本图书馆CIP数据核字（2022）第160175号

书　　　名	算力：数字经济的新引擎	
	SUANLI: SHUZI JINGJI DE XIN YINQING	
著作责任者	邢庆科　编著	
责 任 编 辑	刘云　孙金鑫	
标 准 书 号	ISBN 978-7-301-33302-0	
出 版 发 行	北京大学出版社	
地　　　址	北京市海淀区成府路205号　100871	
网　　　址	http://www.pup.cn　　新浪微博：@北京大学出版社	
电 子 邮 箱	编辑部 pup7@pup.cn　　总编室 zpup@pup.cn	
电　　　话	邮购部 010-62752015　发行部 010-62750672　编辑部 010-62570390	
印 刷 者	涿州市星河印刷有限公司	
经 销 者	新华书店	
	720毫米×1020毫米　16开本　20印张　392千字	
	2022年9月第1版　2024年4月第2次印刷	
印　　　数	7001-9000册	
定　　　价	69.00 元	

我们该如何站上数字经济的新风口

数年来，数字经济的热度居高不下，深刻影响着人们的生活、就业与创业方式，并引发产业结构的巨大变局。

具体来讲，在数字经济的社会形态下，人们通过移动终端就可以满足衣食住行等多种需求。加之高速互联网、云计算、大数据、物联网等新技术的进步，越来越多的新业态浮出水面，既对传统产业形成冲击，又提供了产业升级的新思路。

具体来讲，庞大的数字经济版图上，生态繁茂，形成了电子商务、直播带货、远程视频、远程医疗、在线学习、无人驾驶、智慧工厂、短视频、虚拟现实、智能家居、智慧社区、智慧交通等多种应用与业务模式。

上述成果的取得，离不开背后的诸多驱动力，比如我国经济实力的增强与基础设施建设的完善；信息化、智能化及算力技术的进步，以及购买力的提升，这些因素使得数字经济拥有了肥沃的消费土壤。尤其是算力技术体系、产业应用的成熟，推动数字经济走向更高阶段。就如作者的观点，在数字经济的任何场景里，几乎都能看到算力的身影。算力已成为新的数字化基础设施，成为数字经济的新动能，渗透到了各个行业，促进各个行业与企业的转型升级。

当有了这些发现后，作者展开了深入思考，并形成了《算力：数字经济的新引擎》这本书，其价值是非常明显的。本书全面解读了关于算力的各类技术与应用，有助于我们理解算力的整个软硬件技术体系，进而理清算力驱动数字经济的背后逻辑。特别是书中把算力产业、算力经济单独加以阐述，描绘算力经济的未来蓝图，从中能够发现有价值的未来商机，而这些机会，有可能成就数以万计的企业与创业者。

值得注意的是，数据正成为数字经济的核心生产资源，而挖掘数据价值需要算力，数字经济正进入以算力为支撑的新时代。可以说，工业经济时代，国家与企业的发展依赖各种化石能源；数字经济时代，将取决于数据的占有和对数据进行处理的算力。那么，该如何用好数据？我们又应该怎么做呢？作者通过专门的章节对此进行了讲解，从中颇受启发。

此外，大量前沿的技术、应用与模式出现在书中，比如算力网络、边缘计算、云边端一体化、柔性算力中心、异构计算、量子计算等，进一步帮助我们对整个算力世界有了清晰的判断。

作者认为，算力最终的舞台都在各个行业里，所以，他花了不少精力探寻算力在互联网、制造、金融、能源、汽车及众多传统产业领域的应用，并给出了对应的方案、案例与思考，对企业来讲，从中能够汲取到有价值的策略。

了解未来的经济大潮、掌握数字经济的走向，大家没有理由不认真看看这本书。

迎接算力经济时代：决胜未来竞争的新密码

科技变革掀起的数字经济浪潮正奔涌向前，全行业展开数字化转型，一个以计算能力为基础，万物感知、万物互联、万物智能的算力经济时代破风而来。

5G、大数据、云计算、人工智能等技术走向成熟并逐渐应用于众多领域，与城市、产业、企业、消费等结合，催生了繁荣的数字经济，推动人类社会发生了巨大的变化；深入产业链各环节，重塑研发、制造、物流等活动，数据驱动经营、算力提升效率，不断改变微观经济形态。

这些变革体现在：通过互联网甚至区块链获取信息、产生交易；智能化生产进入深水期，工业机器人、服务机器人等正在替代人工；规模化制造升级为大规模定制；基于大数据分析，实现对需求、市场及未来变化的精准预测；从生产、营销、渠道、终端到服务，所有环节得以重塑与升级。

与此同时，在万物互联的大背景下，全球数据量爆炸式增长，包括各种社会活动的数据、数据使用时叠加的新数据，推动数据量的不断增加，超大规模的数据量对算力的需求达到了空前的高度。以我国为例，国家互联网信息办公室发布的《数字中国发展报告（2022 年）》显示，2022 年，我国数据产量达 8.1ZB，同比增长 22.7%，占全球数据总量的 10.5%。另据全国数据工作会议上的信息显示，经初步测算，2023 年我国数据生产总量超 32ZB。

超大规模的数据量对处理效率不断提出更高的要求，缺少强大的算力支持，数字经济将失去核心动力，所需要的效率提升将无从谈起。结合现实应用来看，计算机、智能手机、摄像机等电子产品，以及天气预报、交通出行、医疗健康、智能金融、智能制造等应用，都离不开数据的挖掘与计算的赋能支撑。

在中央发布的关于要素市场的文件里，已把数据跟土地、劳动力、资本、技术等放在一起，形成要素市场，提出了建设数据交易共享和数据产权保护的数据要素市场的措施。

可见，数据不仅在现实中发挥越来越重要的作用，而且引起了中央的重视，在政策上予以支持。数据成为数字经济的核心生产资源，而转换数据价值需要算力，数字经济正进入以算力为支撑的新阶段，也就是算力时代。有一种说法是，工业经济时代，国家与企业的发展依赖各种化石能源；数字经济时代，将取决于数据的占有和对数据进行处理的算力。这个算力是大数据、云计算、人工智能、区块链等数字化综合体形成的算力。

我们如何理解算力呢？一般来讲，它主要包括 5 个方面：一是计算速度，芯片、服务器、计算机、超级计算机系统都反映这方面的能力；二是算法；三是大数据存储量；四是通信能力，包括 5G 基站的多少、通信的速度、延滞、带宽、可靠性、能耗；五是云计算服务能力，包括数据处理中心服务器的数量。

从技术层面上看，算力正走向基于高性能计算与大数据、深度学习融合的新阶段，并且在不断迭代、不断丰富计算形态，从云计算、边缘计算、云边端一体化，到泛在计算、绿色计算。值得注意的是，神经元计算、量子计算、拟态计算等前沿计算正登上舞台。计算架构从单一的 x86 架构扩展到异构处理器、人工智能处理器架构，不同计算单元的协作不断增强；基于各个行业的不同场景需求，ARM、MIPS、POWER、RISC-V 等架构百家争鸣，各展身手。

硬件方面，从芯片的不断迭代、运算速度的加快，到大型数据中心的建设、智能计算中心的升级、可再生能源的使用，近年来一直保持如火如荼的应用态势，推动绿色算力、柔性算力成为现实。

算力已超越信息技术产业本身，作为新的数字化基础设施，广泛应用于互联网、制造业、金融业、电信、服务、零售/批发、媒体、教育、医疗、交通、能源等各行各业中。

在强大算力的支持下，人工智能技术逐渐成为经济发展的新引擎，赋能各个产业与企业的发展。语音识别、自然语言处理、模式识别等，在不同领域都得以应用，具体表现为 AI 客服、智能投顾、AI 营销、AI 风控、人工智能选种、食品可追溯、作物监测、智适应学习、智能辅导、数字化模拟制造、柔性生产、远程运维、无人卡车、无人配送车、车队智能管理、智能家居、AI 影像辅助系统等，在理解能力、自适应性等方面变得越来越强。

新一代算力体系的建设，一方面围绕算力形成的新计算产业，前景将非常可观，它包括各种芯片、元器件、操作系统、基础软件、应用软件、系统集成、数据中心等；另一方面成为数字经济的新动能，渗透到各个行业，促进各行业的转型升级，并为数字政府、智慧城市的建设提供强大助力。

IDC（国际数据公司）与浪潮联合发布的《2020 全球计算力指数评估报告》显示，计算力指数平均每提高一个百分点，数字经济和 GDP 将分别增长 3.3‰和1.8‰。其中，当一个国家的计算力指数达到 40 分以上时，指数每提升一个百分点，对于 GDP 增长的拉动将提高到 1.5 倍；当计算力指数达到 60 分以上时，对GDP 的拉动将进一步提升至 2.9 倍。

在这个关键时刻，我们应该抓住算力产业发展的新机遇，打造算力坚实底座，加快构建自主创新、开放领先、可持续发展的新计算产业体系，推动多种企业布局算力产业，并充分应用算力价值，形成战略优势。

政策层面，做好国家算力产业顶层设计，营造产业发展的良好环境。具体来讲：一是推动政府治理模式变革，提升数字政府服务能力，完善算力基础设施建设；二是制定算力经济相关的法律法规，让算力产业发展有法可依，并加强规划，推进算力产业的数据资源开放共享；三是推动形成算力产业规模，支持算力产业相关企业的发展，孵化出一批龙头企业与腰部支撑企业，形成完善的产业链；四是及时总结算力经济发展及应用经验，展开推广，同时加强对新兴算力产业模式、公司的治理和监管力度。

从目前的局面来看，围绕算力经济展开的各项布局已全面落地，无论是芯片、AI 服务器、超级计算机、超级计算中心、数据中心的开发与建设，还是对各种新计算能力的开发，以及算力与产业应用模式的探索，在新基建等相关政策的鼓励下，呈现一片繁荣的景象。

这个过程中，我们不仅看到了国家政策的持续推动与加码，也看到了中国企业在算力经济时代付出的努力。例如，龙头企业方面，华为发布了计算产业战略，并基于"鲲鹏＋昇腾"双引擎全面布局，同时推出达芬奇架构，用创新的处理器架构来匹配算力的增速；投资全场景处理器族，包括面向通用计算的鲲鹏系列、面向 AI 计算的昇腾系列、面向智能终端的麒麟系列，以及面向智慧屏的鸿鹄系列等。

阿里巴巴已成为全球云计算、大数据分析板块的主力选手，阿里云 2023 财年营收达 772.03 亿元，并且自建数据中心 PUE（电能使用效率）从 2022 财年的 1.247，降低至 2023 财年的 1.215，清洁能源占比已达 53.9%。

产业链上同时活跃着大量成长型创新企业，并且扮演着关键角色。例如，内蒙古九链数据科技正以云计算和大数据技术为核心，以区块链和人工智能应用为基础，以数据中心为依托，打造新一代绿色柔性算力中心，并探索打造数字经济基础设施，投建了二连浩特国际绿色数字港，用于打造特色数据交互中心样板；与二连浩特可再生能源微电网项目合作，推进"大数据＋新能源微网"的产业生态建设。

这是一种新的经济形态，同时意味着一个新时代的到来。各行各业的智能需求大爆发，向数据要价值，向算力要动力，想办法全力把握数字经济升级的机会，站上算力经济的风口，在算力产业链上抢占一席之地，无论是对国家，还是对一个产业、一家企业，或是对每个人来讲，都是非常重要的。

在此感谢海南国际医药创新联合基金会的大力支持。

目 录
CONTENTS

第 1 章

什么是算力

要推动产业数字化、智能化转型升级，并实现高水平发展，就需要确保巨量数据的处理能力，以及人工智能技术的成熟应用，这些都离不开适合的算力供应。受算力需求日益增加的影响，借助"新基建"的东风，作为算力基础设施的数据中心、超级计算中心、智能计算中心正迈入加速发展阶段，无疑会进一步带动算力突飞猛进地增长。

但我们发现，算力高速发展之际，市场认知还没有跟上，只是在一个比较专业的圈层里，人们对算力才有所了解。放到更广泛的群体中，大多数人对算力相关的概念、内涵、衡量指标、行业与场景应用、价值、发展历史、未来趋势等，并不是很了解。本章将详细解读算力与算力经济，让更多的人了解算力。

1.1 算力基础

所谓算力，简单来讲就是计算能力，具体指的是数据的处理能力。算力的大小代表着对数字化信息处理能力的强弱。

算力源于芯片，通过基础软硬件的有效组织，最终释放到终端应用上，比如手机、计算机、超级计算机、自动驾驶汽车等各种硬件设备中。没有算力，智能硬件就无法正常使用。

从原始社会的手动式计算，到古代的机械式计算、近现代的电子计算，再到现在的数字计算，这些都是算力。只是在不同的技术水平下，算力的强弱存在天壤之别，在一定程度上代表了当时的技术水平，以及人类智慧的发展水平。

在计算机中，CPU（中央处理器）就提供了算力，帮助计算机快速运行。玩游戏的时候，需要显卡提供算力；绘制图表的时候，需要算力驱动计算机快速处理图形。不同产品配置的 CPU、显卡、内存等都有区别，高配置的计算机拥有更高的算力，能够运行 3D 类、影音类、视频制作、游戏等要求更高的软件。低配置的计算机算力不够，一般只能上网、运行办公软件等。

以智能手机为例，算力不够，就可能卡顿，而高配置的手机因搭载了高性能的 CPU、更大的内存等，则拥有更强的算力，用起来更顺畅。

在人工智能的应用中，同样需要有类似 CPU 和 GPU（图形处理器）的硬件来提供算力，其基本原理在于人工智能里的机器学习要从海量杂乱无章的数据里找到背后的规律，涉及数据收集、算法设计、算法实现、算法训练、算法验证和算法应用，通过大量的数据完成算法的训练，这就需要高性能算力提供支持，快速运算出结果。

算力的计算单位是 Flops（Floating-point operations per second），它表示每秒所执行的浮点运算次数。具体使用时，Flops 前面还会有一个字母常量，如 TFlops、PFlops。其中字母 T、P 代表次数，T 代表每秒一万亿次，P 代表每秒一千万亿次。

除了运算次数，衡量算力水平时还要看算力精度，根据数据精度的不同，可把算力分为双精度算力（64 位，FP64）、单精度算力（32 位，FP32）、半精度算力（16 位，FP16）及整型算力（INT8、INT4）。位数越高，则意味着精度越高，能够支持的运算复杂程度就越高，适配的应用场景也就越广泛。

不同算力中心提供的算力其精度可能不同，比如 1000Flops 的 AI 计算中心所提供的算力，与 1000Flops 超级计算机提供的算力相比，虽然算力数值相同，但精度不同，实际算力水平并不一样。

借助专用的测试程序，可以测算不同精度算力的性能，比如用于测试超级计算机性能的 Linpack 测试，专注于双精度算力；用于衡量智能计算机性能的 ResNet-50，则专注于半精度算力。

按照使用主体及级别,算力可分为:个人算力、企业算力、超级算力与 AI 算力。

1. **个人算力**:一般情况下,个人算力指的就是 PC,它包括台式计算机、笔记本电脑、平板电脑、超极本、智能手机等。通过计算机或智能手机实施的上网、玩游戏等任何操作,都会被转化成二进制数,暂存于计算机的存储器中,再经由 CPU 解译为指令,然后被调入运算器中进行计算,最后通过输出设备将结果输出。

由于个人计算机一般只安装一个 CPU,所以它的性能有限。如果数据量很大,计算量很大,个人计算机的算力难以支撑,无法完成任务,就需要采用更强的计算工具与计算方式。

2. **企业算力**:当面对上百、上千,甚至上万人同时进行某项操作,并要在同一时间给出计算结果时,个人计算机满足不了这么大的算力需求,只能由服务器来解决。

服务器与个人计算机的主要区别在于,个人计算机一般就一个人使用,而服务器对外提供服务,可以很多人一起使用,而且能够并行处理多人请求,再者,服务器会安装很多个 CPU,甚至是集群性质的。它每天 24 小时工作,全年无休。

但这个请求数量也不是没有上限的,有的服务器一次只能处理 100 万个请求,那么当第 1000001 个请求发出的时候,服务器就会卡顿,甚至崩溃。

如何给服务器解压?办法就是依靠数据中心、云计算。数据中心里部署了大量服务器,提供非常强大的算力。例如,阿里巴巴、谷歌、亚马逊等公司,每年都会投入数百亿元建设数据中心,里面会存放数万台计算机。在超大规模的数据中心里,一般拥有 5 万~10 万台服务器。数据中心扮演连接器的角色,可以把算力供给端和需求端连接到一起。

云计算又是如何发挥作用的呢?它是把计算资源放到网络里,然后将网络里的计算机虚拟成一台“超级计算机”,人们可以通过各种终端,享受到云计算提供的计算服务。云计算能够按照用户的需求匹配计算资源,还可以让用户大量使用非本地的计算资源,实现“算力共享”。

云计算也是有瓶颈的,有些项目对计算性能提出了超高要求,那就得借助超级算力,即超级计算机。

3. **超级算力**:道路上,信号灯可以实时调节等候时间,疏导人车流量;当患者坐在眼底筛查一体机前,深度学习算法自动提取眼底生理结构,评估病变风险;智慧政务大厅里,通过服务机器人可以一站式办理房产过户、公积金缴纳等,这些背后都有超级算力作为支撑。

超级算力来自超级计算机，通常用于需要大量运算的领域，比如天气预报、天体物理模拟、航空航天、科研、石油石化、CAE 仿真计算、生命科学、人工智能等，对数据精度要求高，通常超级计算机系统以双精度数值计算为主，为高精尖科学领域提供极致算力的服务。中国目前的"神威·太湖之光"超级计算机，可以在 30 天内完成未来 100 年的地球气候模拟。

超级计算机是指能够处理个人计算机无法处理的大量资料，并进行高速运算的计算机。它与普通计算机的构成组件基本相同，但在性能和规模上存在差异。超级计算机具备极大的数据存储容量和极快的数据处理速度，并配有多种外围设备，以及丰富的、高性能的软件系统。

根据处理器的不同，可以把超级计算机分为两类，包括采用专用处理器和采用标准兼容处理器，前者可以高效地处理同一类型的问题，而后者可一机多用，使用比较灵活，范围比较广泛。

以前，超级计算机的运算速度平均每秒在 1000 万次以上，而现在的超级计算机已进入 E 级时代，准入门槛也变成了运算速度每秒百亿亿次。

从超算细分市场来看，超算可以分为尖端超算、通用超算和行业超算 3 类。

尖端超算作为"塔尖上的明珠"，是万核以上的应用，追求极大规模、极致性能，面向攻坚型科研、国家级客户及各行各业顶级研究机构，对超级计算机的硬件系统要求极高。我国重点研发的 E 级超级计算机，是每秒可进行百亿亿次浮点运算的超级计算机。

通用超算是万核以下的应用，绝大多数是千核以下的应用，针对不同类型的应用，需要提供优质服务，以及更高性价比的资源，还需要满足海量无自建超级计算机用户的日常计算需求。

行业超算是面向行业、按照行业的业务需求设计完整的云上业务流程，往往是单核到几千核应用。这类客户最关注服务，其次是性能和性价比。我国的行业超算集中在能源、电信、工业制造、互联网等领域。

目前，超算已经成为一个国家综合国力的象征，而中国在这一领域已经实现了一定程度的领先。2021 年 6 月，新一期全球超级计算机 500 强榜单发布，中国共有 186 台超级计算机上榜。美国以 123 台位列第二，其后依次是日本、德国、法国。到 2023 年国际超算大会，TOP500 榜单发布，前十名出现较大变化，Frontier、Aurora、Eagle、日本富岳、LUMI 等排前五强。我国未提交新的测试结果，神威·太湖之光和天河二号分别排在第 11、第 14 位。

中国国家并行计算机工程技术研究中心研制的"神威·太湖之光"超级计算机，由 SW26010 处理器提供动力。2016 年 6 月在中国无锡国家超级计算中心安装，HPL 性能为 93 PFlops。

国防科技大学研制的"天河二号"采用 Intel 至强 CPU 和定制的 Matrix-2000 协处理器的混合架构，HPL 性能为 61.4 PFlops，目前部署在广州的国家超级计算中心。

2021 年的排名中，中国超级计算机的数量虽然下降至 186 台（2020 年为 212 台），但对比美国的 123 台，依然处于领先位置。不过美国的超级算力更强，综合性能为 856.8 PFlops，而中国超级算力为 445.3 PFlops。

早在 2016 年，"神舟十一号"飞船和"天宫二号"进行交会对接，这对飞船和航天器的模拟精准度要求极高，联想为中国载人航天工程总体仿真实验室提供了一套以联想高性能计算系统和 ThinkStation 图形工作站为核心的仿真系统，在轨道计算、模拟仿真、航天器设计等关键环节承担了大量计算工作。

在 2020 年抗击新冠肺炎疫情的过程中，各国超级计算机也都倾尽全力。中国"天河二号"超级计算机协助搭建起"15 秒断诊"的新冠肺炎 CT 影像智能诊断平台，并助力筛选能抑制病毒的小分子药物。美国 Summit 超级计算机同样参与到新药的研制中，模拟新冠病毒与不同化合物的反应。

4. AI 算力：近年来，AI（人工智能）快速发展，为匹配 AI 训练与推理的需求，AI 算力系统应运而生，大多用于语音、图片或视频的处理。AI 计算擅长推理或训练，但多数不具备高精度数值计算能力。浮点计算下的低精度计算，甚至整型计算，都能满足相应需求。

AI 发展已进入与行业深度融合的阶段，AI 计算能力反映了一个国家前沿的计算能力。AI 计算的占比正逐年提高，从选取的样本国家来看，AI 计算占整体计算市场的比例从 2015 年的 7% 增加到 2019 年的 12%，预计到 2024 年将达到 23%。

中国和美国是 AI 算力支出占总算力支出最高的两个国家，占比均超过 10%；尤其是中国，以 14.1% 的占比领跑所有样本国家。这说明中国在战略层面对人工智能的重视，及企业希望以人工智能为发展契机提升核心竞争力的迫切愿望。

IDC 的调研发现，超过 90% 的企业正在使用或计划在 3 年内使用人工智能，其中 74.5% 的企业期望在未来可以采用具备公用设施意义的人工智能专用基础设施平台。

企业对 AI 算力基础设施平台的需求主要包括：用于人工智能训练的数据支撑、

人工智能加速计算能力、规模效应下的价格和成本因素，以及丰富的应用场景配置等。

OpenAI 测算，自 2012 年以来，在最大规模的人工智能训练中所使用的计算量呈指数级增长，大概 3.43 个月的时间翻一倍。而到了 2020 年左右，人工智能所需算力每两个月就翻一倍，承载 AI 的新型算力基础设施的供给水平，将直接影响 AI 创新迭代及产业 AI 应用。基于大数据和深度学习的人工智能技术，高度依赖于系统的数据处理与学习能力，因此，硬件的计算能力成为继数据、算力之后，另一个影响人工智能发展的关键因素。

超级算力与 AI 算力比较：超级算力与智能计算的算力精度存在差异，衡量超算采用的是双精度浮点运算能力（64 位），而智能计算的衡量精度则是单精度（32 位）、半精度（16 位）及整型运算（INT8、INT4）。超级计算机的双精度算力可看作重型卡车，是一种通用算力，可以承担各种计算任务；而低精度算力可看作小型货车，是一种专用算力，专门为 AI 的训练和推理设计的，由于自身性能的限制，无法承担超级计算机的计算任务。

在特定的场景下，算力还有其他意思，比如它是描述对比特币区块做哈希运算的能力，也就是指比特币挖矿机产出比特币的能力，是矿机每秒产生哈希（Hash）碰撞的能力，用来衡量挖矿机器的计算及网络处理能力。某台计算机的算力占全网算力的比例越高，产出的比特币就越多。

计算哈希值进而获得比特币的做法，通常称为"挖矿"，市场上出现了专门用来挖比特币的"矿机"，有些人大规模购进"矿机"形成"矿场"。挖矿是一个计算的过程，矿工需要计算这个新区块的区块头的哈希值。在有关比特币算力的计算中，经常会看到 EH/s、PH/s、TH/s 等单位，其中 H/s 代表矿机一秒钟可以做多少次哈希运算。

具体来讲，就是在通过"挖矿"得到比特币的过程中，我们需要找到它相应的解，而对于任何一个 64 位的哈希值，要找到解，都没有固定的算法，只能靠计算机随机的 Hash 碰撞，而一个挖矿机每秒钟能做多少次 Hash 碰撞，就是其算力的代表，单位写成 Hash/s，简写为 H/s，这就是所谓工作量证明机制 POW（Proof of Work）。

EH/s、PH/s、TH/s 等都代表比特币算力的单位。

1KH/s = 每秒 1000 次哈希。

1MH/s = 每秒 100 万次哈希。

1GH/s = 每秒 10 亿次哈希。

1TH/s = 每秒 1 万亿次哈希。

1PH/s = 每秒 1000 万亿次哈希。

1EH/s =1000PH/s。

如果看到网络达到 10TH/s 的算力时，则意味着它每秒能够进行 10 万亿次计算。

近两年，比特币全网算力进入 P 算力时代（1P=1024T，1T=1024G，1G=1024M，1M=1024K），在不断飙升的算力环境中，P 时代的到来意味着比特币进入新的军备竞赛阶段。

随着矿机技术的快速进步，各大厂商都在推出高算力、低功耗的矿机产品，2018 年 7 月底，阿瓦隆推出搭载了 7nm 芯片的 A921 矿机。8 月，蚂蚁矿机发布了 S9 Hydro 水冷矿机，随后的 9 月，神马矿机发布了搭载 16nm 芯片的 M10 矿机。

到 2020 年，中国两大矿机制造商亿邦国际（Ebang Communications）与嘉楠科技（Canan Inc.）都推出了新型 ASIC 挖矿设备。其中，嘉楠科技发布了新型设备 AvalonLiner 1146 Pro（63TH/s），功耗约为 3276 瓦；亿邦国际发布了 E12＋（50TH/s），功耗约为 2500 瓦。比特币矿商巨头 Bitmain 推出一款 ASIC 新一代矿机 Antminer 19 系列，可以产生 84 TH/s（±3%）的哈希率，功率效率为 37.5 J/TH（±5%）。大量新型的矿机问世并投入运行，支撑着矿场的庞大算力。

不过，国内正在打击比特币交易炒作，这种挖矿行为耗能较高，给能源供给造成压力。据彭博社的消息，四川迎来大面积矿机集体断电，四川省发展和改革委员会、四川省能源局发文通知，对于虚拟货币"挖矿"项目，在川相关电力企业需要在 2021 年 6 月 20 日前完成甄别清理关停工作。

随后，比特币全网算力隔夜骤降，并引发市场信心大降。比特币跌至 30000 美元，处于自 2021 年 5 月大跌以来的低谷。2021 年 6 月，BTC.com 数据显示，比特币全网平均算力为 126.83EH/s，相比历史最高点 197.61EH/s，已经跌去近 36%。此后的时间里，比特币价格及算力一直表现出非常明显的波动。

在挖以太坊（ETH）等虚拟货币方面，算力同样是重要的驱动力。目前挖以太坊的矿机有显卡矿机和芯片矿机。显卡矿机就是购买显卡组装成一台多显卡的矿机，一般 6 片、8 片显卡组成一台矿机。芯片矿机是专门针对以太坊设计出来的矿机，不用自己调试，直接插上电源接上网线，然后配置矿机就可以挖。

目前，以太坊挖矿主流机器还是显卡矿机，主要硬件包含显卡、主板、电源、CPU、内存、硬盘等。比如英伟达（NVIDIA）的 RTX 系列显卡，除用于游戏外，还被广泛用于深度学习、基因测序、天气模拟、"挖矿"等，很多人都用它来挖以太币。挖币网数据显示，以太坊挖矿算力第一的是 RTX 3090 显卡，且多款不同型号的 RTX 显卡算力位居前列。比特大陆公布了专用于以太坊的矿机 Antminer E9，它的 ETH 哈希率可达 3GH/s，相当于 32 张 NVIDIA RTX 3080 显卡。

1.2 算力的发展史与现状

人类文明的发展离不开计算力的进步，它是文明的重要推动力。在算力的发展史上，经历了多个里程碑的阶段，从最早的结绳记事、算筹，到后来的算盘、计算机（电子管时代、晶体管时代），以及当前的集成电路时代。

电子管时代到来后，计算机成为主要力量。不过电子管时代的计算机，体积庞大、能耗高、价格昂贵，并没有推广使用。自从晶体管发明后，运算能力大幅提升，计算机体积有所控制。直到进入集成电路时代，计算速度才实现跨越式的提升，并且微型计算机成为现实，其计算、存储等功能都发生了颠覆式的变化，并且不断升级。

在 70 多年的时间里，从第一台计算机诞生到大型机，再到个人计算机，从台式计算机到笔记本电脑，再到平板电脑，从智能手机到可穿戴设备，计算设备的体积越来越小，功能越来越强。

1.2.1 算力的发展史

在原始社会中，人类开始使用结绳、垒石、枝条或刻字等方式进行辅助计算。后来，发明了算筹。据《汉书·律历志》记载，算筹是圆形竹棍，长 23.86 厘米，横切面直径是 0.23 厘米。到隋朝时，算筹缩短，圆棍改成了方的或扁的。算筹除竹筹外，还有木筹、铁筹、玉筹和牙筹等。计算的时候，将算筹摆成纵式和横式两种数字，按照纵横相间的原则表示任何自然数，从而进行计算；当负数出现后，算筹分为两种，红筹表现正数，黑筹表示负数。

算筹逐渐演化，后来产生了算盘，通常用来计算金钱。不过，算盘什么时候发明的，有各种说法，东汉数学家徐岳《数术记遗》里提到："珠算，控带四时，经纬三才。"该书里记载了 14 种算法，其中第 13 种就是珠算。也有观点认为，算盘出现在唐代，比如《清明上河图》里的算盘图就是一大证据，这幅画出现在宋代，里面的一家店铺柜台上摆放了算盘，说明当时算盘已经是常用工具，那么它的出现可能推算到唐代。还有学者认为算盘产生于明代，比如永乐年间出版的《鲁班木经》中，对算盘的规格、尺寸等做出了详细描述。

再到后来，一些新的工具陆续诞生，计算的速度与精度不断提高，比如 1620 年，欧洲的学者发明了对数计算尺。后来，机械计算机的出现将算力向前推进了一大步。差分机、基于计算自动化的程序控制分析机等，都是计算领域有代表性的发明。

直到 20 世纪中叶，冯·诺依曼提出计算机的基本原理，包括存储程序和程序控制，用二进制替代十进制，将计算机分为控制器（CPU）、运算器、存储器、输入设备与输出设备，如图 1-1 所示。

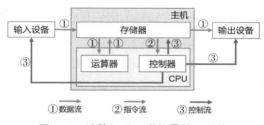

图 1-1　计算机冯·诺依曼体系结构

第一台计算机埃尼阿克（ENIAC）在美国宾夕法尼亚大学问世，这台最早的计算机重 30 吨，使用 1.7 万多个真空电子管，功率达 174 千瓦，占地约 170 平方米，使用十进制运算，每秒能运算 5000 次加法，只能通过人工来扳动庞大面板上的各种开关，进行数据信息输入。

随后，冯·诺依曼在 ENIAC 项目的基础上研制了 EDVAC，重新设计了整个架构，奠定了当今计算机的结构。

技术进步的大门打开后，便一路向前。早期计算机使用电子管，体积比较庞大，往往需要一个房间储存，购买、运营与维护都很昂贵。量产的计算机 UNIVAC，占地面积仅为 ENIAC 的 1/3，共制造了 46 套，开售价格为 15.9 万美元，后来涨价到 125 万~150 万美元。它也是第一台既能够处理数字计算，又能够进行文字处理的通用计算机，使用汇编语言编程，以及电打字机、磁带和示波器作为输入、输出设备，每秒可以进行 1905 次运算，并能存储 12000 位的数据（即 12000 个二进制字符）。

到了 20 世纪 40 年代，贝尔电话实验室研制出了晶体管，它的体积小，产生的热量也小，寿命又比电子管长，使得计算机的体积大幅度减小。晶体管问世之后，迅猛发展并取代电子管的位置。20世纪50年代，人们开始发展第二代晶体管计算机，不再一个一个地焊接和封装晶体管，而是把许多晶体管按照设计要求连接在一块电路板上，形成了早期的集成电路模式。

随着技术的进步，每块集成电路上可容纳的晶体管不断增加，进入中规模集成电路时期，用一两块集成电路板就可以制成中央处理机，性能比以前的计算机还要强，最后组装成的计算机尺寸大为减小。20世纪60年代，美国推出了第一台被视为小型机的PDP-8型计算机，随后又研制出标准化小型计算机。

进入20世纪70年代后，第三代计算机出现，大规模集成电路、超大规模集成电路陆续得以实现，每个集成电路板上包含几千个到几万个晶体管，后来又增长到几十万个，计算机的微型化速度高歌猛进。一个标志性事件是，1971年英特尔研制出了微处理器Intel 4004，CPU登上历史舞台。这枚芯片的尺寸为3mm×4mm，上面一共集成了约2300个晶体管。

戈登·摩尔（Gordon Moore）认为，集成电路上可容纳的元器件数量，每18~24个月便会增加一倍，性能也将提升一倍，这就是著名的摩尔定律。

英特尔成为个人计算机中微处理机里的代表公司，更新换代的速度非常快，20世纪70年代是8080和8088微处理器，20世纪80年代是80286、80386和80486微处理器，20世纪90年代则推出了80586奔腾处理器，速度每年翻一番，每秒约执行100万条指令。

从第一代微型机开始，到1983年英特尔更新了四代机型，字长从4位、8位、16位发展到32位，每个集成电路上晶体管的集成度从2200个、4800个、2.9万个发展到10万个；运算速度从每秒几万次、几十万次，提升到几百万次；体积从袖珍式、便携式发展到掌上机。20世纪80年代后期，一台386微处理机电路的集成度为250万个晶体管。

1986年，康柏推出第一台基于386处理器的台式个人计算机，引起不小的轰动。1987年，IBM推出PS/2系统，引进微通道技术，该机型累计出货量达到200万台。1989年，英特尔公司发布集成约120万个晶体管的486处理器，4年后又发布奔腾处理器，初期产品集成300多万个晶体管，内存主频为60MHz~66MHz，每秒可执行1亿条指令。1995年，英特尔推出Pentium Pro处理器，内部集成约550万个晶体管，每秒可执行4.4亿条指令。《时代周刊》1997年的封面人物就是英特尔公司的总裁安德鲁·格罗夫，标志着计算机正在将人类带进信息时代。

在最近的20多年里，计算机继续迭代，比如1996年英特尔推出带有MMX

技术（多媒体扩展）的 Pentium 处理器，直接推动了计算机多媒体应用的发展；1997 年 IBM 研制的超级计算机"深蓝"，第一次战胜了当时世界排名第一的国际象棋大师加里·卡斯帕洛夫；2000 年以后，AMD 公司推出主频达 1GHz 的 Athlon 处理器，掀开 GHz 处理器大战；英特尔发布的 Pentium4 处理器，总线频率达 400MHz，另外增加 144 条全新指令，用于提高视频、音频等多媒体及 3D 图形处理能力。

2019 年，华为发布计算战略，推出 AI 训练集群 Atlas 900，由数千颗昇腾 910 处理器组成，它的计算能力相当于 50 万台 PC 的总和。在衡量 AI 计算能力的 ResNet-50 模型训练中，Atlas 900 只用了 59.8 秒就完成了训练，这比原来的世界纪录还快了 10 秒。另外，华为推出达芬奇结构，这是一种能够覆盖"端、边、云"全场景的处理器架构，成为打造计算产业的基础。同时，华为还发布多个系列的处理器，包括支持通用计算的鲲鹏系列、支持 AI 的昇腾系列、支持智能终端的麒麟系列，以及支持智慧屏的鸿鹄系列。

整体来看，华为投入计算产业重点是四方面布局，包括对架构创新的突破、对全场景处理器族的投资、坚持有所为有所不为的商业策略，以及不遗余力地构建开放生态。

芯片领域的进步也未停步。目前，半导体主流制程节点已经到了 5nm，并向 3nm 甚至更小的节点演进，每进步 1nm，都需要付出极大的努力。2021 年 5 月，IBM 宣布成功研制出 2nm 芯片，仅指甲盖大小，能容纳 500 亿个晶体管。相比广泛使用的 7nm 芯片，2nm 芯片的性能可提高 45%，能耗降低 75%。

不过，单纯靠工艺来提升芯片性能，其难度非常大，后摩尔时代已经到来，新的技术路线浮出水面。一是"More Moore"（深度摩尔），以缩小集成电路的尺寸为核心，兼顾性能与功耗；二是"More than Moore"（超越摩尔），芯片性能的提升不再靠堆叠晶体管，更多地靠电路设计以及系统算法优化，同时，借助先进封装技术，实现异质集成，或者通过算法的升级、芯片架构的更新，实现更加智能的计算，提升芯片性能。

1.2.2　算力的供应来源与分类

算力涉及很多领域，比如智能手机、个人计算机、可穿戴设备等，都有算力的参与。同时，随着经济与技术的发展，计算能力建设也不断演进，算力的来源渠道正在增加，这里主要介绍比较核心的算力中心，包括超级计算中心、智算中心、数据中心等。

1. 超级算力：超级算力由超级计算中心输出，而超级计算中心由超级计算机组成，运算速度比常规计算机快许多倍，比如十亿亿次的超级计算机工作1天，相当于普通计算机工作1万多年；超级计算机1分钟的计算能力，相当于200多万台普通计算机同时运行。

在技术上，超级算力由高性能CPU提供，注重双精度通用计算能力，追求精确的数值计算。从应用方面来说，超级计算中心主要应用于重大工程或科学计算领域的通用和大规模科学计算，如天气预报、分子模型、天体物理模拟、汽车设计模拟、新材料、新能源、新药设计、高端装备制造、航空航天飞行器设计等。

值得注意的是，近年来，超级算力正与互联网技术融合，许多互联网公司开始申报超级计算机，在超级计算机TOP100强中，有30%的系统都来自互联网行业，主要包括云计算、机器学习、人工智能、大数据分析以及短视频领域。这些领域提出了越来越高的计算需求，有些项目需要借助超级计算机的力量加以完成。

超级计算机需要多个芯片同时运行，首先要给芯片分配任务，开始计算后，芯片除了自己要运算外，芯片之间还要交换数据，这些都需要消耗时间。因此，计算速度的增长，总是低于芯片数的增长。

这里面涉及一个算力概念，就是超算的速度与单个芯片速度的比值，称为加速比。加速比总是低于芯片数的。当芯片比较少的时候，加速比上升得比较快。随着芯片数的增加，加速比上升得越来越慢。当芯片非常多的时候，任务划分和数据通信会变成瓶颈，在一定程度上抵销芯片增加带来的好处。

我国在超级计算机方面投入了比较多的资源，获得了相当不错的成果。2012年，千万亿次超级计算机"神威蓝光"每秒峰值运算达1.07千万亿次，存储容量高达2PB（1PB约等于100万GB），拥有14.3万枚16核CPU。到2017年，中国"神威·太湖之光"入选全球超级计算机500强榜首，这种超级计算机安装了40960个中国自主研发的申威26010众核处理器，峰值计算性能超过100 PFlops，峰值运算速度可以达到每秒12.5亿亿次，主要应用于地球气候模拟、非线性地震模拟、基于卫星遥感数据的地表建模与预测等。

对于不同的区域而言，如果希望建设成为科学创新高地，支撑多产业发展，那么超级计算中心的算力是首选。超级算力既可以广泛地应用于科学计算、能源、气象、工程仿真等传统领域，也可以用于生物基因、智慧城市、人工智能等新兴领域，全力支撑基础科学领域及新兴产业发展。例如，在医疗领域，科学家使用分子对接技术，针对与埃博拉病毒蛋白 V35 的对接，一天可以完成 4000 万分子化合物的抗埃博拉病毒药物筛选，这其中就有超级算力的功劳。

2. **智能计算中心的算力**：它是基于人工智能理论与计算架构，提供人工智能应用所需要的算力、数据与算法服务，通过算力的生产、聚合、调度和释放，支撑数据的开放共享、智能生态建设，促进 AI 产业化、产业 AI 化和政府治理的智能化。它要基于 AI 芯片、AI 服务器、高速互联、深度学习框架等资源调度，构建智能计算中心的作业模式，进而输出算力。在 AI 快速发展的大环境下，如果只是希望用于支持专一的人工智能应用场景，不妨选择相对造价低、专用性强的人工智能算力设施。

在人工智能领域，有计算机视觉、自然语言处理、机器学习、语音识别等技术。其中，计算机视觉包括静动态图像识别与处理等，对目标进行识别、测量及计算，应用于智能家居、AR（增强现实）与 VR（虚拟现实）、标签分类检索、美颜特效、智能安防、直播监管等。自然语言处理是研究语言的收集、识别、理解、处理等，应用于知识图谱、深度问答、推荐引导、机器翻译、模型处理等。机器学习以深度学习、增强学习等算法研究为主，赋予机器自主学习并提高性能的能力，应用于安防、数据中心、智能家居、公共安全等领域。语音识别是通过信号处理和识别技术，让机器自动识别和理解人类口述的语言，并转换成文本和命令，应用于智能电视、智能车载、电话呼叫中心、语音助手、智能移动终端、智能家电等场景。

不同的应用场景，对算力的要求也不同，一般推理需要半精度或整型计算能力即可，而涉及人工智能更关键的训练场景，则需要单精度及以上的算力。

人工智能计算中心是支撑数字经济的基础设施，支持人工智能与传统行业的融合创新与应用，重点在自动驾驶、医疗辅助诊断、智能制造等领域大显身手。人工智能的核心计算能力由训练、推理等专用计算芯片提供，注重单精度、半精度等多样化计算能力。

人工智能计算中心的建设，借鉴了超级计算中心大规模并行和数据处理的技术架构，以图形芯片作为计算支持，同时 AI 服务器是这种人工智能算力的核心支撑。《2019 年中国 AI 基础架构市场调查报告》显示，2019 年中国 AI 服务器出货量为 79318 台，同比增长 46.7%。2019 年，中国整体通用服务器市场出货量同比下降 3.8%。通过对比可以发现，AI 计算已成主流的计算形态。IDC 同时分析认为，中国人工智能服务器市场规模 2027 年将达到 134 亿美元，年复合增长率达 21.8%。全球人工智能硬件市场（服务器）规模将从 2022 年的 195 亿美元增长到 2026 年的 347 亿美元，年复合增长率达 17.3%。其中，用于运行生成式人工智能的服务器市场规模占比将从 2023 年的 11.9% 增长到 2026 年的 31.7%。

目前，一大批人工智能计算中心正在建设，比如武汉投运了全国首个人工智能计算中心；西安、成都、上海、南京、杭州、广州、大连、青岛、长沙、太原、南宁等多个城市都在布局人工智能计算中心。

3. 数据中心里的云算力：互联网、大数据和云计算技术的成熟，带动了云计算数据中心的建设。数据中心是云计算的核心基础设施，输出强大的算力，应用于众多领域。数据中心由两部分构成：一是围绕建筑的土地、配电、制冷和安防等基础设施，二是机架、服务器、交换机和防火墙等 IT 设备。

现代化的云数据中心里配置了超大规模的服务器，甚至将数十个传统的数据中心整合，进行集中化数据备份、计算和管理，提供云业务所需的计算能力。而云计算是互联网信息服务的基础架构，解决高并发访问和算力按需调度的问题。

云计算的快速成长，及其在各个行业里的普遍应用，倒逼数据中心的增长。中国电子信息产业发展研究院统计数据显示，2019 年中国数据中心约为 7.4 万个，约占全球数据中心总量的 23%，已建成的超大型、大型数据中心数量占比达 12.7%；在用数据中心机架规模达到 265.8 万架，同比增长 28.7%；在建数据中心机架约 185 万架，同比增加约 43 万架。另外，2021 中国国际大数据产业博览会上发布的数据显示，"十三五"时期，我国数据中心规模从 2015 年的 124 万家增长到 2020 年的 500 万家。国内数据中心建设掀起第二波高潮，2020 年我国数据中心市场增速超过 40%，同时展开了新一轮技术升级。

自 2020 年国家大力支持"新基建"建设以来，数据中心作为"新基建"的重要内容，京津冀、长三角和珠三角等算力需求地区，以及中西部能源资源集中的区域，如内蒙古、山西等，均在推进新的大中型数据中心的建设。到了 2021 年，工业和信息化部印发《新型数据中心发展三年行动计划（2021—2023 年）》，其中提出：到 2021 年底，全国数据中心平均利用率力争提升到 55% 以上，总算力超过 120 EFlops，新建大型及以上数据中心 PUE 降低到 1.35 以下。到 2023 年底，全国数据中心机架规模年均增速保持在 20% 左右，平均利用率力争提升到 60% 以上，总算力超过 200 EFlops，高性能算力占比达到 10%。国家枢纽节点算力规模占比超过 70%。

就具体企业来讲，早在 2006 年，Google 就建造了能容纳超过 46 万台服务器的分布式数据中心。到 2020 年 7 月，阿里巴巴已建设 5 座超级数据中心，阿里云在全球 22 个地域部署了上百个云数据中心，阿里云服务器规模已经接近 200 万台，未来还将在全国建立 10 座以上的超级数据中心。数据中心有不同的规模，形成不同量级的算力，按标准机架数量，可分为小型、大型、超大型等，其中，超大型数据中心要求不少于 1 万台机架数量。

围绕云计算，已形成了完整的产业链，上游包括芯片、内存等，中游则是各类服务器、交换机、存储、安全等设备，下游则是云计算服务商，面向各类客户提供算力服务。

而且在国家宣布大力支持"新基建"之后，腾讯宣布未来 5 年将投资 5000 亿元用于云计算、数据中心等新基建项目的进一步布局；阿里云宣布未来 3 年将投资 2000 亿元用于面向未来的数据中心建设及重大核心技术研发攻坚；百度宣布，预计到 2030 年，百度智能云服务器台数将超过 500 万台。各大云厂商仍在继续加大算力投入，公有云算力供应将会更加充裕。

4. 自建数据中心的算力：自建算力因其安全性和自主性等特点，成为政府、大企业及其他关注安全的组织的首选算力方式。政府、银行及高校和央企等，通常通过自建或租赁数据中心的方式自建算力，满足自身各项业务的算力需求。许多互联网公司在刚开始时选择使用公有云服务，但规模发展到一定程度后，通常都会开始以自建或租赁数据中心的方式自建算力。

有部分企业出于安全、商业机密和隐私等方面的考虑，不愿意把数据和业务等放到阿里云等公有云上，往往选择以托管服务器的方式自建算力，规模更小的企业直接在本地使用。

2020 年 6 月，快手宣布投资 100 亿元自建数据中心，计划部署 30 万台服务器。字节跳动等大型互联网公司也在不断加大数据中心的建设。

5. 区块链里的算力：受比特币等影响力较大的加密币驱动，算力因为"挖矿"的行为浮出水面，在比特币领域中，算力也称哈希率，是区块链网络处理能力的度量单位，相当于计算机（CPU）计算哈希函数输出的速度。它是衡量在一定的网络消耗下生成新块的单位的总计算能力。处理的数据量越大，也就意味着算力更大。

Filscan 数据显示，2021 年 1 月 29 日，Filecoin 的全网有效算力已达到 2.17EiB（1EiB 算力对应的是 1EiB 体量的存储数据，1EiB=1024PiB，1PiB=1024TiB，1TiB=1024GiB）。

在这个领域，矿机是比较典型的算力应用案例。算力被视为矿机的生产力指标，比如人们通过矿机去"挖矿"，争夺记账权，获得网络给予的比特币激励。在比特币出现的早期，人们主要借助 CPU 挖掘，后来转向算力更高的 GPU。2011 年，还在北京航空航天大学读博的张楠赓推出了他发明的 FPGA（Field Programmable Gate Array，即现场可编辑逻辑门阵列，一种半定制电路）矿机，比 GPU 的算力更高；2012 年，美国蝴蝶实验室（Butterfly Labs）宣布将制造 ASIC（专用集成电路）矿机，专门针对比特币 SHA256 算法而生产，算力更高。2013 年，张楠赓成功推出了全球第一台 ASIC 矿机"阿瓦隆"一代，采用 110nm 工艺制程技术，一天的算力能挖出 357 枚比特币。2014 年，比特大陆投产了基于 28nm 工艺制程的蚂蚁 S1384 芯片和 S5 矿机，算力不断升级。

1.2.3　算力产生的原理

算力的产生一般包括 4 个部分：一是系统平台，用来存储和运算大数据；二是中枢系统，用来协调数据和业务系统，直接体现治理能力；三是场景，也就是算力的应用领域，既需要算力提供支持，用于数据挖掘，又能产生大量数据反哺算力升级；四是数据驾驶舱，直接体现数据治理能力和运用能力。

与此同时，多元化的场景应用和不断迭代的新计算技术，促使算力不再局限于数据中心，开始扩展到云、网、边、端全场景，计算开始超脱工具属性和物理属性，演进为一种泛在能力，实现蜕变。图 1-2 呈现了一种由芯片、设备、软件组成的算力架构。

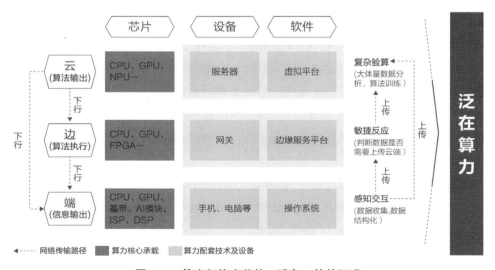

图 1-2　算力架构由芯片、设备、软件组成

来源：罗兰贝格

从作用层面上看，伴随人类对计算需求的不断升级，计算在单一的物理工具属性之上逐渐形成了感知能力、自然语言处理能力、思考和判断能力，借助大数据、人工智能、卫星网、光纤网、物联网、云平台、近地通信等一系列数字化软硬件基础设施，以技术、产品的形态，加速渗透进社会生产和生活的各个方面。

正如美国学者尼葛洛庞帝在《数字化生存》一书的序言中所言，"计算，不再只是与计算机有关，它还决定了我们的生存"。算力正日益成为人们社会生活方式的重要因素。

以人工智能的算力为例，它通过计算机来模拟人的某些思维过程和智能行为（如学习、推理、思考、规划等），主要应用在训练和推理两个环节，训练需要通过大量的样本数据进行学习，经过训练之后，可以把所学的东西应用于多种任务。它涉及对非常庞大的数据集进行计算，展开密集型矩阵运算，通常以 TB 到 PB 为单位，其中 TB 即太字节，1TB=1024GB；PB 即拍字节，1PB=1024TB。谁在接受训练？是神经网络，它是对人类大脑的初步模仿，分为很多不同的层、连接和数据传播的方向，每一层发挥不同的作用，最后输出结论。

计算类芯片的发展是算力的源动力，通用计算芯片领域，CPU、GPU、FPGA是三大主流架构，其中 CPU 适用于处理复杂、重复性低的串行任务；GPU 适合通用并行处理，包括图像处理、通用加速等；FPGA 具备可重构特性，根据客户需求灵活定制计算架构，适合于航空航天、车载、工业等细分行业。在专用计算领域，满足人工智能应用计算需求的专用计算芯片成为新的焦点。

主流通用计算芯片持续升级，一方面挖掘传统架构的潜力，比如 CPU 采用乱序执行、超标量流水线、多级缓存等技术，提升整体性能表现，同时围绕深度学习计算需求，增加专用计算指令；GPU 探索高效的图形处理单元、流处理单元和访存存取体系等，并且优化针对人工智能计算的专用逻辑运算单元。在英伟达图灵架构 GPU 芯片中，内置全新张量计算核心，利用深度学习算法消除低分辨率渲染问题；FPGA 不断强化应用功能和软件开发工具等，同时提升异构计算能力，以实现边缘智能等更多场景的规模应用。

1.2.4 当前算力发展的特征

从技术角度来看，算力是涵盖计算机硬件和软件、信息通信在内的综合性交叉学科；从产业角度来看，算力是信息产业的重要组成部分，主要包括算力设施的建造、算力服务业等；从基础设施角度来看，算力是"新基建"的重要内容，既包括大数据中心等直接提供计算能力的基础设施，也包括电信网络等实现数据传输的基础设施。

与土地、劳动力、能源、资本等传统要素所反映的竞争力不同，算力具有特别的技术特征和经济属性。从经济层面讲起，它具备一些典型的经济特征。

1. 算力的获得、算力竞争力的打造，具有高投入、高风险、强外部性和高垄断的经济特征。这些特征决定了算力竞争主要由大国和大企业参与，需要更强的资金和技术实力、现代化的产业体系和技术体系、丰富的应用场景提供支撑。

2. 算力的投入巨大，它的物质基础是数据的获取、传输、存储和处理系统，其中每一个环节的建设都耗资巨大，而且很多设施具有公共产品属性，属于新科技革命和产业变革中重要的基建，其投资建设往往需要依靠政府和大型企业。

据中国信通院预测，2025 年国内 5G 网络投资累计将达 1.2 万亿元，而这只是形成算力的一个环节。算力的形成还需要大量运营、维护和升级成本。中国信通院的分析认为，2020 年数据中心建设投资 3000 亿元，到 2023 年，数据中心产业投资累计或达 1.4 万亿元。

另据研究机构 Gartner 的数据，2018—2020 年，中国数据中心系统支出占 IT 支出的比重逐年提升。2020 年中国 IT 支出达到 2.84 万亿元，其中数据中心系统支出 2508 亿元，占 IT 支出比重达 8.8%，图 1–3 呈现了 2018—2021 年中国数据中心系统支出占 IT 支出的比重情况。

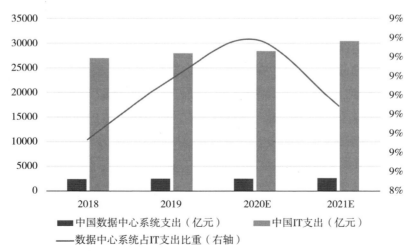

图 1–3　2018—2021 年中国数据中心系统支出占 IT 支出的比重情况

来源：Wind，中信证券投资顾问部

我国数据中心已成为典型的"耗能大户",据国网能源研究院预测,到 2030 年,我国数据中心用电量将突破 4000 亿千瓦时,占全社会用电量的比重为 3.7%。

另外,国际环境保护组织绿色和平与工业和信息化部电子第五研究所计量检测中心(广州赛宝计量检测中心)联合发布《中国数字基建的脱碳之路:数据中心与 5G 减碳潜力与挑战(2020—2035)》的数据显示,2020 年全国数据中心机架数为 428.6 万架,根据各区域分布系数进行合理加权外推,估算出 2020 年全国数据中心能耗总量约为 1507 亿千瓦时,碳排放量高达 9485 万吨。该报告同时预测,到 2035 年,中国数据中心和 5G 总用电量是 2020 年的 2.5~3 倍,将达 6951~7820 亿千瓦时,将占中国全社会用电量 5%~7%。

很多国家和地区都对数据中心的耗能进行了严格限制,进一步挖掘数据中心的节能减排潜力,扩大绿色能源对数据中心的供给,提升数据中心建设的能效标准。

3. 算力设施的投资和建设风险比较高。一方面,算力技术进步快,技术路线充满变数,一旦出现颠覆性的技术,技术路线发生变化,都可能造成前期研发和设施作废。目前来看,主力国家与核心企业都会在若干条技术路线上进行突破,保障了国家层面不会因为技术路线的重新定义,在未来算力竞争中被彻底边缘化,但投入成本很高,分散了研发资源和资金,那些能力有限的国家和地区只能采取跟随策略。

另一方面,虽然算力系统或算力网络的构建需要大规模投资和长期建设,但仅从数据中心来看,其建设并没有太高的门槛。大量中小型数据中心的建设会造成产能过剩和竞争过度问题,降低算力投资回报率。

4. 算力产业具有很强的正外部性。作为新科技革命和产业变革中的基础能力,算力的提升与应用不仅会形成自身庞大的产业体系,同时会增强对其他产业的赋能,进一步夯实产业数字化转型的基础,这是算力正外部性的表现。也就是说,掌握更强技术的国家和企业,能够促成新兴产业的发展,并且进一步推动传统产业的转型升级。

从技术方面来看,当前算力发展至少呈现出 5 个特点:一是算力需求持续高速增长,运算速度不断提升;二是算力需求不断对硬件提出挑战;三是多种算力架构并存并快速发展;四是针对图像、语音等特定领域的专用算力日渐成势;五是泛在计算成为算力的新特征。

1. 算力需求持续高速增长,运算速度不断提升。在过去几年时间里,算力的增长有目共睹。据 OpenAI 在 2018 年发布的报告，自 2012 年至 2018 年，AI 算力需求增长超 30 万倍，相当于 AI 训练任务所运用的算力每 3.43 个月就要翻一倍。

以超级计算机为例，近 20 年来的进步非常明显。2010 年，中国"天河一号"每秒浮点运算达 2600 万亿次。到 2020 年，中国的"神威·太湖之光"每秒浮点运算达 93 千万亿次，"天河二号"的每秒浮点运算达 6140 万亿次。2021 年，日本富岳达到每秒浮点运算 442 千万亿次。

以云服务器为例，2019 年华为推出新一代云服务器，包括通用计算增强型实例 C6 和通用计算基础型实例 S6 正式商用。其中，C6 云服务器的计算性能比 2018 年的 C3ne 领先 15%，S6 比上一代 S3 的计算性能提升 15% 以上。

在 2021 第五届未来网络发展大会上，华为董事、战略研究院院长徐文伟的判断是，下一个十年，联接数量将达到千亿级，宽带速度每人将达到 10Gbps，算力实现 100 倍提升，存储能力实现 100 倍提升，可再生能源的使用将超过 50%。围绕信息和能量的产生、传送、处理和使用，技术需要不断演进。

2019 年，百度发布昆仑云服务器，该服务器基于百度自主研发的云端全功能 AI 芯片"昆仑"而生，运算能力比基于 FPGA 的 AI 加速器提升了近 30 倍。

2020 年，阿里云推出第三代神龙云服务器，与上一代相比，第三代神龙云服务器的综合性能提升 160%。它提供了最多 208 核、最大 6TB 内存，云盘 IOPS 高达 100 万、网络转发高达 2400 万、网络带宽高达 100G，均为高性能水平，支持 CPU、GPU、NPU（嵌入式神经网络处理器）、FPGA 等多种计算形态，具备 30 分钟交付 50 万核 VCPU 的极速扩容能力。

从 2010 年到 2020 年，阿里云的存储性能提升了 2000 倍，网络性能提升了 50 倍，整体算力以平均每 12 个月翻一番的速度增长，向摩尔定律的极限发起挑战。

2. 算力需求不断对硬件提出挑战。算力的增长对芯片提出了新的要求，包括高算力、高能效、灵活性与安全性，而传统芯片架构并不能满足这些要求。传统芯片"算力增长慢"束缚了智能化水平的提升，"计算能效低"限制了智能化范围的扩大。

再者，巨量的数据和多样的数据类型，导致串行计算的 CPU 难以满足多元计算场景的要求，计算芯片种类走向多元化，GPU、FPGA、ASIC 等跻身主流应用。

我们能看到，硬件世界已发生颠覆式变化，除了 CPU、GPU、DSP、FPGA 等，还涌现出各种各样的 AI 加速器。苹果、华为、百度、阿里等公司都推出了内置 AI 算法的芯片，应用场景多以云端为主。

同时，GPU 算力的需求不断增加，英伟达在 GPU 算力市场占有一定优势，AMD 也分了一杯羹，叠加比特币挖矿算力需求，一度导致市场上 GPU 卡供不应求。

国内也出现几支 GPU 方面的创业团队，如寒武纪、登临科技、燧原科技等。此外，RISC-V、存算一体化架构、类脑架构等算力也不断涌现，处于培育阶段。

Google 的 TPU（张量处理器）就是典型的例子。Google 于 2016 年发布首款内部定制的 AI 芯片，推出第一代 TPU，采用 28nm 工艺制程，功耗大约 40W，仅适用于深度学习推理，在那场世界著名的人机围棋大战中助力 AlphaGo 打败李世石，宣告并不是只有 GPU 才能做训练和推理。

一年后，Google 发布了能够实现机器学习模型训练和推理的 TPU V2，达到 180TFlops 浮点运算能力。接着是 2018 年的第三代 TPU，性能是上一代 TPU 的 2 倍，实现 420TFlops 浮点运算能力，以及 128GB 的高带宽内存。2019 年，Google 并没有推出第四代 TPU，而是发布第二代和第三代 TPU Pod，可以配置超过 1000 颗 TPU，大大缩短了在进行复杂的模型训练时所需耗费的时间。

2021 年 5 月，谷歌发布新一代 AI 芯片 TPU V4，主要与 Pod 相连发挥作用。每一个 TPU V4 Pod 中有 4096 个 TPU V4 单芯片，能够将数百个独立的处理器转变为一个系统，每一个 TPU V4 Pod 就能达到 1EFlops 级的算力，实现每秒 10^{18} 浮点运算。在相同的 64 芯片规模下，不考虑软件带来的改善，TPU V4 相较于上一代 TPU V3 性能平均提升 2.7 倍。

与 GPU 相比，TPU 采用低精度计算，以降低每步操作使用的晶体管数量，是同代 CPU 或者 GPU 速度的 15~30 倍。同时，TPU 还可以进行池化，实现了 TPU 之间的高速互联，也就是 TPU Pod，并对外提供 TPU 算力服务。

硬件的变革不仅体现在芯片本身，作为芯片重要载体的服务器，也面临着变革。以 CPU 为中心的传统服务器，正转向以 XPU（互联芯片）为中心的下一代服务器。

国内不少企业正在布局。2018 年，华为发布麒麟 980 芯片、昇腾 910 芯片；2019 年推出基于 ARM 架构的鲲鹏 920 芯片，以及基于鲲鹏 920 芯片的 TaiShan 服务器、华为云服务，其芯片产品已覆盖云端（服务器端）和终端（消费端）。同样是 2019 年，华为发布了 Ascend 910（昇腾 910）AI 处理器和 MindSpore 计算框架，并且 AI 芯片 Ascend 910 正式商用，每秒可处理 1802 张图片，其算力是同一时期国际一流 AI 芯片的 2 倍，相当于 50 个 CPU；其训练速度比当时的前沿芯片提升了 50%~100%，进而推动 AI 在平安城市、互联网、金融、运营商、交通、电力等各领域的应用。

从芯片的变化来看，随着 7nm 工艺制程日渐成熟，基于 7nm 工艺制程的 CPU、GPU 等算力性能得到极大提升，目前 7nm 工艺制程算力主要是中心化算力，移动端智能手机的处理器算力部分也已采用 7nm 工艺制程。台积电的 7nm 工艺制程已实现规模化，并开始攻关 3nm 工艺制程；中芯国际 7nm 工艺制程仍在技术攻关当中。

3. **多种算力架构并存并快速发展**。曾经，x86 架构的算力占优势，英特尔和 AMD 基本垄断了 x86 算力架构市场，海光信息通过跟 AMD 合作，获得 x86 架构的授权；目前移动 APP 基本都是在端侧以 x86 架构为主的指令设置，未来 APP 复杂的计算任务将全部搬到云上，以 x86 为主的架构运行效率会变低，那么，云侧算力将从 x86 转到 ARM 架构。

我们也能看到，如今基于 ARM 架构的算力份额不断扩大，特别是在移动端，ARM 架构算力成为主流，华为海思、天津飞腾等主要产品都是基于 ARM 架构。

同时，协同计算也是当前算力的典型特征，应用场景的复杂多样，产生复杂多样的数据，要求多种计算技术、计算维度协同处理。未来数据计算需求将去中心化，分布在边缘侧，从而实现端、边、云协同的新形态，把要求高的隐私保密性放到边缘侧进行计算，而把大数据运算和存储业务安排到中心侧进行运算，让端、边、云三方共同完成计算和存储业务。

相对传统中心化的云计算，端、边、云协同计算的反应速度更快，时延更低，还能降低功耗和成本，同时能更好地解决隐私安全问题。

4. **针对图像、语音等特定领域的专用算力日渐成势**。一方面是芯片工艺制程逼近摩尔定律的极限，另一方面是物联网智能终端对算力提出更丰富的要求，针对图像、语音等特定领域的专用芯片层出不穷。谷歌的 TPU 专为机器学习定制算力，阿里平头哥的含光 NPU 专为神经网络定制算力，赛灵思的 FPGA 芯片为 5G、AI 加速等领域提供算力，百度研发针对语音领域的鸿鹄芯片，还有云知声、思必驰、探境科技等也推出智能语音相关的芯片，北京君正、云天励飞、依图科技和芯原微电子等推出针对视觉和视频处理相关的专用芯片。

5. **泛在计算成为算力的新特征**。数据在哪里，计算就在哪里。随着数字化应用场景不断丰富，大数据泛在分布于端、边、云。从本地计算的集群到超大规模的数据中心，从边缘计算到端云协同，计算无处不在。

边缘计算迅速发展，将云本身的功能扩展到边缘端，并且边缘计算、中心云、物联网终端形成"云—边—端"协同的体系，降低响应时延，减轻云端压力，降低带宽成本。例如，阿里云的边缘节点服务（Edge Node Service，ENS）与边缘云计算平台；华为云的智能边缘云（Intelligent EdgeCloud，IEC）；腾讯云的边缘计算机器（Edge Computing Machine，ECM）；百度智能云的智能边缘组端云一体解决方案（Baidu Edge Computing，BEC）；金山云的边缘节点计算（Kingsoft Cloud Edge Node Computing，KENC）等。

1.3　算力对国家、产业与企业的影响

从人工智能技术的纵深发展，到算力产业的培育；从算力融入制造业，赋能企业智能化改造与数字化转型，到智慧政府、智慧农业、智慧交通、智慧医疗等领域的逐渐成熟；从高性能计算的支撑，到大模型的训练与应用，进而形成生产力，处处都离不开算力的作用。同时，算力能够激活数据等新生产要素的能量，算力与算法这两者共同决定数据要素的转化效率和成果。

总体而言，算力已成为驱动经济发展的新生产力，不仅影响众多产业的发展和企业的竞争优势，而且在很大程度上是促成经济社会转型、新一轮产业大变革的关键驱动力。

除热力、电力之外，算力有可能成为拉动数字经济向前发展的新动能。以计算速度、计算方法、通信能力、存储能力为代表的算力，将影响到一家企业、一个产业、一个国家的竞争优势。

1.3.1　算力影响国家之间的下一轮角逐

浪潮、IDC 和清华大学联合推出的《2021—2022 全球计算力指数评估报告》显示，国家计算力指数与 GDP 的走势呈现出了显著的正相关。15 个重点国家的计算力指数平均每提高 1 点，国家的数字经济和 GDP 将分别增长 3.5‰和 1.8‰，预计该趋势在 2021 年至 2025 年间将继续保持。其中,15 个重点国家包括中国、美国、加拿大、日本、韩国、澳大利亚、英国、法国、德国、意大利、印度、马来西亚、巴西、俄罗斯和南非。

具体来讲，在生产端，包括计算机、服务器等硬件，已成为核心的算力工具。在流通端，算力工具作为基础设施，支撑大数据分析与智能应用，保障更加快捷、

高效、精准的商品流通与交易。服务器、高性能计算集群、人工智能硬件等各类基础设施及算力的飞速发展，为云计算、大数据、人工智能等应用的成熟提供了强大动力，也支撑着视频、社交、电商、共享经济等各类新兴商业模式的创新升级。

2020 年是数字经济发展的关键年，这一年的前几个月中，人们宅在家里，通过在线的方式解决生活问题。如果没有数字经济的繁荣，很难想象生活如何继续。互联网普及与覆盖全国的物流系统，为购物、学习与娱乐等提供了保障。

2020 年中，中央推出了至少两份与数字经济有关的文件。

一是出台新基建文件，其中新型基础设施建设的范围重点包括信息基础设施，比如以 5G、物联网、工业互联网、卫星互联网为代表的通信网络基础设施，以人工智能、云计算、区块链等为代表的新技术基础设施，以数据中心、智能计算中心为代表的算力基础设施等。

二是制定《关于构建更加完善的要素市场化配置体制机制的意见》，首次重视数据要素，与土地、劳动力、资本、技术放在一起，明确要求加快培育数据要素市场，完善数据要素的市场化配置，具体涉及推动政府数据共享开放，建立统一的数据共享开放平台；培育数字经济新产业、新业态和新模式，支持构建农业、工业、交通、教育、安防、城市管理、公共资源交易等领域规范化数据开发利用的场景；并提出探索建立统一规范的数据管理制度，提高数据质量和规范性，丰富数据产品，同时完善数据分类分级安全保护制度。

这些政策的出台，充分表明国家已高度重视，并在政策上全力推动数字经济的发展。而数字经济繁荣的背后，离不开算力的发展。

数字经济主要涉及互联网、人工智能、大数据、云计算、区块链等。在以前 1G、2G、3G 阶段，数字经济受限于带宽、速度、时延、能耗与可靠性等问题，发展很慢，达不到产业互联网的要求。

到了 4G、5G 阶段，无论是带宽、速度，还是可靠性等，各个指标都达到了很高的标准，数字经济在生产制造、工业等领域得以落地，社会各个场景都开始数字化。数字经济正在改变中国、改变世界。以我国为例，十年间，我国数字经济规模从 2014 年的 16.2 万亿元，增长至 2023 年的约 56.1 万亿元，占 GDP 的比重也从 25.1% 上升到 44% 左右。

中国信息通信研究院发布的《全球数字经济白皮书（2023）》显示，2022 年，测算的 51 个国家数字经济增加值规模为 41.4 万亿美元，同比名义增长 7.4%，占 GDP 比重的 46.1%。产业数字化持续成为数字经济发展的主引擎，占数字经济比重的 85.3%。其中，第一、二、三产业数字经济占行业增加值比重分别为 9.1%、24.7% 和 45.7%，第三产业数字化转型最为活跃，第二产业数字化转型持续发力。2022 年，美国数字经济规模蝉联世界第一，达 17.2 万亿美元，中国位居第二，规模为 7.5 万亿美元。从占比上来看，英国、德国、美国数字经济占 GDP 比重均超过 65%。

数字经济之所以能够快速发展，并带来翻天覆地的变化，一大重要原因在于对海量信息的收集与分析、算力的建设与充分应用。以信息为例，其至少有以下四大特征。

一是泛在，各个领域、各种类型的数据都能采集起来。

二是全流程持续，24 小时每个节点的信息都能收集起来。

三是全社会场景，比如人在各个场景活动的信息，各个行业各种场景下的信息，都能收集起来。

四是全价值叠加，就是每种信息可以用于多种角度的分析，反复使用，不同叠加与分析方式推导出不同结论，发挥不同价值。

将信息综合起来，加以分析挖掘，跟城市结合，就能推动智慧城市的打造；跟工业结合，就能向工业 4.0 努力；跟物流结合，就能促进智慧物流。在各个结合的过程中，一般要通过 3 个环节：一是要让网络里的各个设备能够发声、可感知，留下痕迹，发出信息；二是万物互联，相互之间建立连接；三是人网结合、人机结合，搭建智能系统。

有了上述基础，就会产生各种各样的大数据，就会产生数据库的存储、通信和计算的问题。这时就需要依靠算力来解决问题。算力主要包括 5 个方面：一是计算速度，涉及芯片、服务器、计算机、超算系统等；二是算法；三是大数据存储；四是通信能力，包括 5G 基站、通信速度、延滞、带宽、可靠性、能耗等；五是云计算能力，包括数据中心服务器的数量等。

哪个国家 5G 基站多、云计算数据中心服务器规模大、存储数据多、通信量大、算法高明，就意味着这个国家的算力更强，具备更强大的通信力和竞争力。

回顾历史，第一次工业革命的蒸汽机时代、第二次工业革命的电气化内燃机时代，中国都没有机会参与。

到了第三次工业革命，进入计算机时代，中国处于改革开放的黄金时间，奋力赶上，跟上了节奏但不是引领者。第四次工业革命，将是数字时代、算力时代，中国不仅能跟进，而且有机会成为引领者。

据中国信息通信研究院测算，2022 年我国算力核心产业规模达 1.8 万亿元。在算力方面，每投入 1 元，将带动 3 至 4 元的 GDP 经济增长，可见算力对国家之重要。同时，在这一轮发展浪潮中，计算技术已成为经济发展的基础技术，先进计算的研究和应用，正成为世界各国竞相抢占的战略制高点。美国、日本以及欧盟，均在持续推动算力基础设施建设、技术升级及应用场景的拓展。具体到个案来看，ChatGPT 引发新一轮人工智能浪潮，并带动大模型产品进入高速发展阶段，深刻影响相关产业、数以万计企业的未来，已对国家科技与经济的发展产生深远影响。

1.3.2　算力驱动成为多个行业的新支点

随着数字经济的不断发展，各行各业的数字化进程加快，在人工智能、物联网、区块链等数字经济的关键领域，算力需求正呈现爆炸式增长。以云计算、大数据、人工智能为代表的计算产业，能为智慧城市、智慧政府、先进制造等领域注入源源不断的发展动力，计算产业的重要性日渐显现。

如果用火箭来比喻人工智能，那么数据就是火箭的燃料，算法就是火箭的引擎，算力就是火箭的加速器。中国电子科技集团有限公司副总经理高涛曾分享一个数据：目前，全球的算力需求每 3.5 个月就会翻一倍，远远超过了当前算力的增长速度。

人工智能为什么需要如此高的算力？因为人工智能最大的挑战之一就是识别度不高、准确度不高，而要提高准确度，就需要提高模型的规模和精确度，这就需要更高的算力。另外，随着人工智能的应用场景逐渐落地，图像、语音、机器视觉和游戏等领域的数据呈现爆发性增长，也对算力提出了更高的要求。

工业互联网描述了一个关于智能制造的美好愿景，但工业互联网同样离不开算力。简单来说，工业互联网就是将工业系统与科学计算、分析、感应技术以及互联网深度融合起来，在这个过程中，算力扮演的角色，就是将采集到的大量工业数据进行分析处理，并生成推理模型，随后运用该模型展开分析、预测、规划、决策等一系列智能活动。

根据华为发布的《泛在算力：智能社会的基石》报告，预计到 2030 年，人工智能、物联网、区块链、AR/VR 等总共对算力的需求将达到 3.39 万 EFlops，并且将共同对算力形成随时、随地、随需、随形（Anytime、Anywhere、Any Capacity、Any Object）的能力要求。

其中，人工智能算力将超过 1.6 万 EFlops，接近整体算力需求的一半。OpenAI 开发的 GPT-3 模型涉及 1750 亿个参数，对算力的需求达到 3640PFlops，目前国内也有研究团队在跟进中文版 GPT-3 模型的研究。

随着万物互联和行业智能化的发展,很多智能应用服务都需要在线实时提供,这对算力的泛在供给、及时供给提出了更高的要求。比如智慧工厂里,越来越多的物联网设备,包括传感器、射频扫码识别器、高清摄像头、AR/VR 设备等,都将联网,采集到的数据需要及时处理、及时反馈;车联网场景,自动驾驶汽车需要与周围车辆、路侧单元、信号灯等设施实时互动,在更广的地域范围内要求及时获得算力供给。

另外,算力投资也能带动其他行业的发展,不仅直接带动服务器行业及上游芯片、电子等行业的发展,而且算力价值的发挥将带动各行业转型升级和效率提升等,带来更大的间接经济价值。

《泛在算力:智能社会的基石》报告显示,每投入 1 美元算力,就可以带动芯片、服务器、数据中心、智能终端、高速网络等领域约 4.7 美元的直接产业产值增长;在传统工厂改造为智能化工厂的场景下,每投入 1 美元的算力,就可以带动 10 美元的相关产值提升。

1.3.3 企业竞争上升到算力角逐

随着人工智能、区块链、云计算、大数据等一系列新技术的逐步成熟,数据逐渐成为企业提升动态能力、赢得竞争优势的战略性资源。

早在 2012 年,《哈佛商业评论》就提出了"数据驱动企业"的概念。2014 年,IBM 调查发现,在创新过程中使用大数据和分析的组织,击败竞争对手的可能性更高。另据京东数科与 IDC2020 年发布的《中国区域性银行数字化转型白皮书》,超 90% 的样本银行已经启动数字化转型工作,并认为科技能力将是未来数字化银行的基础能力,将支撑银行在渠道产品创新与客户体验、下一代支付、企业银行、数字信任、效率提升等方面实现优化与创新。

新技术的诞生与广泛应用,改变了信息分享的模式,使得整个社会的交流和互动模式发生改变。底层结构变了,那么,在这个基础上构建的商业世界也会发生改变,企业间的竞争迈入新的维度。无处不在的信息覆盖、通信技术应用,以及海量数据,正在改变企业间的竞争格局;竞争能力的侧重点同样发生了变化,从以前的资源配置能力,上升到响应环境迅速应对的动态能力,以及生态圈的创建整合能力。

在新的竞争维度里,少不了算力能力的角逐。为什么会这样?下面我们做具体的解读。

未来，所有可以依托于人的经验来做的事情，人工智能都可以实现，这将极大提高社会的生产效率，并降低企业交付某一类产品或服务的成本。而人工智能技术重点依托的能力，就是计算能力。那么对厂商来说，谁具备更高效的计算能力，谁就有更强的竞争力。

《清华管理评论》刊载了一篇文章《未来的竞争优势之源：基于数据驱动的动态能力》，其中认为："信息技术飞速发展的大数据时代里，基于数据驱动的动态能力构建与发展尤为重要。大数据情境通过影响制度环境、组织创新、高管/个体认知与行为三维度因素，并结合三个因素交互影响了动态能力的构建与发展。善于将大数据转化为知识、形成创新惯性的企业，最终会通过提升动态能力，获取竞争优势。因此，对于绝大多数企业来说，构建与发展基于数据驱动的动态能力势在必行。"

以阿里巴巴为例，2015 年推出基于人工智能技术的阿里小蜜，这是一种智能客服机器人，和人工客服共同服务客户。2017 年阿里巴巴发布"店小蜜"，把小蜜的能力输出给商家，并且覆盖多种语言。从 2015 年到 2017 年底，阿里小蜜单日平均对话轮次已达 200 万次，全年服务的消费者约 7.3 亿人次，相当于 8.3 万名人工客服 7×24 小时全年无休提供服务。

2018 年"双 11"时，阿里智能客服机器人小蜜日活跃用户突破 5000 万，当日 1 分钟内最高服务量达到 8.3 万起，承接了淘宝天猫平台 98% 的在线服务需求，相当于 10 万名人工客服的工作量。在后来的发展过程中，阿里小蜜不断丰富功能，比如上线 AI 智慧剁手，通过大数据解析用户的个人特征与所挑选商品的特征，为选中的商品打出"眼光分"，给出"剁手理由"，帮助消费者决策。

2017 年，阿里巴巴与英特尔合作开发企业数据驱动服务，推出了基于英特尔 SGX（软件防护扩展指令）技术的云服务主机，进一步提升数据的安全性能，保护客户数据资产的完整性和可用性。同时，双方合作提升大数据分析的性能，以及阿里云 MaxCompute 大数据平台服务的可扩展性。通过优化，MaxCompute 大数据平台上的 Big Bench 端到端大数据应用测试基准达到了 100TB 的海量数据、7830 QPM（每分钟处理的请求量）。

基于大数据的分析，一方面有可能提升组织的决策效率、实现商业流程优化和供应链的敏捷性等。

在大数据情境下，阿里巴巴通过分析海量数据，提升了商业决策水平。另外，早在 2013 年"双 11"时，天猫就逐步开放数据信息，指导商家端到物流端的分配，帮助快递公司提升运能效率。同时根据促销会场位置、不同商品类目、分析交易和路径效率来建议商家备货。

2020 年"双 11"期间，天猫物流订单高达 23.21 亿单。自"双 11"活动开始以来，12 年的时间，物流订单量从 26 万起步，到现在增长了近 9000 倍。天猫已能面向消费者提供完整的仓配一体解决方案，实现当日达、次日达、送货上门、预约配送、天猫优仓等服务。预售开启后，菜鸟供应链会将预售商品提前下沉到离消费者最近的快递网点和站点，"楼上下单，楼下发货"，消费者付尾款后，批量包裹可实现分钟级配送，95% 以上包裹可实现当日达和次日达。

在港口换单环节，"菜鸟"利用区块链技术打通船公司和港口之间的数据，建立流程化的协作互信，全程可视、时间可控、风险可防的全程无纸化换单平台。到 2021 年 6 月，该平台覆盖上海、宁波、南沙等 6 个重要港口，帮助进口商家解决通关慢、收货急等痛点。

另一方面，大数据也对组织创新产生了积极的影响。例如，大数据的使用要求企业内部组织变革，组织的内部权力需要从传统的决策者向大数据负责人或其他部门转移。通过数据驱动，阿里巴巴将线上的 B2C/C2C 平台与线下的新零售"智慧门店"融合，实现线上线下一体化，将盒马鲜生、银泰百货、联华超市、大润发、百联集团等纳入线下体验网络。

2018 年，阿里巴巴张勇（当时任职 CEO）在 ONE 商业大会提出了阿里商业操作系统的概念，它是以云智能与数据技术、金融服务、物流与供应链管理为基础的底座，让企业围绕消费者，通过数字化营销、渠道管理、数据驱动的产品创新、在线销售和分销来创造价值，促进新制造，形成赋能 B 端、服务 C 端的完整闭环。这套系统包括销售、营销、品牌、服务、商品、制造、物流供应链、渠道管理、资金、组织和信息管理系统 11 个要素，它是全方位的数字化和在线化，让整个企业都跑在互联网上，借助数字技术驱动。

后来，阿里巴巴又推出升级版的数字原生商业操作系统（如图 1-4 所示），夯实了以云计算为代表的基础设施层，打通了业务、数据、智能、协同在内的数字创新中台层，进而实现上层全链路商业要素的全面在线化与数字化。其中，数字原生包括云原生、AI 原生、区块链原生、IoT 原生、5G 原生等新技术。基于数字原生商业操作系统，阿里云完成了大规模的云原生实践，到 2020 年，万笔交易的资源成本比 4 年前下降了 80%。

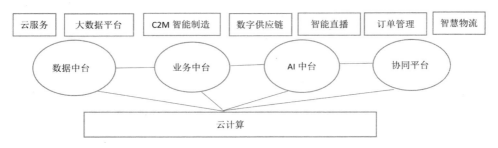

图 1-4　阿里巴巴数字原生商业操作系统

2020 年 12 月，阿里巴巴发布了"数字乡村操作系统"，针对县域的不同需求，精准输出个性化、定制化的数字乡村解决方案，涵盖县域数字乡村顶层设计平台、数字乡村新基建平台、乡村创新创业平台和数字经济新业态、数字治理新模式、三农信息服务体系、数字乡村共享中心七大组件。

以浙江省宁波市象山县为例，与阿里巴巴开展数字乡村合作，对当地知名柑橘品种"红美人"进行全方位数字化升级。其中的做法涉及与"菜鸟"合作，从物流端入手，通过前置仓、落地配等手段，搭建了一张覆盖长三角核心城市群，并逐步向中部、西部腹地延伸的仓储物流网络；进入盒马等零售渠道；生产端引进物联网设备，全面监控"红美人"生长的温度、湿度、土壤等要素；通过阿里区块链技术，全程追溯"红美人"从基地到餐桌的全链路。

大数据分析使得企业内外部分散的知识可以快速汇聚，帮助企业高管增强对全局的把握，建立更全面的画像，实现跨界关联。阿里巴巴创始人马云认为，未来 30 年数据将成为最强大的能源，我们正从 IT（Information Technology）时代转向 DT（Data Technology）时代。数据是灵魂。也许并不能保证大数据能给阿里巴巴赚很多钱，但是阿里认为数据对人类有用，所以我们做了。

而正是在马云等高管人员的影响下，阿里巴巴在大数据、云计算等板块投入了大量工作，并运用互联网和大数据来发展新零售，赋能企业重构经营环节以提升效率。

2016 年的云栖大会上，马云发表演讲称，纯电商时代很快会结束，未来的 10 年、20 年，没有电子商务，只有新零售。也就是说，线上、线下和物流必须结合在一起，才能诞生真正的新零售。

而新零售的实现，需要融合互联网、物联网、大数据、人工智能等技术，将商品的生产、流通与销售过程进行数字化升级与改造，并将线上服务、线下体验、智慧物流融为一体。

蒙牛也在深挖数据的价值，长期积累的数智化技术与大数据应用能力，正在转化为发展动能，在源头板块，牧场的每一头牛都有完整的健康信息数据库，通过科学饲养解决方案，保障产品质量；在生产加工环节，先进的质量管理系统实现对每一个生产细节和流程的严格监管，全流程均采取智能化控制、机器人操作；在消费环节，蒙牛的大数据分析与挖掘能力，提升了产品体验。而智能物流系统通过与工厂、经销商密切配合，智能分配运力，确保将产品安全、新鲜地送到终端。

在上述大数据应用、智能分析等背后，都离不开算力的支持。数据作为新的生产资料，参与了企业的价值创造，而数字化则扮演了数据收集、效率提升等关键角色，转换数据价值的算力是关键的后台支撑。随着未来数据量的增加、实时性需求的提高，对算力的要求会越来越高。

1.4 从算力到算力经济

伴随算力的发展，一方面，形成了以算力为核心的产业，包括数据中心、智算中心等各种基础设施，芯片、服务器等各种硬件设备，云计算、超算等各种计算服务；另一方面，算力在各个行业、场景的应用，催生了新的商业模式与业态，形成"算力+"的产业体系。

受算力及相关产业链的影响，整个经济环境和经济活动发生了显著变化。各种信息的传播、市场上的商务活动等，都受到算力的影响，通过数据资源的挖掘利用，以及算力的调度、整合与分配，进而实现数字经济高质量发展，进入以算力作为核心驱动力的阶段，算力经济正式登上舞台。

1.4.1 什么是算力经济

从概念上讲，算力经济是一套经济系统，在这个系统中，算力是串起多个行业的主线，它广泛应用于多个领域与场景，并推动整个经济环境和经济活动的变化。它是数字经济发展到新阶段的又一种经济形态，5G、区块链、大数据、物联网、云计算、人工智能等技术交叉融合，以数据作为关键生产要素，算力与实体经济深度融合，使得研发、设计、生产、终端、营销、服务、数据平台等价值链各个环节都得以重构升级，实现更高的效率，生产更精准，成本更低，推动经济社会发生新一轮深度变革。

在算力经济时代，大数据、算力与算法构成支柱，把新的能源转变成算力，然后与各个行业的需求结合，推动行业的发展。从产业角度上看，算力将推动两大产业的发展，一是算力本身的产业，也就是新计算产业；二是算力与各行业融合后催生出的新的应用、新的业态。

1. 新计算产业的发展属于 IT 产业，以软硬件的方式对外提供计算与服务能力，既包括传统 IT 产业中的处理器、服务器、操作系统、中间件、数据库和基础软件等应用及相关服务，也包括人工智能芯片、异构处理器、物联网、边缘计算等新兴的软硬件。物联网、边缘计算等新技术，将是算力经济时代的重要增长点。

作为算力的重要承载，新计算产业正在成为数字经济的核心驱动产业。一方面，新计算产业链庞大，包括芯片、元器件、操作系统、基础软件、应用软件、系统集成等多个部分，是数字经济下具有高附加值的高科技产业；另一方面，新计算产业是一切数字化应用建设及发展的源头，有助于推动处于需求端的制造、交通、能源、医疗等多个行业突破瓶颈，提升生产效率，创新商业模式，改进用户体验，拉动产业增值，创造新的市场增长。

就新计算产业来看，前景极为广阔，新计算形成的产业集群和生态体系，将在持续赋能各产业数字化的同时，推动国民经济产业结构发生变化，加快新型现代化产业体系的构建。

2. 算力与行业应用相结合，孵化出满足个性化需求的应用与服务，以平台、服务和解决方案为主要内容，比如公有云服务、人工智能平台、大数据分析平台等。同时，这种应用又将推动算力产业与行业应用的进一步融合，打造工业互联网、智慧交通、智慧医疗、智慧城市等与实体产业深度融合的解决方案。

目前，各行各业的智能应用需求正在被激活，其中就涉及更多维度、更深层的数据挖掘利用需求。这背后就需要更多的算力供应，而算力来源于数据中心、智能算力中心、超级计算中心等渠道。

1.4.2　算力经济的大背景

算力经济得以发展，离不开其特定背景，比如互联网经济的繁荣、物联网经济的崛起，以及数字经济的兴盛；区块链技术的日渐成熟；绿色经济时代的到来等。

互联网的普及、网民数量的爆发式增长，以及众多互联网服务渗透到生活工作中，促成了整个经济形态的变化，形成了即时通信、搜索引擎、远程办公、网络购物、网上外卖、网络新闻、网上旅行预订、网络游戏、网络音乐、网络文学、网络视频、网络直播、网约车、在线教育、在线医疗等多种应用。在生产制造等多个领域，受益于互联网技术的应用，推动信息化、数字化的落地，带动传统产业打开新一轮增长通道。

互联网普及的同时，物联网的发展破风而来，先是智能家居、消费电子、可穿戴设备和智能汽车成为物联网技术在消费端的核心应用场景；近几年里，在智慧农业领域，传感器与机器学习等得到应用，比如可以监测作物成长，并分析图像，对病虫害等提前预警。非常典型的是智能制造领域，物联网在产品生产、使用、维护过程中都能发挥作用。尤其是人工智能技术驱动的物联网，成了传统行业智能化升级的技术底座，在工业、制造、安防、家居等场景中实现规模落地。而且物联网生产的数据，汇聚到云平台上，进一步分析后面向市场提供更精准的产品与服务，并形成全新的智能产品与解决方案，比如全屋智能、可穿戴设备、智能门锁、车载智能终端、智能卫浴等，物联网经济逐渐成形。

从互联网经济、物联网经济，再到数字经济，从区块链技术到绿色经济、新能源，正是这些经济形态的发展，一方面对算力提出更多需求，另一方面促成了算力经济形态的产生与成熟。

一、互联网经济

1995 年，一块醒目的广告牌出现在北京中关村大街上，上面写了一句话"中国信息高速路——向北 1500 米"。什么意思呢？就是说那个地方有一家公司，名叫"瀛海威"，最初的业务是代销美国 PC，后来推出"瀛海威时空"网络，面向普通用户开放，提供大众信息服务，包括电子报纸、在线聊天、网络论坛等，用户必须登录，并缴纳一笔上网费。

而在同一时期，马克·安德森发明了网络浏览器，全球 380 万台计算机接入网络；31 岁的外语老师马云创办了"中国黄页"，试图把所有中国商业信息聚合到网上。

不过，无论是张树新的瀛海威，还是马云的中国黄页，都因没有找到合适的盈利模式而失败，但为中国互联网经济点燃了启蒙之火。

1997 年，形势发生变化，丁磊、张朝阳、王志东 3 位年轻人分别创办网易、搜狐和新浪，开启了真正的互联网经济元年。不过两年时间，这三大门户网站就到纳斯达克上市。随后，阿里巴巴、腾讯、盛大、携程等陆续创办。

受益于巨大的人口红利，以及众多创业者入场，各种创新如雨后春笋般出现，各个城市的线下推广此起彼伏，互联网经济全面爆发。

2013 年后，中国全面进入移动互联网时代，一部能上网的手机，就能满足普通人的衣食住行。到了 2013 年底，中国手机上网人群的规模达 5 亿，占全部网民的 81%，实现近 40% 的普及率。据市场调研公司 IDC 的统计，2013 年，全球智能手机出货首次突破 10 亿部大关。另一家市场研究公司捷孚凯（GfK 中国）的报告显示，2013 年中国智能手机零售量达 3.5 亿部，同比增长 84%，占整体手机市场份额的 87%，占全球手机市场份额的 35% 左右。

与此同时，电商、社交、O2O 服务等业态逐渐枝繁叶茂，长成了互联网经济的参天大树。国家统计局的数据显示，2020 年全国网上零售额超过 11.76 万亿元，比上年增长 10.9%。其中，实物商品网上零售额为 97590 亿元，增长 14.8%。在《"十四五"商务发展规划》里，对网上零售额的增长提出了更高的目标，从 2020 年的 11.76 万亿元增加到 2025 年的 17 万亿元，年均增长 7.6%。

中国互联网络信息中心（CNNIC）的数据显示，截至 2020 年 12 月，我国网民规模达 9.89 亿，互联网普及率达 70.4%，如图 1-5 所示。其中，手机网民规模达 9.86 亿，网民使用手机上网的比例达 99.7%。我国域名总数 4198 万个，网站数量 443 万个，网页数量为 3155 亿个，比 2019 年底增长 5.9%。

图 1-5　网民规模和互联网普及率

来源：中国互联网络信息中心

另外，按照应用划分，即时通信用户规模达 9.81 亿，手机即时通信用户达 9.78 亿；网络新闻用户达 7.43 亿，手机网络新闻用户规模达 7.41 亿；网络购物用户达 7.82 亿，手机网络购物用户达 7.81 亿。

网络支付用户规模达 8.54 亿，手机网络手机用户达 8.53 亿。网络视频（含短视频）用户达 9.27 亿，其中的短视频用户达 8.43 亿。在线教育、在线医疗用户规模分别为 3.42 亿、2.15 亿，占网民整体的 34.6%、21.7%。

值得关注的是，2020 年以来，网络直播成为互联网经济热点，形成"线上引流 + 实体消费"的数字经济新模式，并高速发展；其中的直播电商成为用户认可的购物方式之一，66.2% 的直播电商用户购买过直播商品。

在网络金融方面，除了网络支付用户规模庞大，同时，央行数字货币已在深圳、苏州、成都等多个城市开展人民币红包测试，并取得阶段性成果，未来预计会覆盖更多消费场景，丰富数字化生活内容。在互联网的驱动下，金融科技呈现繁荣景象，工信部数据显示，截至 2021 年 5 月底，我国第三方应用商店下载总量达 18575 亿次，其中金融类的 APP 下载总量达 910 亿次，在所有应用类型中位列前十。银保监会数据显示，2020 年我国银行、证券、保险机构的信息科技总投入分别为 2078 亿元、263 亿元和 351 亿元，同比增长均超过 20%。就全球来看，CB Insights 数据显示，2021 年第二季度，全球金融科技的融资达 308 亿美元。

中国互联网络信息中心第 47 次《中国互联网络发展状况统计报告》的数据显示，截至 2020 年 12 月，我国网络直播用户规模达 6.17 亿，其中，电商直播用户规模为 3.88 亿。到第 49 次《中国互联网络发展状况统计报告》发布时，直播用户规模再次扩大，截至 2021 年 12 月，网络直播用户规模达 7.03 亿，其中，电商直播用户规模为 4.64 亿。网络直播已全面渗入中国实体经济零售、批发、生产等所有产业链条，直播带货、B2B 直播、生产直播、直播大会等新业态新模式层出不穷，形成新的互联网经济模式。

2020 全年，移动互联网接入流量消费达 1656 亿 GB；国内市场监测到的 APP 数量为 345 万款，比 2019 年减少 22 万款，数量较多的主要是游戏类、日常工具类、电子商务类、生活服务类。

从 PC 互联网到移动互联网，经济形态发生了大幅变化，在传统互联网经济时代，互联网对信息的组织，主要以"物"为核心，比如搜索引擎、门户网站、电子商务平台等，都以产品与服务为核心。进入移动互联网时代，移动互联和社交网络对信息的组织，则主要是以"人"为核心，随时、随地以场景为背景的行为。

用户所掌握的权利越来越大，这种变化对商业世界产生了相应的影响，其中之一是相对的去中心化，比如以前的新浪、搜狐等门户网站，是获取信息的关键中心节点，人们看到的是经过编辑归类的新闻资讯，还有电商平台，阿里巴巴、京东等扮演主角，商家交一定费用去开店。

智能手机与移动互联网促成的改变在于，原来的中心平台还存在，但同时增加了更多非中心化的渠道，比如微博、朋友圈、公众号、抖音号等各种自媒体，还有智能音箱、可穿戴设备等多种入口。电商入口也更加分散，除了传统的核心平台之外，还有大量的直播电商、社群电商、微商城等。

去中心化并不意味着传统的中心就会消亡，只是中心地位会被削弱。在去中心化的格局的推动下，很多新的商业模式、产品、服务与企业的组织形态都得以产生，比如大量的自媒体大号出现，通过内容生产、直播、电商等多种形式创造价值、获得回报，形成了一个非常庞大的产业。

在产业数据上，据工信部的统计，2023 年，我国规模以上互联网和相关服务企业完成互联网业务收入 17483 亿元，同比增长 6.8%；实现利润总额 1295 亿元，同比增长 0.5%；共投入研发经费 943.2 亿元，同比下降 3.7%。其中，以信息服务为主的企业（包括新闻资讯、搜索、社交、游戏、音乐视频等）互联网业务收入同比增长 0.3%，以提供生活服务为主的平台企业（包括本地生活、租车约车、旅游出行、金融服务、汽车、房屋住宅等）互联网业务收入同比增长 20.7%，主要提供网络销售服务的企业（包括大宗商品、农副产品、综合电商、医疗用品、快递等）互联网业务收入同比增长 35.1%。

二、物联网经济

随着 5G 的逐渐落地，人工智能、边缘计算、大数据等技术逐渐成熟，需求侧应用场景的发展，物联网产业正进入发展黄金期。在物联网领域，2020 年中国物联网产业规模突破 1.7 万亿元。

物联网（IoT，Internet of Things）是指万物相连的互联网。通过 RFID（Radio Frequency Identification，无线射频识别）、感应器等信息传感设备，按约定的协议，把物品和互联网连接起来，进行信息交换和通信，以实现对物品的智能化识别、定位、跟踪、监控和管理。

物联网本身的发展分成了萌芽期、初级阶段及高速发展期。早年，美国麻省理工学院的凯文·阿什顿教授提出物联网概念；后来，比尔·盖茨在《未来之路》一书中构想物物互联。1999 年，麻省理工学院将物联网定义为：把所有物品通过 RFID 和条码等信息传感设备与互联网连接起来，实现智能化识别和管理的网络。到了 2004 年，物联网开始在媒体上广泛传播。

一个转折点发生在 2005 年，国际电信联盟（ITU）发布了《ITU 互联网报告 2005：物联网》，其中指出，物联网通信时代即将来临，世界上所有的物体都可以通过因特网连接并进行交换。射频识别技术、传感器技术、纳米技术、智能嵌入技术得到应用。

从 2009 年开始，陆续有多个国家将物联网纳入国家战略，比如中国在 2010 年将物联网列入政府工作报告，当年有 28 所高校开设物联网工程专业，"十四五"规划中，物联网划定为七大数字经济重点产业之一。美国将新能源和物联网确认为国家战略；欧盟发布欧洲物联网行动计划。

在过去的 10 年间，物联网并不是孤立发展的，它在数字经济的大环境下逐渐成长。一般来讲，数字经济有五大基石，分别是物联网、移动互联网、大数据、云计算和人工智能。其中，物联网主要是采集数据，移动互联网是运用数据，云计算将海量数据加以分类并进行处理分析，最终通过人工智能表现在终端应用上。

从近年的情况看，物联网应用于非常多的场景，链接海量设备，发展迅速。据工业和信息化部网站的信息，截至 2020 年底，三家基础电信企业发展蜂窝物联网用户达 11.36 亿户，全年净增 1.08 亿户，其中应用于智能制造、智慧交通、智慧公共事业的终端用户占比分别达 18.5%、18.3%、22.1%。中国互联网协会发布的《中国互联网发展报告（2021）》显示，预测到 2025 年，我国移动物联网连接数将达到 80.1 亿，复合年均增长率达 14.1%。

以中国电信为例，到 2020 年 9 月，物联网用户已突破 2 亿，其中 NB-IoT（窄带物联网）规模近 7000 万，用户覆盖公共事业、车联网、零售服务、智慧家庭、工业物联网、智慧物流等行业。中国电信物联网开放平台终端接入数超 3000 万，终端适配类型超 1000 类，物联网开发者汇聚超 3 万。其中，NB-IoT 智慧燃气、智慧水务规模分别达到近 3000 万。到 2020 年底，NB-IoT 智慧燃气连接数超 1500 万；同时全国超 10 万台 NB-IoT 共享洗衣机通过中国电信的物联网服务。物联网开放平台（CTWing）物联网设备连接超 6000 万，平台月均调用次数近 200 亿次。

另外，中国电信基于物联网技术的天翼智慧社区系列应用已遍布全国 31 个省区市，天翼智慧社区服务总数突破 16000 个。通过 NB-IoT 技术提供的城市智慧照明应用，可提供稳定的路灯物联网服务，实现智能调光、降功率、按需开关灯等管理，减少过度照明。工业互联网领域，天翼物联助力南方电网等企业打造智慧工地，满足工地对项目安全、质量、进度等全过程的可观、可测、可控的精益化管控需求。车联网领域，天翼物联连续为上海通用汽车、小鹏汽车、玉柴机器、长城汽车、恒大汽车等提供智能车联网服务。智能家电领域，与海尔集团打造"NB-IoT 物联自清洁空调"；联合多个家电企业，打造基于 NB-IoT 技术的共享空调租赁方案，在国内数百所院校实现规模化落地。智慧农业领域，为湖南果园镇花果村提供 NB–IoT 水质监测服务，实时监测水质情况；为新疆昌吉阿什里牧场提供智慧奶牛服务，打造智慧牧场。

就全球市场来看，Statista 数据显示，2020 年全球物联网市场规模达到 2480 亿美元，到 2025 年预计市场规模将超过 1.5 万亿美元，复合年均增长率达到 44.59%。IDC 发布的《2021 年 V1 全球物联网支出指南》显示，2020 年全球物联网支出达到 6904.7 亿美元，其中，中国市场占比 23.6%；预计 2025 年全球物联网市场将达到 1.1 万亿美元，复合年均增长率约 11.4%，其中，中国市场的占比将提高到 25.9%。图 1–6 展现了从 2020 年到 2025 年中国物联网支出规模的预测。

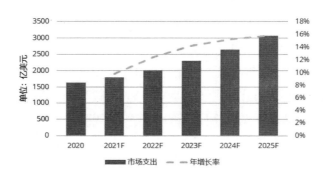

图 1–6　2021 年中国物联网支出规模预测

来源：IDC

另据 BergInsight 的报告，2020 年全球蜂窝物联网用户数量增长 12%，达到 17.4 亿，该机构预测到 2025 年，全球将有 37.4 亿台物联网设备连接到蜂窝网络。

《中国贸易报》的报道显示，按照世界物联网产业体系所覆盖的 17 个行业领域计算，2020 年全球的物联网产值大约 15 万亿美元，其产值平均增长率近 23%，预计 2021 年以后有望达到 30%，到 2025 年，全球物联网产值有望达到 30 万亿元的体量。中国占到了全球物联网产值的 1/4 左右，其中一个重要体现是，中国已完成 5G 基站建设超 70 万个。

从细分行业看，物联网在交通、物流、环保、医疗、安防、电力等领域逐渐得到规模化验证。"物联网 + 行业应用"的细分市场逐渐分化，并走向城市，智慧城市、工业物联网、车联网、智能家居成为四大主流细分市场。

芯片、智能识别、传感器、区块链、边缘计算等物联网相关技术的迭代演进，加快驱动物联网应用产品向智能、便捷、低功耗及小型化方向发展。

还有一组关键数据是：2020 年，物联网连接数首次超过非物联网连接数，预示着终端的增长，以及下游智能互联应用将逐步爆发。据 IoT Analytics 的数据显示，从 2010 年到 2020 年，物联网连接数从 8 亿增长到 117 亿，复合增速达 31%，预计2020 年后将按 22% 的复合年均增长率发展，到 2025 年，物联网连接数将达 309 亿。

随着 5G 建设的逐步推进，高、中、低速通信协议标准的统一，叠加各类硬件智能化渗透率的持续提升，未来智能家居、智能安防、智能穿戴、智能网联汽车、智能健康、智慧城市、智慧养老等物联网应用场景有望实现持续爆发式增长。

在目前所有物联网应用中，智能家居的发展堪称典范。据调研机构 Strategy Analytics 分析，2021 年，全球消费者在智能家居产品和服务上增长 44%，达到1230 亿美元。到 2025 年，智能家居市场将增长到 1730 亿美元，届时全球近 20%的家庭将至少拥有一种智能家居产品。就中国市场来看，IDC 给出的数据显示，2021 年第一季度，我国智能家居设备市场出货量为 4699 万台，同比增长 27.7%，全年出货量有望超 2.5 亿台，同比增长 21%。

有些智能家居品类增长迅猛，以智能马桶为例，京东大数据研究院发布的《2021 智能马桶线上消费趋势报告》显示，从 2017 年到 2020 年，智能马桶盖销量实现翻倍，智能马桶一体机的销量足足翻了 10 倍。

智能锁的表现也不错，全国锁具行业信息中心的统计显示，2017 年，中国智能锁行业整体销量超过 700 万套；到 2020 年，销量达到 1700 万套左右。部分公司晒出了不错的战绩，比如凯迪仕透露，2020 年全渠道出货量达到 150 万套。2021年"618"活动期间，小米智能门锁品类全平台销售额突破 2 亿元。

智能音箱也是近年物联网设备里的热点，天猫、小米、百度、亚马逊、谷歌、苹果等都有重量级的产品。Strategy Analytics 的报告显示，2020 年全球智能音箱销量突破 1.5 亿部。Omdia 机构的研究显示，2020 年全球智能音箱出货量为 1.36亿台，同比增长 39.7%，到 2025 年预计增长到 3.45 亿台，从 2020 年到 2025 年的复合年均增长率为 20.5%。

那么，中国市场的情况如何？ IDC 发布的《IDC 中国智能音箱设备市场月度跟踪报告》显示，2020 年中国智能音箱市场销量为 3676 万台，同比下降 8.6%；其中带屏智能音箱占比 35.5%，销量同比增长 31.0%。奥维云网的推总数据显示，2020 年中国智能音箱市场销量为 3770 万台，同比增长 2.4%；销售额为 74 亿元，同比增长 7.5%。阿里巴巴、百度、小米位列前三，都突破了 1000 万台。

以天猫精灵的情况来看，2021 年"618"活动期间，截至 6 月 21 日 0 时，天猫精灵及智能家居生态总成交额已经超过 100 亿元。通过开放生态，天猫精灵推出 4 年来，已经为超过 3000 家中国品牌及服务商提供了语音、视觉等多模态 AI 技术服务，帮助优化产品体验，实现智能化升级。2021 年的"618"活动，天猫精灵生态中超过 30 个新品类、60 个新品牌参与。

与此同时，在目前的智能家居市场出现了一系列知名品牌，既有从传统家电、互联网企业跨界而来的公司，也有专门做某些智能家居单品的企业，包括小米、海尔、华为、欧瑞博、绿米、超级智慧家等综合型智能品牌；凯迪仕、云丁、德施曼等智能锁；恒洁、九牧、箭牌、金牌、澳斯曼、安华、科勒、TOTO 等智能卫浴品牌。

截至 2020 年 12 月，以华为 HiLink 协议为基础的华为智选生态，已赢得全球 600 多个主流家电品牌的支持，覆盖 3000 多款产品，积累了 5000 多万用户。小米从智能家居赛道获取的红利更为可观，2020 年，来自 IoT 与生活消费产品营收规模为 674 亿元，占总体的 26%，受益于智能电视、智能音箱、扫地机器人、空气净化器等系列智能设备的推动。

更具体来看，物联网涉及四层架构：感知层、网络层、平台层和应用层，每一层级的参与者与产品、解决方案组合起来，构建了物联网的产业链。

1. **感知层**：物联网的最底层，通过芯片、蜂窝模组 / 终端和感知设备等工具从物理世界中采集信息。主要参与者包括传感器厂商、芯片厂商和终端及模块生产商，产品主要包括传感器、系统级芯片、传感器芯片和通信模组等底层元器件。

企业数量众多，芯片相关的产业链企业包括翱捷科技、先科电子、广芯微电子、华为海思、联发科、紫光展锐、移芯通信、高通、诺领科技、芯翼信息、智联安、中兴微电子等；蜂窝模组相关的企业包括移远通信、广和通、美格智能、日海智能、高新兴、有方科技等；感知设备的相关企业包括奥比中光、歌尔、汉威科技、霍尼韦尔、联创电子、瑞声科技、睿创微纳、远望谷、金溢科技、士兰微、水晶光电、敏芯股份、必创科技、苏州固锝、华工科技、汉王科技、科大讯飞、商汤科技、神州泰岳等。目前我国对芯片、高级传感器等产品的需求增长迅速，国内企业也在全力投入，前景无疑是广阔的。

2. **网络层**：物联网的管道，主要负责传输数据，将感知层采集和识别的信息进一步传输到平台层。网络层分为有线和无线传输，无线网络传输按照距离分为近场通信、局域网、广域网。根据传输速率的不同，物联网业务可分为高速率、中速率及低速率业务。

在广域网中，60% 属于超低速业务，应用于抄表、路灯、智能停车等简单物联

网，比如智能抄表；30% 属于中低速业务，比如智能物流、智能穿戴设备等；10%
属于高速业务，比如自动驾驶、远程医疗等。其中，低功耗广域网和短距离连接
服务成为网络层产业布局重点，涉及通信设备、通信网络、SIM 制造等。

传输层的企业分为硬件载体和软件平台。其中，硬件载体玩家包括华为、中
兴通讯、爱立信、ARM、惠普、联想、思科、英特尔等；软件平台包括 AWS
Wavelength、Azure IoT Edge、阿里云 Link Edge、百度云 BIE 智能边缘、九州云
Edge、国讯芯微、华为云、腾讯云、网宿科技边缘平台等。

3. **平台层**：将来自感知层的数据进行汇总、处理和分析，目前包括 PaaS 平台、
AI 平台等，提供的产品与服务可以分为物联网云平台和操作系统，完成对数据、
信息进行存储和分析。

硬件端具备物联网能力后，需要平台完成整个网络和应用的具体实现，平台
按功能类型大致可分成 4 类，包括 CMP（连接管理平台）、DMP（设备管理平台）、
AEP（应用使能平台）、BAP（业务分析平台）等，主要公司包括阿里云 Link 平台、
京东小京鱼、腾讯云 IoT Explorer、小米 IoT 平台、IBM Watson IoT、ThingWorx、
浪潮云洲工业互联网平台、新华三物联网、通服物联、海尔卡奥斯、树根互联、
xIn3Plat、Fii Cloud、航天云网、汉云工业互联网平台、WISE-PaaS 工业物联网云
平台、小匠物联、HanClouds 工业互联网平台等。

4. **应用层**：基于平台层的数据，解决具体垂直领域的行业问题，也是全球物联
网厂商角逐的重点，涉及智能安防、智慧医疗、可穿戴设备、智能交通、智能电网、
智慧工业、智能物流、智慧农业、车联网、智能家居、智慧城市等众多领域，包
括智能硬件和应用服务。

得益于 5G 时代的到来，尤其是中国建成了全球相对最大的 5G 网络，峰值速
率、体验速率、时延等关键指标均优于 4G，这将带动智能家居、车联网、医疗健康、
智能楼宇、智能交通等崛起。

讨论应用层时，值得一提的是华为鸿蒙 2.0（HarmonyOS 2.0）版本，作为面
向物联网时代的新一代操作系统，目标是实现万物互联和万物智能，将逐步覆盖
1+8+N 全场景终端设备：1 代表智能手机；8 代表 PC、平板、手表、智慧屏、AI 音箱、
耳机、AR/VR 眼镜、车机；N 代表物联网生态产品，为消费者衣食住行全场景提
供智能服务。

自 2021 年 6 月 HarmonyOS 2.0 发布以来，不到一周的时间，升级鸿蒙系统
的设备数就突破了 1000 万。一个多月后，鸿蒙 UX 设计交流中，华为方面透露，

HarmonyOS 2.0 的用户已经达到了 3000 万。华为有一个目标是，2021 年实现至少 3 亿部设备搭载 HarmonyOS，其中有 2 亿台来自华为，另外 1 亿台来自华为的合作伙伴。

从发展路径来看，物联网应用主要沿着三大主线展开：一是消费物联网，包括可穿戴设备、智能硬件、智能家居、车联网、健康养老等消费类应用，活跃度非常高，发展迅速；二是生产物联网，与工业、农业、能源等传统行业深度融合，形成产业物联网，成为行业转型升级的基础设施和关键要素；三是智慧城市物联网，基于物联网的城市立体化信息采集系统正在加快构建，智慧城市成为物联网应用集成创新的综合平台。

1. **消费物联网**：应用到人们的衣、食、住、行、游、购、娱等各个方面，从一定程度上体现出物联网改变生活的价值。当前物联网在全屋智能、可穿戴设备、智能门锁、车载智能终端等消费领域上的应用保持高速增长态势。NB-IoT 技术正激发智能家居等物联网应用场景爆发，包括智能锁、智能家电、安防报警、智能穿戴等。未来，硬件技术升级、产业生态搭建，将是消费类物联网市场发展的主要驱动力量。

2. **生产物联网**：物联网应用正在向工业研发、制造、管理、服务等业务全流程渗透，农业、交通、零售、医疗等行业物联网集成应用试点加速开展。物联网与北斗、大数据、人工智能等技术融合，助推更多领域的落地，如 RFID 技术的应用极大改变了电力、航空、鞋服与智能制造等产业的发展模式。

3. **智慧城市物联网**："数字孪生城市"正成为全球智慧城市建设热点，通过交通、能源、安防、环保等各系统海量的物联网感知终端，实时、全面地感知城市的运行状态，构建真实城市的虚拟镜像，支撑城市监测、预测等各类应用，实现城市智能管理和调控，比如智能井盖、智能管网、远程抄表和智能路灯等。

作为数字经济的重要基础设施之一，物联网是传统产业数字化转型的重要手段，也是实现经济高质量发展的内燃机。在政策、技术、应用、产业龙头等多方面因素的推动下，物联网正迎来黄金发展期。物联网产业链长，在自身发展的同时，还将带动传感器、微电子、视频识别系统等一系列产业，带来巨大的产业集群效益，可挖掘的机会众多。

三、数字经济

数字经济是指直接或间接利用数据来引导资源发挥作用，推动生产力发展的经济形态。在技术层面，它涉及 5G、大数据、云计算、物联网、区块链、人工智能等新兴技术。在应用层面，它涉及电子商务、新零售、直播、工业 4.0、C2M 定制等。

一般来讲，数字经济分为数字产业化和产业数字化两部分，同时也包括了互联网经济。近几年里，中国数字经济发展很快，数字经济产值从 9.5 万亿元涨到了 39.2 万亿元，占 GDP 的比重从 20.3% 上升到了 38.6%，增长速度远远高于同期 GDP。

1. 数字产业化：主要指数字技术带来的产品和服务，比如电子信息制造业、信息通信业、软件服务业、互联网业等。2023 年电信业务量和业务收入均有增长，全年完成电信业务收入 1.68 万亿元人民币，同比增长 6.2%。2023 年全国软件和信息技术服务业规模以上企业超 3.8 万家，累计完成软件业务收入 123258 亿元，同比增长 13.4%。互联网新模式新业态不断涌现，2023 年我国规模以上互联网和相关服务企业完成互联网业务收入 17483 亿元，同比增长 6.8%。大数据产业快速发展，2022 年我国大数据产业规模达 1.57 万亿元，同比增长 18%。

2. 产业数字化：是指利用 5G、物联网、云计算、大数据等技术，对传统产业进行数字化、智能化的升级，促进了产出的增长和效率的提升。比如数字化工厂，运用新一代信息技术，贯穿设计、工艺、生产、物流等各个环节。以福建泉州永春九牧 5G 智慧工厂为例，与中国电信联合确定了包括智慧车间物流、智能检测、智能数据采集等 5G 应用场景，其中的 5G+ 施釉机器人，采用 PLC（可编程控制器）+5G 工业网关进行设备技改，通过中国电信 5G SA 专网接入乐石 SCADA 系统和乐石 NISMES 系统，实现基于 5G 专网的施釉机器人设备状态、现场生产数据的采集，实现预测性维护，同时实现施釉工艺参数的远程下发、灵活配置，提高操作的实时性和安全性。在 5G 技术的加持下，九牧这座数字化工厂定了 3 年效益目标，包括生产效率复合提升 35%、单位产值能耗复合降低 7%、企业运营成本复合降低 8%、产品不良成本率复合降低 5% 以及产品研发周期年均缩短 15 天。

再以农业为例，目前正在发力以农业物联网、云计算技术为核心的农业信息化基础，并以大数据为支撑的农业信息化服务。以大数据应用为例，通过对气候、土壤、水、空气质量、作物成长、鱼禽畜的生长，甚至是设备和劳动力的成本及可用性方面的实时数据收集，做出分析，实现精准决策；建立农产品质量安全追溯体系；对农作物进行风险预警和安全监测等。通过电商平台的流量，实现农产品供应端与需求端的匹配，解决农产品销量问题。

制造业更是数字化的高地，我国规模以上工业企业生产设备数字化率达到 49.4%，数字工厂仿真、企业资源计划系统（ERP）、制造业企业生产过程执行管理系统（MES）、智能物流等广泛应用。企业上云数量快速增长，2020 年全国新增上云企业超过 47 万家。工业互联网发展驶入快车道，到 2023 年底，我国工业互联网融入 49 个国民经济大类，覆盖全部工业大类。具有一定影响力的工业互联网平台超过 340 个，工业设备连接数超过 9600 万台套。

世界各主要经济体国家，将数字经济提升到了战略高度，如美国的《美国国家网络战略》、德国的《高技术战略 2025》、日本的《日本制造业白皮书》等。中国同样将数字经济纳入国家战略，并配套了大量产业政策予以支持。

2020 年，国家发展改革委等 13 个部门公布《关于支持新业态新模式健康发展激活消费市场带动扩大就业的意见》，其中提出了数字经济的 15 种新业态，包括：融合化在线教育、互联网医疗、便捷化线上办公、数字化治理、产业平台化发展生态、传统企业数字化转型、跨越物理边界的"虚拟"产业园和产业集群、基于新技术的"无人经济"、培训微商电商直播等新个体、微经济（短视频等）、多点执业、共享生活、共享生产新动力、生产资料共享新模式、数据要素流通新活力等。

在数字经济版图上，又可以划分成数字消费、数字生产、工业互联网等板块，都是近年来数字经济里的热点，我们重点来看看这些数字经济形态。

先来看数字消费，这里面涉及一个约束条件，就是国民上网总时长，互联网用户群体乘以平均上网时长，就是国民在线或上网的总时长，所有数字消费都在这个时间段里完成，相当于互联网消费市场规模的边界。

互联网消费对应互联网销售额，其中的核心构成是网络零售额，近年来持续增长，2022 年全国网上零售额 13.79 万亿元，同比增长 4%。2023 全国网上零售额约 15.43 万亿元，增长 11%。"双 11""618"等几个重要的促销节点，都能引发一波消费热潮。据星图数据的监测，2023 年 10 月 31 日 20:00-11 月 11 日 23:59（京东起始时间为 10 月 23 日 20:00），综合电商平台、直播平台累积销售额为 11386 亿元，同比增长 2.08%。其中，综合电商平台销售总额达 9235 亿元，直播电商累积销售额达 2151 亿元，新零售电商销售额为 236 亿元，社区团购整体销售额为 124 亿元。

在 5G、人工智能等技术的支持下，互联网消费正在发生新的变化。比如互联网教育，以前只能是远端上课，互动并不顺畅，现场教学可以做到的，网上无法实现。有了 5G 技术，除了传递信息外，老师与同学的互动变得非常方便，几乎可以模拟现场教学。

比如互联网医疗，以前主要是远程视频会诊、面向个人患者和家庭患者的远程会诊等，截至 2020 年底，远程医疗协作网覆盖所有地级市 2.4 万余家医疗机构，

5595 家二级以上医院普遍提供线上服务。电子社保卡累计签发 3.6 亿张，实现全部地市覆盖。

而 5G 技术的支持，使得远程手术成为可能。2019 年，解放军总医院第一医学中心神经外科与位于三亚的解放军总医院海南医院神经外科，通过 5G 网络成功实施帕金森病"脑起搏器"植入术；而且 5G 通信技术可提高信息交互的速度，通过视频传感器采集现场视频，医生可以看到高清晰度的视频画面，结合症状和生命体征，远程评估患者的病情。2021 年 7 月，解放军总医院海南医院发布消息称，该院实现了全球首次基于 5G 的激光远程诊疗系统的实时在线演示，成功实现了三亚与北京相距 3000 多公里的静态病理图像和动态手术图像的激光远程演示。结合"云间 301"5G 传输平台，构成了高难度远程手术的利器，为提升远程医疗的精准性提供了重要技术保障。

智能体育作为一种有潜力的互联网消费形态，正在走入社会，比如智能飞镖、智能骑行、智能跳绳和智能平衡板等。以智能骑行设备为例，买一台放家里，选择赛道，设置路面、风景，还可以约朋友一起比赛，用户的速度，爬坡、转弯技巧，最后都体现到比赛"成绩"上。

数字化生产可以实现生产过程智能互联，实现和消费链、供应链智能互联。以前是互联网，传播与连接的是信息；现在依托物联网，连接的是物体。生产车间里各种设备的运行情况，都能予以监测，及时对异常情况进行预警，并统计数据用于分析。

在智能生产过程中，通过非常多的物联网设备，可以实时监测与感知各个设备的运行状态，做到在线修复和远端停机、开机。多台机械化设备通过物联网连接以后协同作业；生产线上，物物之间、设备与设备之间、工具与工具之间，是多点互联、相互识别，进一步提升生产效率与生产的准确性。

不仅是制造业与数字相关，还出现了产业互联网平台。例如，很多企业的生产不是连贯的，都有闲置的设备，于是，一些平台企业通过互联网把闲置的生产设备整合起来，搭起一个派单平台，接到订单后，由工程师拆解成不同的生产过程，然后在网上找到闲置的设备，让对方生产。它利用闲置的设备和多余的劳动力，组织起了云工厂的生产。从接单、拆分到生产等过程，都是在网上推进，生产组织方式很前沿。

在数字经济中，工业互联网已成为一个关键赛道。它通过开放的、全球化的工业级网络平台，把设备、生产线、工厂、供应商、产品和客户紧密地连接和融合起来，形成跨设备、跨系统、跨厂区、跨地区的互联互通，共享工业经济中的各种要素资源，进而借助自动化、智能化的方式降低成本，提升效率。还有工业互联网联盟，采用开放成员制，使各个厂商设备之间可以实现数据共享。

工业互联网可通过智能化生产、网络化协同、个性化定制、服务化延伸、虚实化管理五大应用模式，赋能工业企业。援引《经济参考报》的报道，以智能化生产为例，和利时通过工业互联网平台，构建云间协同计算架构，实现了对水质的实时动态检测，构建模型实现药量的动态调配。网络化协同方面，通过工业互联网将所有产线集中起来，运用超过十条产线的数据，可将模型建立期从原来的 6 个月缩短至两周，并将模型动态实时下发到所有产线，及时进行调整，实现设备利用率提高 8%，库存成本降低 5%，优化了零部件的运转效率。虚实化管理方面，在华龙讯达的数字孪生车间中，每个设备都安装了上千个传感器，以感知设备状态变化，从而进行预测性维护和故障诊断，将设备的平均维修时间从 2 小时降低至 20 分钟。

从整体来看，据国家工业信息安全发展研究中心发布的《2022 工业互联网平台发展指数报告》，截至 2022 年末，我国工业互联网平台监测系统连接的全国 32 家重点工业互联网平台工业设备连接总数为 8049.60 万台，工业模型数量合计为 85.16 万个，工业 APP 数量达到 29.33 万个，我国工业互联网平台行业整体保持快速发展趋势。2023 年，工信部跨行业跨领域工业互联网平台共有 50 家。

政策方面，工业互联网受到了高度重视。近年来，工业和信息化部等部门连续出台工业互联网相关政策，比如 2020 年的《工业互联网创新发展行动计划（2021—2023 年）》，2023 年的《工业互联网专项工作组 2023 年工作计划》，2024 年的《推动工业领域设备更新实施方案》等，一体化推进网络、标识、平台、数据、安全 5 大体系建设，促进工业互联网与重点产业链深度融合应用，加力推动工业互联网高质量发展。

对我国来讲，平台和算力是发展工业互联网的优势。不同设备和系统产生海量数据，需要平台实现数据汇聚、建模分析、应用开发、监测管理、柔性控制等，而我国工业互联网已建成"平台 +"的生态体系。再者，我国算力资源充沛，计算能力突出。数据作为工业企业重要的生产资料，有利于实现信息共享，帮助企业实现及时的生产监控以及远端数据的采集控制，最终实现互联互通。而算力是挖掘数据价值的基础，是工业互联网时代的关键生产力。

综上所述，在数字经济的发展过程中，数据成为关键的生产要素，各种技术、场景应用都涉及数据的使用，而数据的增长与价值挖掘需求提高，对算力提出了新要求，这也是算力经济得以发展的关键因素。

四、区块链技术

区块链是一种分布式数据库，作用主要是储存信息。任何需要保存的信息都可以写入区块链，也可以从里面读取。任何人都可以架设服务器，加入区块链网络，成为一个节点。在区块链中，没有中心节点，没有管理员，每个节点都是平等的，每一个节点都同时保存着整个数据库。

或者说，区块链是一个公共账本，任何人都可以在这个账本上记账，也可以对这个账本进行核查，都可以单独保存一个账本，所有人保存的账本都是一样的。没有人能擅自对账本的内容或者数据进行改动，高度去中心化，单一用户不能进行控制。

在《区块链参考架构》中，区块链（Blockchain）的定义是：一种在对等网络环境下，通过透明和可信规则，构建不可伪造、不可篡改和可追溯的块链式数据结构，实现和管理事务处理的模式。

什么是块链式数据结构？它是指一段时间内发生的事务处理以区块为单位进行存储，并以密码学算法将区块按时间顺序连接成链条的一种数据结构。

也就是说，区块链这个分布式的数字账本，记录了所有曾经发生并经过系统一致认可的交易，每一个区块就是一个账本。它不仅可以记录每一笔交易，还可以通过编程来记录几乎所有对人类有价值的事物，包括出生和死亡证明、结婚证、所有权契据、学位证书、财务账户、就医经历、保险理赔单、食品来源及任何其他可以用代码表示的事物。

通过点对点的分布式记账方式、多节点共识机制、非对称加密及智能合约等多种技术手段，区块链可推动建立强大的信任关系，自身具备去中心化、分布式、不可篡改、可编程、高可靠性、高安全性、可访问等特征。

1. **去中心化、分布式对等、无第三方**：利用对等网络模型，对各参与节点进行组网，并在各对等节点间分配任务和共享资源。网络节点之间无须依赖中心节点，即可实现信息共享和交换。对等节点可以是资源、服务和内容的提供者，也可以是获取者。也就是没有第三方，可以帮助点对点交易，无须第三方的批准。

2. **数据块链式**：区块链网络中通过对某一时间段内发生的事务数据进行验证、打包和共识，形成数据区块，同时每一个区块与上一个区块通过密码学特征的方式有序连接。

3. **不可伪造和防篡改**：向区块链写入数据的事务请求，需要附有发起方的私钥签名，该签名随事务请求在网络参与节点间广播，并进行验证，因此事务请求是不可伪造和不能篡改的。一旦进入区块链，信息就无法更改，甚至连管理员也不能修改。

4. **透明可信**：区块链中的信息传递、区块的生成，都遵循透明的共识规则；每一次事务处理，都以特定的形式发送给其他节点，授权节点可以保存与其权限相关的历史记录，保证了链上数据的透明性。每一次事务处理和区块的生成，均可由授权节点根据既定规则验证其合法性，并通过共识机制进行记录，保证记录结果可信。

5. **高可靠性、高安全性**：区块链作为典型的分布式应用，多个节点拥有完整的服务能力及全量数据，部分节点的异常或恶意行为不会影响整体服务的可用性和连续性，以及数据的完整性和真实性。也就是说，它不同于集中化数据库，不受任何人或实体的控制，数据在多台计算机上完整地复制（分发）。与集中式数据库不同，攻击者没有一个单一的入口点，数据的安全性更有保障。

6. **可访问**：网络中的所有节点都可以轻松访问区块链上的信息。

区块链的发展可以追溯到 2009 年，一位名叫中本聪的人提出了区块链概念，同时给出初始的设计，也就是现在广为人知的比特币。后来，人们对区块链的了解更多停留在比特币或一些加密货币上，事实上，区块链远非如此。

2018 年，区块链跑步进入国内市场，随后成为企业的角逐焦点，经历过从追捧到泡沫再到低谷的过程，大浪淘沙、去伪存真。随着底层技术趋向成熟，其技术应用也延伸到实体经济的各个领域；随着虚假的繁荣被洗掉，我们看到一些依托区块链技术的项目从概念验证走向行业落地。

区块链诞生之初的应用场景催生了多种数字货币，包括比特币等加密货币、各国发行的数字货币等，这种技术借助时间戳、共识机制等手段，解决了数字货币曾经面临的一些问题。

区块链技术以非同质化代币和实体经济结合，能够对虚拟物品进行产权确认，赋予虚拟数字产品一定的产权，这将拓宽产权物品的产生路径。艺术创作者们可以把自己的作品放到区块链上，一旦有其他人使用了作品，作者就可以马上知道，相应的版税也会自动支付给作者。

区块链以智能合约与供应链金融结合，建立可信网络，提高应收账款和存货的可信度，帮助银行和企业之间建立互信。在防伪溯源上的运用，是区块链技术的创新，这方面的案例较多，比如买到水果后，在区块链技术的支持下，用手机扫一扫包装上的溯源二维码，商品的商家名称、原产地位置、检测数据等从生产到流通的全过程信息，都能看到。

数字身份是区块链技术的一个典型应用。在日常生活中，人们往往需要开各种证明。应用区块链技术后，情形会有大改变，出生证、房产证、结婚证等，都可以在区块链上公证，省去了再开证明的麻烦。

区块链电子票据拥有防篡改、可追溯等优势，能实现票据从开具到报销的全流程可信。深圳展开了长期探索，到 2021 年 7 月，区块链电子发票系统累计开票超 5000 万张，日均开票超 12 万张，累计开票金额超 650 亿元，已覆盖批发零售、酒店餐饮、港口交通、房地产、互联网、医疗等百余行业。

与公益结合，区块链能促成每一笔善款都有迹可循。以前的捐款由公益机构自己记录——谁捐的、资金流向哪里，都由机构登记。借助区块链技术，很多人都在记录，相互作证，极大程度上保证了透明性。一个人捐了钱，能在区块链上看到钱的流向。

具体来讲，区块链产业分为基础层、服务层、应用层 3 个层次。

1. **基础层**：底层技术及基础设施、底层平台部署方式，提供底层区块链或分布式账本技术框架，主要包括以太坊、Hyperledger Fabric、R3 Corda、FISCO BCOS 等。底层技术包括核心基础组件、协议和算法，针对不同应用场景提供智能合约、可编程资产、激励机制、成员管理等功能。基础设施包括芯片、矿机、矿池、硬盘、路由器等；底层平台部署方式包括公有链、联盟链、私有链等。

2. **服务层**：面向开发者提供基于区块链技术的应用，主要指 BaaS（Blockchain as a Service）平台，国内主要有蚂蚁区块链 BaaS 平台、腾讯云 TBaaS、平安壹账链 BaaS 平台等。

3. **应用层**：金融、供应链管理、智能制造、政府企业、服务、社会应用等，主要应用场景涉及跨境支付、防伪溯源、供应链金融、贸易融资、电子票据等。

客观来讲，区块链技术发展并没有太高的壁垒，本身就是去中心化、可追溯和技术互信的技术，关键是要与行业、场景结合，实现商业化落地。近年来，区块链产业应用确实取得了不错的成绩，据赛迪顾问的统计，2020 年全球区块链产业规模达 28.1 亿美元，产业结构方面，基础硬件层中计算类的产业规模为 4.4 亿美元，占比为 15.7%，总体位列第二；应用服务层中金融应用类的产业规模达 5.7 亿美元，总体位列第一，占比为 20.3%。在中国，2020 年区块链产业规模达到 27.8 亿元，增速为 33.7%，超过全球区块链产业增速。

援引赛迪区块链研究院的《2019—2020中国区块链专利白皮书》里的信息，据 Innojoy 全球专利检索平台的统计，截至 2019 年 12 月 31 日，中国共申请区块链发明专利 17176 件。其中，金融领域共申请专利 3299 件，专利申请排名靠前的公司包括平安科技、北京瑞策科技、腾讯科技、阿里巴巴、杭州趣链、深圳元征科技、杭州复杂美、深圳智税链、中国联通、江苏恒宝智能等。

互联网方向的专利 2227 件，主要持有公司包括北京瑞策科技、腾讯科技、阿里巴巴、杭州复杂美、深圳元征科技、中国联通、平安科技、江苏恒宝智能、杭州趣链、深圳壹账通等。

供应链方向的专利 520 件，持有主体包括阿里巴巴、合肥维天运、杭州趣链、广东工业大学、腾讯科技、杭州复杂美、广东邮政、湖南大学、上海天地会、上海唯链等。

物联网方向的专利布局数量较多的单位包括沃朴物联、阿里巴巴、四川虹微、西安电子科技大学、智慧谷物联、中国联通、北京工业大学、达朴汇联、北京瑞策科技等。

在近几年的发展过程中，涌现出了一些具有代表性的企业。赛迪顾问发布的《2020—2021 年中国区块链产业发展研究年度报告》显示，中国区块链企业前 10 强包括腾讯、蚂蚁、浪潮、百度、京东、趣链科技、金融壹账通、华为、数秦科技、云象等。

以腾讯为例，从 2015 年左右研究区块链技术，坚持强化平台能力，并做深做细应用场景，陆续落地了多种应用，包括区块链电子发票项目"税务链"、供应链金融项目"微企链"、司法存证项目"至信链"等。

到 2020 年，腾讯区块链技术取得新的突破，依托领御区块链平台、TrustSQL 区块链底层服务、ChainMaker 区块链开源底层软件平台、TBaaS 底链管理平台、FISCO BCOS 区块链底层平台的安全优势属性，在电子存取证、信用信息共享、政务数据服务、供应链溯源、社会公益等应用场景中不断发力，构建从底层引擎到上层产品的产业区块链全栈运营能力。

仅 2020 年里，腾讯区块链就有多起布局与应用，比如联合北京方正公证处共同打造区块链电子数据服务平台，针对 B 端和 G 端用户提供原创取证、侵权取证、电子公证、数据核验等服务；与张裕集团合作，实现葡萄酒生产、流通、营销环节的信息实时上链和"一物一码一证"全流程正品追溯；"领御区块链平台"为武汉智慧城市大脑建设区块链政务中枢平台，降低政府跨部门数据互通、监管的难度和成本；为海南省、深圳市落地冷链食品可信追溯平台。

同样是 2015 年前后，阿里巴巴成立了区块链小组，投入区块链的研发。2017 年，蚂蚁金服（蚂蚁集团前身）发布"BASIC 战略"（BASIC 即区块链、人工智能、安全、物联网、云计算），一年后阿里达摩院上线区块链实验室。2020 年，蚂蚁区块链升级为蚂蚁链。

到 2021 年，阿里巴巴的区块链已落地 50 多个场景，涵盖金融、保险、公益、政务、追溯、医疗、版权、城市生活服务等，集中于区块链的底层技术，如共识机制、平台架构、隐私保护和智能合约等。

具体应用方面，2019 年阿里巴巴发布"链上公益计划"，打造未来透明公益基础设施，实现公益项目善款可上链、过程可存证、信息可追溯、反馈可触达的多端参与模式。后来，浙江省财政厅联合蚂蚁金服上线区块链捐赠电子票据。2020 年，阿里巴巴正式发布《公益链技术和应用规范》团体标准，并提出从捐赠端到执行端百分百上链的评价标准。

在医疗领域，阿里健康与江苏常州合作推出"医联体＋区块链"试点项目，蚂蚁金服试点区块链医疗电子票据，与复旦大学附属华山医院推出区块链电子处方。

在商品溯源方面，与茅台合作区块链技术打假；天猫海淘基于区块链技术，跟踪、上传、查证跨境进口商品的物流全链路信息。

在金融服务领域，港版支付宝（AlipayHK）曾上线全球首个基于区块链的电子钱包跨境汇款服务；支付宝推出区块链保险产品相互保；后来蚂蚁区块链又推出了"区块链签约""双链通"等应用，支持异地签约、无接触贷款。

阿里巴巴旗下已有多款核心的区块链产品，包括蚂蚁区块链 BaaS 平台、阿里云区块链服务、蚂蚁司法区块链、阿里健康区块链处方平台等。

政策层面，从中央到地方，对区块链寄予厚望，并陆续出台了大量产业政策，比如 2019 年，中央已明确强调，区块链技术的集成应用在新的技术革新和产业变革中起着重要作用。我们要把区块链作为核心技术自主创新的重要突破口，明确主攻方向，加大投入力度，着力攻克一批关键核心技术，加快推动区块链技术和产业创新发展。

在这次中央表态里，出现了一些关键说法，包括提出努力让我国在区块链这个新兴领域走在理论最前沿、占据创新制高点、取得产业新优势，加强区块链标准化研究，提升国际话语权和规则制定权。要加快产业发展，发挥好市场优势，进一步打通创新链、应用链、价值链。要构建区块链产业生态，加快区块链和人工智能、大数据、物联网等前沿信息技术的深度融合，推动集成创新和融合应用。

同时还提出，要利用区块链技术探索数字经济模式创新；积极推动区块链技术在教育、就业、养老、精准脱贫、医疗健康、商品防伪、食品安全、公益、社会救助等领域的应用；推动区块链底层技术服务和新型智慧城市建设相结合，探索在信息基础设施、智慧交通、能源电力等领域的推广应用，探索利用区块链数据共享模式，实现政务数据跨部门、跨区域共同维护和利用。

2021年，区块链被纳入"十四五"数字经济重点产业；工业和信息化部等部门联合发布《关于加快推动区块链技术应用和产业发展的指导意见》，明确提出，到2025年，我国区块链产业综合实力达到世界先进水平，产业初具规模；到2030年，我国区块链产业综合实力持续提升，产业规模进一步壮大。

各个城市也有动作，自2020年以来，已有北京、河北、江苏、浙江、湖南、广东、海南、贵州、广西、云南等省级行政区出台区块链专项发展政策。此外，还有济南、宁波、福州、泉州、长沙、成都等多个城市也出台了相关政策。

成都的动作力度较大：2019年提出把区块链作为成都新经济领域"硬核科技"自主创新主要突破口；2020年发布《供场景给机会加快新经济发展的若干政策措施》，其中提出，围绕区块链等硬核技术和接口标准，开展市场化应用攻关，为场景突破提供技术支撑；还发布了《成都市区块链应用场景供给行动计划（2020—2022年）》，明确提出力争到2022年，在政务服务、城市治理、新消费等领域打造30个区块链应用示范场景，建设2~3个区块链产业集聚发展区，将成都建设成为区块链技术创新先发地、区块链产业创新发展示范区。

2020年底，成都上线"蓉e链"区块链平台，将区块链技术引入不动产登记领域，截至2021年6月，已上链全市不动产登记电子证照166.43万本，电子登记簿信息4046.91万条，工作日均近8700本，3.5万余条。

武汉提出，力争用3年时间打造区块链之城，为此配套了产业激励政策，将采取招培并举的方式，3年内培育从事区块链技术及产品研发的创新企业100家以上；对首次进入全国区块链百强的企业一次性奖励200万元。

围绕区块链技术的发展，硬件领域产生了新的变化，比如区块链专用加速芯片的出现、区块链算力平台等，就是典型案例。

2021年6月，首款96核区块链专用加速芯片发布，具备强数据隐私保护能力，并以该芯片为核心，打造超高性能区块链专用加速板卡。经过全面实测，可将区块链数字签名、验签速度提升20倍，区块链转账类智能合约处理速度提升50倍，为突破大规模区块链网络交易性能瓶颈提供硬科技支撑。

同时，"长安链·协作网络"启动，用来连通各行各业的区块链应用，打造一条信息高速公路网，推出了食品安全、物资采购、医疗健康、5G 通信等应用场景。据《北京日报》报道，从 2021 年 1 月"长安链"发布、长安链生态联盟成立，到同年 7 月已汇聚 50 家联盟成员作为关键场景建设者，20 余家长安链硬件生态伙伴、100 多家应用开发商以及超过 1 万名开源社区成员，在 200 余个应用场景推动落地。

同时，为支撑"长安链·协作网络"运行，区块链先进算力平台已在中关村科学城北区启动建设。该平台拥有超过 20 万个区块链计算单元，建成后可支撑超过 100 万个节点、每秒处理交易峰值突破 100 万笔的超大规模区块链网络运行。通过支撑大规模区块链场景应用，平台也为长安链核心技术的持续磨砺提供了真实运行环境。

普遍共识是，区块链技术已是潜力巨大的新市场，据研究机构 Gartner 预测，到 2025 年，区块链的全球商业增加值将达到 1760 亿美元。基于去中心化、信息可追溯、防篡改等特性，区块链将与制造业、服务业、金融业等所有行业密切结合，与大数据、云计算一起，解决信任、可持续发展的问题，解决数据时代的隐私与安全问题。同时，区块链在运行的时候要进行大量的加密、解密，有非常复杂的运算，随着区块链技术的大量应用，将对算力提出更高的要求。

五、绿色经济

为什么说绿色经济跟算力也有关系？可以从以下几个方面讲起。一是数字技术应用于社会经济各领域，大幅度地提高效率，降低能源投入，进而减少对生态的破坏。二是通过数字技术触达每种绿色生产要素和每次绿色行为，并将其精准量化，赋予金融属性，建立"衡量—交易—配置"的市场机制，比如我国多个省市正开展碳排放权交易试点工作。三是算力具备高弹性，可以根据实际需求分配计算资源，比如"双 11"活动期间，将非支付峰值时的盈余计算能力分配到别处，可以对电力资源起到减负的作用。

美国著名未来学者杰里米·里夫金认为，互联网技术和可再生能源的融合将驱动一场新的革命。数字技术不仅能极大地促进经济增长，还有助于推动绿色发展，加速经济发展的绿色转型。数字技术的背后是算力在支持，而绿色经济的发展与目标期望，对算力又提出了更多需求。

事实上，绿色经济思想并不是近几年才提出的。美国生物学家雷切尔·卡逊在 1962 年出版的《寂静的春天》一书中，揭示了工业发展带来的环境污染对自然生态系统造成的巨大破坏，倡导减少对生态环境的污染，这一思想被视为绿色经济的萌芽。

1972 年，罗马俱乐部发布研究报告《增长的极限》，向世界发出警示，人口和工业的无序增长，终会遭遇地球资源耗竭与生态环境破坏的限制。同年，联合国人类环境会议在斯德哥尔摩召开，联合国环境署（UNEP）成立，与会代表达成《人类环境宣言》。

直到 1989 年，英国环境经济学家大卫·皮尔斯出版了著作《绿色经济的蓝图》，提出绿色经济一词，并将其等同于可持续发展经济。不过直到 20 多年后，绿色经济才正式纳入部分国家的发展纲领。

那么，绿色经济究竟包括哪些内容？ 2021 年，国务院印发《关于加快建立健全绿色低碳循环发展经济体系的指导意见》，关于绿色经济体系的内容包括绿色生产体系、绿色流通体系、绿色消费体系、基础设施升级、绿色技术创新体系、法律法规政策体系等，其中，跟算力有关系的内容如下。

1. 全方位全过程推行绿色规划、绿色设计、绿色投资、绿色建设、绿色生产、绿色流通、绿色生活、绿色消费，使发展建立在高效利用资源、严格保护生态环境、有效控制温室气体排放的基础上，建立健全绿色低碳循环发展的经济体系。

2. 推进工业绿色升级，包括推行产品绿色设计，建设绿色制造体系；全面推行清洁生产等。

3. 提高服务业绿色发展水平，发展出行、住宿等领域共享经济，规范发展闲置资源交易；做好大中型数据中心、网络机房绿色建设和改造，建立绿色运营维护体系等。

4. 推动公共设施共建共享、能源梯级利用、资源循环利用和污染物集中安全处置等。鼓励建设电、热、冷、气等多种能源协同互济的综合能源项目。

5. 构建绿色供应链，鼓励企业开展绿色设计、选择绿色材料、实施绿色采购、打造绿色制造工艺、推行绿色包装、开展绿色运输、做好废弃产品回收处理，实现产品全周期的绿色环保。

6. 打造绿色物流，推进铁水、公铁、公水等多式联运；加快相关公共信息平台建设和信息共享，发展甩挂运输、共同配送；支持物流企业构建数字化运营平台，鼓励发展智慧仓储、智慧运输，推动建立标准化托盘循环共用制度。

7. 鼓励企业采用现代信息技术实现废物回收线上与线下有机结合，培育新型商业模式。

8. 推动能源体系绿色低碳转型，实施城乡配电网建设和智能升级计划。

从历史来看，要发展就难免有排放，随着工业化和城镇化的不断推进，全球都面临着环境问题的巨大挑战。测算显示，全球 GDP 每增加 1%，碳排放量将增加 0.5%，资源使用强度将增加 0.4%。据海通宏观的分析，2019 年中国每万亿美元 GDP 的能耗为 9.89 万吨油当量。

经济要发展，能源消耗的总量很难改变，但能源消耗的类型能调整，比如从 2008 年至 2018 年，中国可再生能源消费的年均增速为 33.36%，比核能、天然气分别高出 18.3 和 20.1 个百分点，煤炭增速为 1.7%。这种比例反映了中国能源利用正在改善。

但从能源结构来看，中国的资源禀赋是"富煤、缺油、少气"，这使得能源结构里煤炭占了很高比例，2019 年煤炭占比为 57.6%。非化石能源里，核能占比为 2.2%。能源消耗量大，化石能源占比高，必须扭转这种格局。

国家能源局曾发布关于做好可再生能源发展"十四五"规划编制工作有关事项的通知，其中提到，"十四五"是推动能源转型和绿色发展的重要窗口期，优先开发当地分散式和分布式可再生能源资源，大力推进分布式可再生电力、热力、燃气等在用户侧直接就近利用，结合储能、氢能等新技术，提升可再生能源在区域能源供应中的比重。并且制定了远景目标，提出 2030 年非化石能源消费占比 20% 的战略目标。

在统筹做好可再生能源本地消纳和跨省区输送方面，提升系统调峰能力、跨区域电网输送能力，以及为可再生能源和化石能源互济调配提供资源优化配置平台，都涉及数据的挖掘以及算力的应用。

2021 年，国家能源局通报了 2020 年度全国可再生能源电力发展监测评价结果，该报告显示，截至 2020 年底，全国可再生能源发电累计装机容量 9.34 亿千瓦，同比增长约 17.5%，占全部电力装机的 42.5%。其中，水电装机 3.7 亿千瓦（抽水蓄能为 3149 万千瓦）、风电装机 2.81 亿千瓦、光伏发电装机 2.53 亿千瓦、生物质发电装机 2952 万千瓦。

就发电量来看，2020 年，全国可再生能源发电量达 22154 亿千瓦时，占全部发电量的 29.1%；其中水电发电量为 13552 亿千瓦时，占全部发电量的 17.8%；风电发电量为 4665 亿千瓦时，占全部发电量的 6.1%；光伏发电量为 2611 亿千瓦时，占全部发电量的 3.4%；生物质发电量为 1326 亿千瓦时，占全部发电量的 1.7%。

在绿色发展的赛道上，除了提升可再生能源的比例之外，借助信息技术提升效率、降低成本的做法，也是可行的。世界经济论坛数据显示，到 2030 年各行各业受益于 ICT 技术（即信息与通信技术）所减少的碳排放量将达 12.1 吉吨（即 121 亿吨），是 ICT 行业自身排放量的 10 倍。

ICT 的减排效应十分显著，TechUK 的数据显示，ICT 的充分应用可以将全球排放量减少 15%~20%。

国际能源署（IEA）的数据显示，将数字解决方案应用于卡车的运营可以将公路货运的能源消耗减少 20%~25%。IEA 估计，到 2040 年智能恒温器和智能照明的应用可以把住宅和商业建筑的用电量降低 10%，从而累计节省 65 皮瓦时（PWh）。

亚马逊曾公布针对自身公司的报告，碳强度改善中，近一半来源于可再生能源和运营效率提高方面投资的结果。2019 年，亚马逊公布了《气候承诺》，承诺到 2040 年实现碳中和。并且预计到 2025 年完全使用清洁能源，从电动汽车厂商 Rivian 订购了 10 万辆电动运输车辆，并表示在 2030 年前投入使用。

值得注意的是，ICT 行业的碳排放量逐渐下降。GeSI《SMARTer 2030》报告显示，到 2030 年，ICT 行业的碳排放量预计达到 1.25 吉吨，占全球排放量的比例由 2020 年的 2.3% 降至 1.97%。

其中，数据中心的耗电量并没有跟数据规模同步增长，而是增长得慢一些。国际能源署数据显示，2010—2019 年全球互联网流量增长了 11.1 倍，数据中心工作负载增加了 6.5 倍，而数据中心能耗仅增长了 6%。就用电量来看，数据中心的规模一直在增长，但耗电量的增长率一直在放缓。

以谷歌为例，与 2016 年相比，到 2021 年，以相同的电量提供大约 7 倍的计算能力。正如库梅定律所描述：每隔 18 个月，相同计算量所需要消耗的能量会减少一半。

2013 年，苹果宣布，旗下数据中心已 100% 采用可再生能源；另外，在奥斯汀、埃尔克格罗夫（Elk Grove）、科克（Cork）、慕尼黑以及库比蒂诺的办公区已采用风电、水电、地热和太阳能。以碳排放作为衡量标准，苹果数据中心和办公设施在其碳排放量中仅占 2%，剩下的 98% 来自产品制造、运输、使用和回收环节，尤其是生产环节的温室气体排放量占比最大。2018 年，苹果宣称数据中心、配送中心、零售店和公司办公室都以 100% 的可再生能源运行。而且制定了一项目标，到 2030 年，供应链完全由可再生能源提供动力。2021 年，苹果公司与云上贵州联合建设的 iCloud（贵安）数据中心投入运行，从访问速度、服务可靠性等方面进一步提升用户使用体验。该数据中心 100% 使用可再生能源。

第 **2** 章

为什么要讲算力

自从人类有了语言与文字之后，产生了大量故事，孵化出了璀璨的文明；自文明曙光出现以来，人类经历了漫长的农耕文明和工业文明，以及后来的信息文明、网络文明，直到现在的数字文明。数字文明为普通大众提供了更广阔的施展舞台，但是，要想让数字文明更加繁荣、孵化出更多够得着的机会，让更多人从中获益，那么，不可缺少的就是算力，借助这种经济技术力量，向前跨越，向上升级。

2.1 从世界的本源与数字文明说起

几千年前，中外哲学家就开始探讨世界的本源，并形成了多种流派。

其中唯物主义认为，世界的本源是物质，精神是物质的投影和反映。在意识与物质之间，物质决定意识，意识是客观世界在人脑中的反映，而客观世界独立于意识之外。

而且，世界的基本组成是物质，物质形式与过程是我们认识世界的主要途径。而唯物主义又形成了机械唯物主义、辩证唯物主义。机械唯物主义认为物质世界是由各种个体组成的，如同各种机械零件组成一个大机器，不会变化；辩证唯物主义认为物质世界永远处于运动与变化之中，它是互相影响、互相关联的。

伴随科学的进步，人们对世界本源的认识还在不断丰富。19世纪初期，科学家们经研究发现，世界上的一切物质都是由化学元素组成的。从人体到细菌，从树林到泥土，从流动的水到看不见的空气，都是由各种化学元素组成的。不但地球上的物质是由化学元素组成的，就连其他星球上的物质也是由元素组成的。

今天，人们对世界本源的看法出现了更丰富的变化。新的观点认为，世界的本源不仅是物质，还包括能量、信息等。能量的表现形式有多种，包括机械能、辐射能、分子势能、光能、磁能、电能、化学能、核能等。

同时，世界是一个信息场，充满各种各样的信息。信息有多种类型，可以反映事，也可以反映物。信息具有不同的内涵，反映物质世界的普遍联系；是与外界相互作用、交换的内容；人类进步的实现，就包括了对现有信息的深度理解与创新、对信息世界的突破；人类的活动都是建立在对信息世界理解的基础上的。

在农耕文明时代，能量与信息的价值体现较小，土地是最核心的天然资源，劳动力是最主要的生产力，日常生产活动围绕农田进行；在一些不适合农耕的地方，比如草原，主要产生了游牧民族与对应的游牧文明。

进入工业文明时代之后，随着蒸汽时代、电气时代的到来，能量与信息上升到非常重要的位置。第一次工业革命，生产所依靠的能量发生了明显变化，机械陆续代替手工，进一步提高生产效率。

具体来讲，从18世纪中叶开始，手工工场的生产技术能力已经无法满足市场需求，于是人们开始想办法改进技术。1733年，英国人凯伊发明了织布的飞梭，提升了织布效率。但纺纱机的效率不足，人们对棉纺品的需求越来越大，迫切需要改良纺纱机。

后来，英国工人哈格里夫斯研究出了竖直纺锤的新式纺织机，他用女儿的名字为其命名——"珍妮纺织机"，效率提高了8倍。该机器不断改良，纺锤增加到18个、30个，一直到100个。再到1769年，英国人又发明了卷轴纺纱机，以水力为动力，解决了人工问题，纺出的纱既结实又有韧力。

而中国在更早的时候也曾发明水转大纺车，有32个纺锤，每车日产量10斤，比珍妮纺织机还先进。但令人遗憾的是，后来没有得到发展。

更大的进步则体现在蒸汽机的使用，这使得能量的价值向上攀升了几个台阶。

先是出现了简易蒸汽机，后来瓦特做了改良，使蒸汽机成为通用原动机，并且推广到采矿、冶金、机械、化工、海陆交通运输等多个行业。人们开始使用煤炭等化石能源作为动力源，实现了质的飞跃。

在瓦特改良蒸汽机之后，还产生了大量机器与技术，比如水力织布机、移动刀架、通过车床实现刀具制作的机械化、刨床、磨床、蒸汽轮船、蒸汽机车。

在随后将近 200 年的时间里，第二次工业革命的电气时代，第三次工业革命的原子能时代，各种新的机器、新的技术陆续出现，新能源被发现与使用，其中都有一个关键点，那就是新能量的应用与能量之间的相互转换，并应用于各个行业，推动社会发生一个接一个变局。

我们可以大概梳理第二次工业革命到第三次工业革命里的典型事件。

第二次工业革命：非常典型的是电、内燃机的广泛使用，可以更高效率地传输直接可用的能量，进一步提高生产效率，并生产出一些以前不曾有的事物。

电的应用方面，出现了西门子发电机、格拉姆电动机、发电厂，以及电灯、电车、电话、电影等产品。内燃机的发明与应用，具体体现有柴油机、内燃机车、远洋轮船、飞机、汽车等机器；化学工业方面，则出现了燃料、化肥、塑料、化纤等。典型事件为福特制造出美国第一辆汽车、莱特兄弟造出飞机等。

第三次工业革命：以原子能、电子计算机、空间技术和生物工程的发明和应用为主要标志，涉及新能源技术、信息技术、新材料技术、生物技术、空间技术和海洋技术等。

一些标志性的事件包括：计算机诞生并持续升级，运算速度不断提高；原子弹爆炸、核电站及核能投入运用；人造卫星上天、航天飞机升空，载人航天、探月工程等取得重大进展；动力电池技术走向市场，电动车逐渐普及等。

每次工业革命都推动了能源、信息方面的变革。第一次工业革命时，人类大规模使用煤炭作为工业能源，比以前的水力机械、风力机械等更为先进；信息革命浮出水面，重点是电报的出现，让信息不必依赖实物传递，借助虚拟的信号就能传输得很远，速度更快。另外，在巴黎一家咖啡馆，法国卢米埃尔兄弟放映了人类第一部电影，信息的呈现发生了新的变化。

第二次工业革命期间，能源变化表现在石油、天然气与电力的广泛应用，扩大了能源在工业上的使用范围，石油可以提炼出各种材料，还能转化成其他能量，成为各种机械的动力；转化成机械能，驱动车辆。信息革命再次推进，电话的出现，让点对点的信息沟通更为方便，不用再去电报局收发电报，提高了效率。

第三次工业革命期间，能源变化体现于可再生能源的研究与运用，石油、煤炭等化石能源面临危机，需要转型开发可替代的可再生能源，比如风能、太阳能、水能、生物质能、地热能等。

而信息革命方面，受益于大规模集成电路和互联网、移动互联网等的发展，信息呈现海量增长，获取信息的渠道变得更加多元化。以人工智能、大数据开启的信息互联网、能源互联网和物联网等，成为信息生产的主要来源及信息传播的主要渠道。

杰里米·里夫金认为，第三次工业革命通过新能源与互联网结合，使人人都能创造信息、发布新闻、提供能源，以五大支柱为基础，催生新的经济模式，即能源互联网经济。能源互联网的核心是分享能源，在能源互联网上，每一个微型电站生产的多余能源都可以跨洲出售和传输。

那么，是哪五大支柱作为基础？杰里米·里夫金的观点是：①向可再生能源转型；②将每个大洲的建筑转化为微型发电厂，以便就地收集可再生能源；③在每一栋建筑物以及基础设施中使用氢和其他存储技术，以存储间歇式能源；④利用互联网技术，将每大洲的电力网转化为能源共享网络，调剂余缺，合理配置使用；⑤运输工具转向插电式以及燃料电池动力车，所需电源来自上述电网。

继几千年的农耕文明、近三百年的工业文明之后，数字技术的繁荣继续带给社会新的变化，不仅在经济领域产生重大影响，而且催生新的社会秩序及新的文明形态，也就是数字文明，物理世界和虚拟世界的界限变得模糊。

数字文明建立在大数据、云计算、物联网、区块链等新一代信息技术的基础上，经济模式、社会结构和政府治理等都发生了新的变革，数字经济、数字政府、数字社会、数字安全等成为社会的主流形态。

在这个新时代，能量和信息的重要性更加突出，典型特征是，推动社会发展的能量以电力为主，并且正在构建以新能源为主体的新型电力系统。也就是说，要控制化石能源的消耗量，同时提高非化石能源占能源消费总量的比重，推动整个电力系统朝清洁化、智能化、去中心化的方向发展。那么，有哪些新能源可以在新型电力系统中起主导作用？风电、光伏等都是有潜力的。

随着高比例可再生能源、分布式能源系统的建设与成熟，以去中心化为特征的新型能源，有潜力成为电力市场的重要组成部分。

其实早在100多年前，马克思就曾预言："蒸汽大王在前一个世纪中翻转了整个世界，现在它的统治已到末日，另外一种更大无比的革命力量——电力的火花将取而代之。"100 多年来的历史，充分证实了马克思预言的准确性。到了数字文明时代，电力的重要性不仅没有下降，反而上升到了更核心的位置，整个世界的运转几乎已经无法离开电力。

在数字文明时代，信息的重要性显得更加突出。数字文明的繁荣，就得益于信息的爆炸式增长与全球范围内的高效流通。前些年，"信息时代"一度成为社会热点。

围绕信息，我们发展出了信息科学，体现为电报、电话、无线电、电视机、计算机等信息技术的成就。香农用一个"熵"的概念以及 3 个简洁的定理，描述了信息科学的本质。

香农第二定理解释了信息传输的规律，就是"信息的传输率永远不可能超过信道的容量"，一旦超过，出错率就是 100%，所有人都无法通信。我们想要传输率更快，就要增加信道的容量。

如何增加信道的容量？

一是增加频率范围，就是带宽；带宽越大，信道的容量越大，比如光纤通信，就比无线电通信、电缆通信的传输率高很多，因为它的带宽更大。同样是无线电通信，从 1G 到 5G，它的频率不断提高。4G 的发射频率约 2000 兆赫，到了 5G，发射频率增加到 6000 兆赫左右，未来还会继续增加。

二是增加信噪比，这个指标越高，信道的容量就越大。信噪比是什么呢？就是信号和噪声的比值。要想信噪比高，就得增加信号强度，或者降低噪声。如何增加信号强度？可以加大发射功率，但不能一直增加，因为容易对周边人群造成辐射伤害，所以需要限制在安全范围内。然而随着距离的扩大，信号强度会衰减。

那么，在不增加发射功率的情况下，想增加信噪比，怎么办？一般是缩短通信的距离，5G 基站之所以建得非常密集，就是出于这个原因。

在香农之外，冯·诺依曼也解释了信息和运算的关系。信息不仅是用来传输的，还可以发挥更大的作用，那就需要运算和存储。他设计了电子计算机的框架，设计思想是，一台电子计算机应该包括运算器、控制器、存储器、输入与输出设备，它是由程序自动控制的。今天关于计算机的研究，依然在他设计的框架里改进。

全球第一台电子计算机 ENIAC，1946 年完工，每秒能运算 5000 次，而现在的超级计算机，比如"天河一号"，峰值速度高达每秒 4700 万亿次，持续速度每秒 2566 万亿次；"天河二号"更快，峰值计算速度高达每秒 10 亿亿次。假设每人每秒钟进行 1 次运算，"天河二号"运算 1 小时，相当于 13 亿人同时用计算器算上数千年。

计算速度这么快，是如何实现的？其中一个关键因素就是芯片工艺。芯片是由晶体管组成的，一块芯片有多大的计算能力，看芯片上的晶体管有多密集就知道了，比如麒麟980，是7nm工艺制程的芯片，有69亿个晶体管。

信息的存储也在进步，以前是在纸带上打孔，把运算过程记录下来。后来演变成磁带，可以记录歌曲声音等；再后来是磁盘，接着演变为硬盘，存储空间也从几十KB增加到了现在的几百GB。

科学家图灵提出了著名的"图灵测试"，定义数据与智能的关系。他认为，如果机器能够与人类展开对话，而不被辨别出机器身份，那么，这台机器就是具有智能的。

以往，我们认为，数据产生信息，信息产生知识，知识产生智慧。而图灵告诉我们，不用通过知识产生智慧，从数据就能直接产生智慧。

在工业文明时代，公路、铁路等交通基础设施发挥巨大作用；在数字文明时代，数据基础设施显得特别重要。数据基础设施，就是利用数字化的技术，采集、保存并且最大化发挥数据的价值。

在信息时代，数据以非线性的几何级数速度快速增长，同时人类处理数据的能力全面提升。据IDC的分析，2020年全球数据总量达到44ZB，中国数据量达到8060EB，占全球数据总量的18%。中国信通院、艾瑞咨询发布的数量显示，全球总数据量在2020年达到47ZB，而据预测，到2035年，全球数据将达到2142ZB，整个数据变化量预计如图2-1所示。

仅2020年，全球智能手机出货量达12.9亿部，这是大量数据产生的来源，加上工业互联网、物联网、智能设备、科学仪器、传感设备、电商平台、电子邮件、社交网络平台、音/视频等，进而催生了海量数据。

与此伴随的是，储存、计算、分析、挖掘、交换、处理、利用数据的能力全面提升，进而引发数据技术的革命，比如新的晶片、记忆体、云计算、边缘计算等持续进步，使得海量数据得以快速处理。数据的价值也得以体现，用于各个行业与场景，比如车辆监管预警、天气预测、智慧医疗、征信与融资服务等。

海量数据的产生与应用，使得数据成为新的生产要素，而数据要发挥价值，必须通过计算工具进行挖掘，这就要用到算力。尤其是随着工业机器人、服务机器人、无人驾驶、语音识别、视觉识别等智能化应用的不断发展，对于数据的利用出现了更多维度、更具深度的需求，而在这背后，则需要更多的算力提供驱动力。

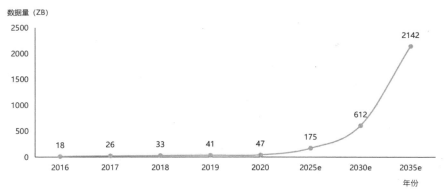

图 2-1　2016—2035 年全球数据量

来源：中国信通院、艾瑞咨询

从发展来看，数字文明预计经历 3 个阶段：一是基于物联网将所有信息数字化，进而实现万物互联；二是人类关系的数字化，可以通过机器读取，比如搜索人与人之间的相关信息；三是镜像世界，就是把世界上所有物理存在的物体进行数字化，机器可以读取，借助算法在真实世界里搜索。

2.2　掌握了算力，就掌握了发展的引擎

今天我们所习惯的生活方式，已经离不开电。正是因为掌握了电的秘密，运用了电的力量，科技才得以不断前进，人类文明才得以登上一个又一个新台阶。

率先掌握电力的那些国家，都曾经历过高速发展。毫不夸张地说，在此前的人类发展史上，谁掌握了电力，谁就掌握了发展的引擎，掌握了发展的主动权。

欧洲国家在前三次工业革命浪潮中崛起，并取得领先优势，电的发明、大面积应用与发展成为标志性事件。19 世纪 60 年代起，一系列电气发明陆续出现，包括：西门子制成发电机；比利时人格拉姆发明电动机；法国学者德普勒发现了远距离送电的方法；美国发明家爱迪生在纽约建成美国第一个火力发电站，把输电线连接成网络；意大利科学家法拉第提出旋转磁场原理，支持了交流电机的发展等。

19 世纪 90 年代初，人们研究出三相异步电动机，这种电动机至今仍在使用。19 世纪后期，发电机、电动机、变压器等电力设备及输配电技术迅速发展，各种

小型的区域电网逐渐被联结起来，人类社会进入了大电网时代。其中，电动机被用来带动机器，成为补充和取代蒸汽动力的新能源，人类社会从蒸汽时代迈入电气时代。

电灯、电话、电车等各种电动生产资料和生活用具被发明，产生了对电的大量需求。作为一种当时的新能源，电力不仅为工业提供了方便而价廉的新动力，而且有力地推动了一系列新兴工业的诞生，如电力工业（发电、输电、配电）和电气设备工业（制造发电机、电动机、变压器、电线电缆等），世界进入了电气时代。

抓住电力机会的国家，普遍获得了高速发展。以德国为例，一方面积极吸收第一次工业革命的技术成果，另一方面直接利用第二次工业革命的新技术。还有起步相对比较晚的日本，同时吸收两次工业革命的技术成果，短期内实现跳跃式的发展。欧美多个国家抓住电气时代的机会，跻身发达国家之列。

第二次工业革命之后，电力系统的快速发展以及电能从"强电"往"弱电"方向延伸，为第三次工业革命的发生提供了支持。同时，在电的发展过程中，通过漫长的探索与提升，经历了从静电到电磁感应再到电能生产的过程。经过1个多世纪的努力，电力系统发展成为非常庞大的人造系统，并推动了材料、物理、化学、自动化、信息、医学等科技的发展。

就全局来看，以"强电"为载体的电力系统构成现代社会能量传输的大动脉，以电能为驱动的电气化设备是现代社会高速前进的车轮，以"弱电"为载体的通信网络是现代社会的神经系统。我们能看到，当前社会经济的运行已经离不开电。

回顾电力在中国市场的发展，100多年前，电进入中国，然后我们开始了学习、跟随与追赶的艰辛历程。

1882年，由英国人立德尔等筹银5万两成立了上海电气公司，并从美国克利夫兰的布拉什电气公司购买了一台12千瓦直流发电机。这家电厂比法国巴黎北火车站电厂晚建7年，比英国的电厂晚建6个月，比圣彼得堡电厂早建1年，比日本早建5年。

正是依靠这家电厂，外滩6.4公里的大道上，15盏电弧灯被点亮了，当时吸引了大量围观群众。

不过由于发电设备技术问题，路灯时亮时不亮，该公司只运营了6年，到1888年因资金不足而倒闭。

1890年，广州旅美华侨黄秉常集资40万美元，在广州开办了广州电灯公司，购买两台100匹马力的美国发动机发电，点亮700盏电灯，由于发电量远超用电量，而且电费太贵，市民承担不起，9 年后公司倒闭。

尽管如此，国人对电力的探索没有止步。上海电气公司倒闭后，其中的股东魏特摩又办了新申电气公司，后来由工部局并购，并发展到 8 台直流发电机，容量 109.5 千瓦；5 台交流发电机，容量 189 千瓦。到 1908 年，该电厂发电设备容量达 4400 千瓦。

李鸿章对此也有探索，先是给慈禧奉上发电机和电灯作贡品，又从丹麦购进一台 15 千瓦的发电机，并在大连创立大石船坞电厂。张之洞在广州用燃油机发电，刘铭传在台北安装了第一批小型发电机，两江总督张人骏建金陵电灯官厂，1919 年童世亨建浦东电气，到 1936 年，中国发电容量达到了 136 万千瓦。不过，在当时的工业国家面前，这些发电厂不值得一提。

到辛亥革命前，中国大概有 80 座电厂，发电设备总容量为 37000 千瓦。抗日战争前，中国发电设备总容量增加到 1365792 千瓦，年发电量 44.5 亿千瓦时，位居世界第 14 位，可以说取得了一定的成绩，打下了中国电力事业的基础。

日寇侵华事件的发生，使中国电力事业的发展遭遇了中断，最终的评估显示，中国当时损失了 94% 的发电量。这几十年时间里，中国经历了太多的苦难，电力发展相当缓慢。到 1949 年底，全国发电装机总容量只有 184.86 万千瓦，全年发电量 43 亿千瓦时。1949 年，全年实际用电量为 34.6 亿千瓦时，而人均年用电量 7.94 千瓦时，相当于现在立柜式空调 4 小时的用电量。

当时中国 GDP 只有 123 亿美元，人均 GDP 仅 23 美元，人均国民收入仅 16 美元。当时美国人均 GDP 为 1882 美元，英国为 642 美元，法国为 842 美元，日本为 182 美元，德国为 486 美元。据《联合国世界经济发展统计年鉴》，1950 年缅甸人均 GDP 为 43 美元，菲律宾为 170 美元，中国人均只有缅甸的一半左右，是全世界人均 GDP 倒数第一。

新中国成立初期，有限的电力基本用于工业领域，居民生活用电很难保障，农村地区和大部分城市基本无电。1949 年，位于上海浦东的杨树浦电厂，装机容量达 19.87 万千瓦，其一个电厂的发电量就占上海市的 76.46%，更是占到了全国的 10.3%。

正是从 1949 年开始，尤其是改革开放以来，中国电力工业快速前进，创造了多个世界第一。到 2018 年底，中国发电装机容量为 189967 万千瓦，对比 1949 年，相当于增长了 1027 倍。其中 2011 年中国发电量成为世界第一；2013 年中国发电装机容量超越美国，跃居世界第一。2016 年中国超越美国，成为世界最大的可再生能源生产国。到了 2018 年，世界的发电量增速为 3.7%，而中国仍以接近 10% 的迅猛增速领跑全球，全国发电量从 1949 年的 43 亿千瓦时增长到 2018 年的 71118 亿千瓦时，如图 2-2 所示。

就发电量比较来看，2018 年里，世界各国发电量排行前 10 的国家分别是中国、美国、印度、俄罗斯、日本、加拿大、德国、韩国、巴西、法国，如图 2-3 所示。到 2019 年，中国的工业用电差不多与全部 OECD（经济合作与发展组织）国家的总和相当，是中国为全球制造中心的有力证明。

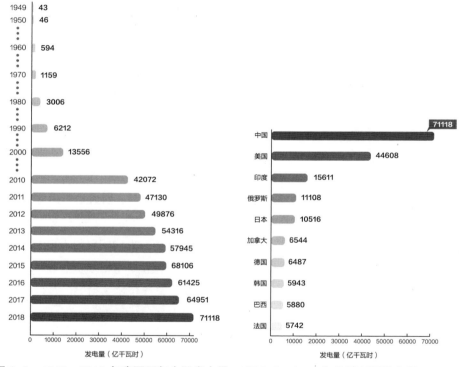

图 2-2　1949—2018 年我国历年全国发电量　　图 2-3　2018 年世界各国发电量 TOP10

来源：电网头条　　　　　　　　　　　　　　来源：电网头条

再看输电网络，1949 年，全中国的电力线路加起来只有 6474 千米；到 2009 年，中国电网规模排名跃居世界第一。2018 年，全国电网 35 千伏及以上输电线路回路长度为 189 万千米，已经是 1949 年的 291 倍左右。

中电联的数据显示，截至 2018 年底，全国跨区输电能力达到 13615 万千瓦，其中，交直流联网跨区输电能力为 12281 万千瓦；跨区点对网送电能力为 1334

万千瓦。

据《中国经济时报》的报道，新中国成立之初，大部分地区都不通电，全国人均用电量只有 9 千瓦时。到 1999 年底，全国乡、村和农户通电率达到 98.31%、97.77% 和 97.43%。2018 年底，全国城市用户供电可靠率达到 99.946%，部分城市达到 99.999%，农村用户供电可靠率为 99.775%。

同时，电压等级不断提升，新中国成立之初，我国电网最高电压等级为 220 千伏，主要在东北地区有少数几条 154 千伏 ~220 千伏输电线路，作为丰满、水丰等水电站的送电线。1972 年迎来了转折，我国建成投运第一条 330 千伏超高压输变电工程，随后继续升级为 500 千伏线路、750 千伏线路，并在 2009 年投运第一条 1000 千伏特高压输电线路。

中国每年发出的电，超过 2/3 用在了第二产业上，属于生产用电的比例更是超过了 85%。无数火电站、水电站拔地而起，输电网络像毛细血管一样遍及中国的每个角落，肩负起了引领能源转型、优化资源配置、带动共同发展的重要使命，支撑起了经济社会发展的需要，满足了人民对美好生活的向往，保障了全国电力供需和市场交易。

在过去一个多世纪里，电力系统创造了无比灿烂辉煌的成就。展望未来，随着社会的不断进步，电的重要性也会越来越高，因为几乎所有新出现的设备都依赖电力而运行，电力系统还将在能源转型与能源革命中承担核心使命。

另一种变化则是，以前电力重点依靠化石能源，导致化石能源消耗量持续上升，据美国能源信息署预计，2018 年至 2050 年间，世界能源消耗量将增长近50%。而日本能源经济研究所分析认为，全球一次能源消费将从 2017 年的 139.72亿吨油当量增至 2050 年的 187.57 亿吨油当量，在此期间，年均增速为 0.9%。化石能源不可再生，资源枯竭势不可逆，人类早就认识到了化石燃料不足以支撑人类未来的可持续发展。

近十年间，可再生能源蓬勃发展，太阳能光伏和陆上风电发展迅猛，海上风电有望成为新的增量，整个电力行业向清洁低碳、数字智能的方向发展。

在发电侧，可再生能源发电技术持续突破，火电清洁化发展已成为主流。氢能技术的进步，正在实现将可再生能源发电的剩余电力转化成天然气或氢气等气体，并储存起来，之后需要时，再取出来转换成电力。

在电网侧和消费侧，智能电网、分布式电网技术的发展为电力智能化、精准化服务奠定了基础，而低碳技术的突破为电力减排与脱碳进程提供了技术动力。

数字技术与分布式能源持续发展，去中心化趋势有可能打破发电环节与配售电环节的原有价值格局，催生新兴的商业模式。以数据为基础的智能平台将对分散、繁杂的消费者数据与电源数据进行充分挖掘，激发电力行业价值想象空间和发展潜力。

在新能源电力探索上，一些国家拿出了极具竞争优势的计划，比如德国政府提出，15 年后利用可再生能源满足国内 50% 电力需求的计划。

美国能源部（DOE）在 2021 年提出"能源地球行动"（Energy Earthshots Initiative），旨在 10 年内实现更丰富、更廉价、更可靠的清洁能源解决方案的突破。其中首个"氢气行动"（Hydrogen Shot）计划，力求在 10 年内将清洁氢的成本降低 80%，低至每公斤 1 美元。

同时，美国参议院财政委员会于 2021 年 5 月 26 日通过了《美国清洁能源法案》提案，计划提供 316 亿美元电动车消费税收抵免，对满足条件的车辆将税收抵免上限提升至 1.25 万美元 / 车；同时，放宽汽车厂商享税收减免的 20 万辆限额，并将提供 1000 亿美元购置补贴；在渗透率达到 50% 后，税收抵免在三年内退坡。

再者，国际电力巨头也在探索新的增长点，比如伊维尔德罗拉，早期通过拉丁美洲、北美洲和欧洲市场的大量资产收购，实现陆上风能的快速扩张，后来又通过剥离非主业资产等方式，持续发力可再生能源市场。通过储能、输配电网投资，为可再生能源发展提供重要支撑，同时布局氢能、海洋能等新兴能源领域等。

到 2019 年底，伊维尔德罗拉营收已高达 2845 亿元，进入世界 500 强，业务遍布英国、美国、巴西、墨西哥、德国、葡萄牙、法国、意大利等国家，跨国化指数达 66%。

意大利国家电力公司（Enel）目前已发展为发输配电一体化的综合能源服务商，以约 6271.9 亿元的营业收入成为领先级的电力能源集团，业务遍布五大洲，跨国化指数高达 53%。近年来，Enel 逐年增加数字化投资，实施数字化战略，加强基础设施数字化建设，以物联网、远程控制系统为基础，提升设备维护效率。

从整体形势来看，围绕新能源电力的发展，国与国之间、企业与企业之间的竞争已非常激烈。我国同样在努力，积极对标世界一流企业，补短板、锻长板，打造竞争优势。

下面接着看算力，为什么说掌握了算力，就掌握了发展的引擎？

每个时代的经济都有它的核心驱动力。以美国为例，过去 100 年里，每个阶段都有跑赢大势的主力产业，1917 年主导和跑赢大盘的是能源矿产等基础原材料产业；到 1982 年，变成了先进工业、制造业；到 1998 年则是 IT；2017 年以移动互联网为主。

从中国近几十年的变化来看，能源矿产、房地产、互联网、移动互联网、先进制造业，都曾在一定的时间段内扮演主角。

那么未来 20 年，经济发展的核心引擎是什么？在数字经济时代，算力将成为发展的核心引擎之一。当前，计算技术进入超摩尔时代，催生了内存技术、图计算、神经元计算、量子计算等新型计算技术，一个多样性的计算时代正在来临。未来，谁掌握先进计算力，谁就掌握了未来发展的主动权。

尤其是随着人工智能的发展，算力作为人工智能的基础支撑，被推向前沿。提升算力水平、做强算力产业，已成为多个国家的共识。在数字经济时代，国家和国家的核心竞争力之间的比较，是以计算速度、计算方法、通信能力、存储能力、数据总量等，也就是算力，来加以衡量的。

作为一种通用资源，算力成为国家发展的"钢筋水泥"，推动各个行业的发展。或者说，当数据成为新的核心生产要素，算力则成了新的生产力，推动各领域的发展，具体表现在自动驾驶、智慧工厂、智慧交通、智慧医疗、智慧城市等领域创新成果的高效率产出。

以汽车行业为例，更高的算力，意味着在智能驾驶场景下，汽车对道路和行人的识别更精确，对突发情况的反应速度更快，对电力动力系统的控制更有效。

再者，算力堪称新基建的"基建"，是数字技术赋能各个产业的关键。只有在计算速度、传输效率和网络等算力指标极大提升的基础上，数字经济的底座"ABCD"，即人工智能（AI）、区块链（Blockchain）、云计算（Cloud Computing）、大数据（BigDate）技术，才可能应用到生产系统、工业系统中，形成新技术革命背景下的数字经济。

无论是新基建、工业互联网，还是各种城市大脑，底层都能看到服务器、高性能计算集群、人工智能硬件等基础及智能算力的身影。就像早前的"用电量""触网量"等指标，从某种程度上来说，算力资源的多少已经能够代表一个国家、产业的发展现状。

从世界各国、重点企业的算力布局来看，普遍都在加快计算产业的发展，进而提振数字经济的优势，比如 2019 年，欧洲高性能计算共同计划（EuroHPC）斥资 8.4 亿欧元，从欧盟成员国中选定 8 处地点，建设世界级超级计算中心。

俄罗斯政府提出的进口替代计划中，要求在 2024 年底前，60% 以上的 ICT 产品使用本土技术，特别是敏感行业（政府、金融、能源等）必须寻求从软件到硬件的全面本土替换。

美国坐拥全球最多超大规模数据中心，而且早在 2019 年，就宣布建设 E 级超算 El Capitan，算力将达到 1.5EP，预计 2023 年上线，超过当时"超算 500"榜单上前 10 名的算力总和。到 2021 年中，美国国家能源研究科学计算中心（NERSC）的劳伦斯·伯克利国家实验室（Berkeley Lab）宣布，由 HPE 公司打造的新型超级计算机 Perlmutter 正式投入使用，它也是目前世界上 AI 性能最强的超算之一。

中国的动作也很快，从 2016 年《"十三五"国家信息化规划》开始，全方位布局全新数字战略，并在 2021 年继续加码，一项有影响力的措施就是新基建纳入重点计划。在国家发展改革委对新型基础设施的定义中，就包括了通信网络基础设施（5G 物联网、工业互联网和卫星互联网）、新技术基础设施（人工智能、云计算、区块链）、算力基础设施（云计算中心、数据中心、智能计算中心）三大类。

2021 年 6 月，国家发展改革委宣布，将在京津冀、长三角、粤港澳大湾区、成渝、贵州、内蒙古、甘肃、宁夏等地布局建设全国一体化算力网络国家枢纽节点，作为我国算力网络的骨干连接点，统筹规划数据中心建设布局，发展数据中心集群，开展数据中心与网络、云计算、大数据之间的协同建设，并作为国家"东数西算"工程的战略支点，推动算力资源有序向西转移，促进解决东西部算力供需失衡问题。

2.3 格局的变迁：算力引发五大深刻变革

具有通用性、基础性和使能性的新技术出现，尤其是逐步普及应用，会对各个行业与企业产生极大的冲击，改变原有的运营模式，孵化新的业态，改变产业结构和就业结构。

在这一过程中，将出现新旧产业、领军企业和领先国家的更替，以及国家间、企业间竞争格局的演变，还有个体之间能力的全新培养。

在以算力为核心的新科技革命和产业变革中，数字经济的体量不断扩大，不仅自身形成庞大的新兴产业体系，同时对所有产业形成冲击，尤其是 2020 年以来，数字经济的带动作用愈加显著，进一步催生了在线教育、互联网医疗、远程会议、电子商务、直播带货、短视频、远程办公、智能制造、无人驾驶等多个场景，经济生活线上化和社会服务智能化、生产制造智能化等特征更加明显。

中国信通院发布的《中国数字经济发展白皮书（2021）》显示，2020 年，我国数字经济规模达到 39.2 万亿元，占 GDP 比重为 38.6%；国家统计局的数据显示，2020 年全国网上零售额为 117601 亿元，比上年增长 10.9%。数字经济不仅是我国实现转型、高质量发展的创新驱动力，全球新一轮产业竞争的制高点和促进实体经济振兴、加快转型升级的新动能，而且是企业打破业务瓶颈，并实现持续增长的关键路径，目前已成为新经济投资的热点方向。而在数字经济的背后，离不开算力提供的支持，具体表现在数据挖掘、人工智能应用、数据中心建设等多个方面。

伴随数字经济的发展，数据成为新的生产要素，算力扮演新的生产力角色。数据资源的规模和价值转化效率，与传统资源要素一起，共同决定一个国家、城市、企业的竞争优势。在我国的数据资源优势下，更多新的商业模式和新公司正在持续诞生。

具体来讲，算力、算法将共同决定数据要素转化为经济社会价值的效率和效果。其中，算力是涵盖数据收集、存储、计算、分析和传输的综合能力，它具体表现为计算速度、计算方法、通信能力、存储能力、数据总量等指标。算力既可以直接形成新的竞争力，也可以促进传统竞争力的提升，数字政府、金融科技、智慧医疗、智能制造、互联网创新等，都需要算力。在一些行业里，算力不足已经影响数据价值的转化。

第一，算力是新科技革命和产业变革中的新兴基础能力；围绕算力打造的数字化基础设施，决定了其他竞争能力的上限。

每一次工业革命都会出现能够带动经济社会重大变革的新技术，比如第一次工业革命时，蒸汽机最早用于纺织业，推动工厂制替代作坊制，催生了工业生产部门，并带动人类进入工业文明时代；第二次工业革命中，电能扮演了新兴基础能源的角色，电力驱动的机械装置促成了流水线生产模式，使得大规模生产成为现代工业生产最基本的形式。

在当前的算力变革中，数据成为新的要素资源参与生产，而算力则构成新的生产函数，更高的算力决定了更大的数据容量和更高的价值转化率。竞争优势的大小，依赖于对数据资源的掌握和高效应用，而这一过程又取决于计算能力的高低。拥有算力是形成符合科技革命发展趋势的新竞争力的前提条件，拥有更强大的算力意味着可以在更高层级和更前沿领域构筑竞争优势。

新兴技术的投入与算力投入相关性极高，算力为新兴技术应用提供基础保障，新兴技术的发展进一步推动算力提升，其中物联网、人工智能和大数据的相关性最为显著，新兴技术和算力呈现相互拉动的关系。

第二，算力的发展，推动经济社会的数字化转型，向信息化要增长、要数据与技术、要效率。

一方面，庞大的互联网用户数量和巨大的市场规模，为数字经济发展提供了肥沃的土壤，催生对算力资源的大量需求；另一方面，大数据、云计算、人工智能等新一代信息技术的应用，对算力提出了更高的要求。

根据人工智能研究组织 Open AI 统计，从 2012 年到 2019 年，随着人工智能深度学习模型的演进，模型计算所需计算量已增长 30 万倍。斯坦福大学发布的《AI Index 2019》报告显示，2012 年后，算力需求每三四个月就翻一番。这些数据反映出，算力正在千行百业里发挥作用，使得它的需求持续爆发。具体来讲，工业机器人、服务机器人、无人驾驶、语音识别、视觉识别等都步入了实际应用阶段，这些都离不开 AI 算力，涉及 AI 服务器、数据中心等算力基础设施。

这些变化意味着算力是推动经济社会数字化转型的重要基础条件，没有足够算力的支撑，数字化转型将难以完成。

第三，算力有助于破解传统产业增速缓慢的困境，进一步提升效率。

从需求端看，汽车、家电等传统工业消费品增长趋于稳定，传导到上游材料、能源等产业，发展同样减缓。从供给端看，传统产业发展依靠更多的资源要素投入和渐进的技术进步，原有技术路线上的突破受阻，增长接近"天花板"。

受算力产业的驱动，形势又有了新的改变。

一方面，算力能够刺激创新产品和服务的开发，从而带动消费的进一步增长，比如建立在算力基础上的数字内容产业，包括游戏、数字音乐、数字影视作品；以及智能家居产品、可穿戴设备等，连续多年快速增长。

IDC 的数据显示，中国物联网支出规模在 2020 年已经超过 1500 亿美元，并预计在 2025 年超过 3000 亿美元。以 2021 年上半年为例，中国智能家居设备市场出货量约 1 亿台，同比增长 13.7%，预计复合年均增长率还将保持在 21.4% 的水平，2025 年出货量将接近 5.4 亿台。不过也有其他机构给出不同的观点，比如调研机构 Zion Market Research 认为，2020 年全球智能家居设备市场规模为 688 亿美元，预计到 2028 年将达到 1566 亿美元，2021 年至 2028 年的复合年均增长率为 11.5%。另外，亿欧、CSHIA 和 Statista 的数据显示，2020 年我国智能家居市场规模约为 4749 亿元。根据 Statista 的统计数据，美国智能家居市场的渗透率为 32%，为我国的 6 倍，可见我国智能家居市场的增长空间还很大。具体来看，智能电工、智能安防、智能照明、智能家电与智能音箱等产品，都是 AI 在智能家居领域的主要应用场景。

另一方面，算力改变传统产业的发展路径，促进一些产业突破原有道路上的发展瓶颈。比如共享经济实现了闲置资源供给与尚未满足需求间的对接，在旅游、住宿、交通等行业打开了局面，赢得了众多客户。

在社会领域，以算力为核心的众多工具同样具有广阔的用武之地，比如新冠肺炎疫情防控期间，算力在病例诊断、药物研发、人员流动监管、物资紧急调动等过程中发挥作用，中国的"天河二号"、美国的"顶点"、日本的"富岳"等超级计算机都参与了研究。以"天河二号"超级计算机为例，它以每秒最高十亿亿次的超强算力，助力筛选出能抑制病毒的小分子药物，协助搭建"15 秒断诊"的新冠肺炎 CT 影像智能诊断平台，并建立新冠肺炎病患时空轨迹数据库等。

第四，算力推动科学研究向第四范式突破，基于大数据展开研究。

"范式"概念最初由美国著名科学哲学家托马斯·库恩在《科学革命的结构》中提出，指的是常规科学所赖以运作的理论基础和实践规范。后来，图灵奖得主吉姆·格雷将科学研究的范式分为四类，包括传统的实验范式、理论范式、仿真范式，以及数据密集型科学发现，即"第四范式"。

随着算力的发展，以及数据规模的爆发式增长，科学研究方式逐渐由第三范式（传统的计算模拟与数字仿真）走向第四范式，即基于大数据相关性分析的科学发现和研究。科技创新越来越依赖于大量系统、高可信度的科学数据，以及对科学数据的综合分析和挖掘，科学研究推进到一个前所未有的大数据时代。

这种典型的研究案例有很多，比如应对流行病、气候变化、能源危机等，都需要全球大数据的支撑。据中国科学院院士、中国科学院空天信息创新研究院研究员郭华东介绍，2018 年立项的"地球大数据科学工程"，到 2021 年已开放 8PB 数据，用数据证明了中国对全球土地退化零增长做出了最大贡献，还发现 1999 年至 2018 年全球冰川储量减少了 6%，等效于海平面高度上升了 12 毫米。

另据中科院脑科学与智能技术卓越创新中心副主任孙衍刚透露，线虫仅 302 个神经元，相互形成了 7000 多个联接，20 世纪中后期，科学家花费了十几年才完成其联接图谱。而人类大脑神经元多达 860 亿个，其联接图谱的数据量将无比惊人，必须改变半自动化数据生产状态，更多利用人工智能深度学习，大幅提高科研效率。

复旦大学大数据学院院长冯建峰团队通过大数据采集与分析，可通过步态判断抑郁症，准确率超过 70%，还研发出了一套软件系统，可通过核磁脑影像精准判断脑卒中病人可否进行溶栓手术。

新的科学研究范式及相关方法的出现，突破了传统范式和方法的局限，明显降低了科研成本、缩短了科研周期，并通过强大算力的模拟降低了科研的风险和不确定性。同时，利用公共算力资源，能够大大降低研究和开发活动的门槛。

第五，算力能够有效驱动跨越式发展。

20 世纪 90 年代起，美国抓住计算机产业发展起步的机遇，掀起数字革命，缔造出强大的经济帝国，日本、欧洲等国家与地区紧随其后，同样收获颇丰。过去 20 年里，互联网发展为庞大的产业，并加速全球网络化改造，各个行业、企业深挖红利，通过用户数量的规模化带动市场的扩张。

这些年里，我国在互联网、大数据、人工智能等新一代信息技术领域奋起直追，取得了相当不错的成绩，在某些领域里实现了弯道超车，站上了主导者的地位。

在这一过程中，算力赶超是重要基础和保障，比如天河、银河、曙光、神威等超级计算机的应用；大型数据中心的建设与运营；高性能芯片的应用与服务器的部署等。可以说，大幅度的算力增长，不仅推动了中国高科技产业的发展和传统产业的转型升级，也成为经济社会跨越式发展的强劲驱动力。

2.4   制造业转型升级的新引擎

从洋务运动到实业救国，从螺丝钉都依靠进口到我国成为世界第一大工业国、全球唯一拥有联合国产业分类中全部工业门类的国家，我国制造业高速发展，不断壮大，创造了前所未有的历史性成就。

与此同时，制造业转型升级浪潮扑面而来，已持续数年，释放巨大能量。不断加速的产业结构升级，以及 5G、工业互联网、人工智能等新技术的应用，正促进高端制造成为中国制造的主力军。纵向来看，中国制造业的发展主要经历了 4 个阶段：机器化时代、电气化时代、信息化时代、智能化时代，每个发展阶段都表现出了不同的发展特点。

尤其是数字化、智能化转型升级成为必选项，特别是 2020 年受疫情的影响，数字化转型已在众多企业里达成了共识。数字化转型是以数据作为关键要素，以信息通信技术与各个行业的全面深度融合为主线，推动生产方式、商业模式及产业组织方式等变革重塑，实现核心竞争力与整体经济效益提升的系统性转型过程。而在数字化、智能化转型的背后，算力依然扮演了关键角色。

具体来讲，数字化、智能化转型将带来众多改变，实现资源配置更加网络化、全球化、快捷化；通过实现数据自由流动，以信息流带动各要素不断突破地域、组织与技术的边界；推动形成资源要素共享平台，促进资源配置向多点、全局、动态优化演进，提升全要素的流通效率和水平；生产方式更加智能化与定制化，传感器与生产制造深度融合，促进内外业务系统的衔接与集成，实现研发能力与消费需求的精准对接，实现大规模个性化定制；提供及时准确的信息交互方式，大幅降低交易成本，促使扁平化组织的形成；大量知识经验以数字形式沉淀，并开放共享，重构知识体系等。

就现实转型的情况来讲，制造业分为 31 大类、191 中类、525 小类，各个门类的数字化转型阶段都不同，有的停留在信息化阶段，有的头部企业已经完成数字化转型，并迈向智能化阶段，与算力的结合更加紧密，从整体来看，数字化、智能化转型已初成气候。制造业的数字化转型正进一步深化，有潜力成为发展数字经济的主战场。

据《经济参考报》的报道，广东制造业数字化转型提速，截至 2021 年 6 月，已有 1.5 万家企业实现转型，50 万家企业上云上平台。佛山顺德小家电产业集群通过数字化整合全产业链，帮助 200 家小企业交货周期缩短 1/3、人均产值提升 1/3、服务人员减少 1/3。东莞松山湖电子信息产业集群联合华为推出 10 类工业互联网解决方案，助力 70 多家制造企业运用工业互联网实施数字化改造，研发效率平均提升 30%，生产效率提升 11%。

一些企业通过数字化、智能化平台的搭建，赋能产业链上的企业，成效显著，比亚迪推出 DiLink 智能网联系统，开放汽车 341 个传感器和 66 项控制权。截至 2020 年底，华为在全国形成 40 多个工业互联网创新中心，贴近 30 多个产业集群，为 2 万多家工业企业提供数字化转型服务。树根互联公司研发出支持数字建模的工业物联网系统 IIoT 平台和工业 AI 等技术，介入 81 个细分工业行业中，连接工业设备达 85 万台。

一些制造企业推动智能化升级，在效率、准确率等方面，都有明显提升。以无锡美的洗衣机事业部小天鹅工厂为例，从原来传统的大规模生产、压货分销模式，逐渐转型为订单驱动的柔性化生产，将接受用户订单、工厂收集原料、生产以及发货 4 个环节打通，产、供、销联动，将供货周期由 7 天压缩至 3 天，甚至更短。

在美的微波炉顺德工厂里，各类 AGV 小车穿梭不停，"无人化高速冲床"的机械臂持续动作，数据在中控台和设备间流动。通过研发、制造、采购等全链条数字化运营，产品的品质指标提升 15%，订单交付期缩短 53%，端到端渠道库存占比下降 40%。美的从 2012 年开始数字化转型，到 2019 年时，员工减少 4 万人，企业营收增加 1500 亿元。

无锡一棉纺织集团有限公司在进行智能化改造后，万锭用工人数下降到 20 人以下，仅为行业平均水平的 1/4，数字化转型后生产效率提升 23%、产品品质提升 25%、运营成本降低了 22.6%。

无锡的博世入选灯塔工厂，全面部署数字化转型战略，包括实时的生产节拍时间管理系统、生产现场无纸化操作平台、智能仓储及物料管理等。

新技术的出现和发展，一定程度上加快了企业数字化、智能化转型升级的速度，尤其是 2020 年疫情期间，出现了智能机器人测温、巡检；5G 远程会诊、大数据排查助力疫情防控等，这些都是算力赋能的典型案例。

从本质上来讲，智能制造的意义在于以数据的自动流动，化解复杂系统的不确定性，让正确的数据、在正确的时间、以正确的方式，自动传递给正确的人和机器，以实现资源配置效率的提升。

物联网、人工智能与大数据分析等技术，广泛应用于海量工业数据的采集、处理与分析中，深度挖掘数据价值，并在推动企业的智能化水平、决策能力与生产力提升等方面发挥着重要作用。值得注意的是，随着制造业数字化转型与智能制造的深入推进，产生的数据量变得越来越庞大。制造业正面临诸多挑战，其中一个非常棘手的问题就是算力瓶颈，导致难以对指数级增长的工业数据实时获取、处理与分析。

无论是生产制造过程中的工艺参数优化、品质管控与提升，生产设备的性能分析、故障预警与预测性维护，还是物流与供应链环节的采购、库存等分析与优化，客户关系管理环节的用户洞察及产品后端增值服务提升，乃至企业战略决策的改进与优化等，都依赖于对海量数据的处理与分析，并且对数据实时性的要求非常高。

因此，计算的速度必须跟上海量数据增长的脚步，这也是企业采纳智能制造的前提，这就需要有高性能的计算工具、"云边端"一体化的解决方案等作为基础支持。

一些服务商正在提供更优的方案，比如联想"端—边—云—网—智"一体化全方位解决方案，根据实际需求分配算力。针对算力和基础设施方面相对成熟的客户，联想根据客户的行业场景，提供定制化服务。对于中小型客户，则提供更便捷、成本更低的解决方案，比如标准化程度较高、扩展性更强的解决方案，还有把算力作为一种服务对外输出，提供给客户。

华为推出了昇腾智能制造使能平台，在电子组装领域，对螺钉、涂胶等进行检测，将异物识别准确率提升至 99.9% 以上；针对半导体晶圆进行晶圆缺陷智能分析，将缺失图案识别准确率提升至 99% 以上；在纺织领域，华为与伙伴将布匹印染的预检效率提升了 50 倍。以产品质量检测为例，在人工智能技术之前，主要依靠机器视觉在部分场景替代人工质检，但是由于产品零件复杂、光源多样等因素的限制，更多场景还是依赖人工质检。而人工智能技术的融合可进一步提升检测精度，AI 算法能实现高达 99% 以上检测精度，可应用于绝大多数工业质检场景中。

同时，华为在 2021 年推出"全栈一体化仿真平台"，针对流体仿真、电磁设计、碰撞设计、噪声设计、电机设计等 CAE 仿真技术场景的前处理、仿真求解和后处理，该平台提供从 L1 基础设施（计算、存储、网络）到 L3 通信库、编译器、集群管理、专业服务等全栈能力。

同时，在华为数据底座中，OceanStor Pacific 能支撑起制造业各类高性能数据分析（HPDA）应用；还有华为全闪存数据中心解决方案，为制造业构建起性能强大、安全等级高、智能运维的数据基础设施。华为公开的信息显示，数据底座相关解决方案和产品已经深入汽车、航空、高端设备、电子设备制造等多个行业，服务了超过 1.5 万家制造业客户。

为满足制造业高性能计算及数据实时处理与分析的需求，同时为制造业探索更多的数字化、智能化应用提供可能，英特尔与诸多智能制造服务商都建立了合作关系，以智慧计算为核心，以人工智能为基础，打造了机器视觉＋智能工业控制＋柔性制造的智能工厂解决方案。

第一种：机器视觉。英特尔推出边缘视觉系统方案包（EIS），可与合作伙伴共同打造基于英特尔处理器、FPGA 以及 OpenVINO 工具套件等的机器视觉解决方案，应用于制造业的质量检测、生产管理等场景。

比如英特尔携手信捷电气打造 X-SIGHT 3D 机器视觉焊接解决方案，应用于德通风机，不仅减少对人工操作的依赖，降低焊接业务成本，同时有效提升了焊接精度、质量和效率。

第二种：智能工业控制。英特尔推出了边缘控制系统方案包（ECS），可实现基于虚拟化技术（ACRN）与 Real Time 技术的负载整合解决方案。与合作伙伴打造工业控制器、工业计算机及边缘服务器，支持进一步与机器视觉应用相结合，可将传统的各种工作负载整合调优，实现生产线层面设备的高度整合，提升产线的自动化水平，同时降低运维成本。

第三种：柔性制造。与合作伙伴开发数字化工厂解决方案，支持跨行业、小批量的柔性生产，不用重新进行设备改造，以避免传统控制器绑定后缺乏弹性的弊端，支持工厂快速上马新的生产流程与工艺。

未来，受益于算力产业的发达，制造业数字化转型和智能化升级将不断深入，谁能在算力与应用上抢先一步，就更有可能建立起领跑级的竞争优势。中国对此重视程度非常高，2021 年 4 月，工信部发布《"十四五"智能制造发展规划》（征求意见稿），其中提到，到 2025 年，规模以上制造业企业基本普及数字化，重点行业骨干企业初步实现智能转型，并以建成 120 个以上具有行业和区域影响力的工业互联网平台、转型升级成效显著等为具体目标。

2.5 下一个赛道：数字经济时代的新探索

根据《二十国集团数字经济发展与合作倡议》，数字经济是指以使用数字化的知识和信息作为关键生产要素、以现代信息网络作为重要载体、以信息通信技术的有效使用作为效率提升和经济结构优化的重要推动力的一系列经济活动。

国家统计局发布的《数字经济及其核心产业统计分类（2021）》里，对数字经济做了定义：是指以数据资源作为关键生产要素、以现代信息网络作为重要载体、以信息通信技术的有效使用作为效率提升和经济结构优化重要推动力的一系列经济活动。

该《分类》对数字经济的基本范围做了界定，分为数字产品制造业、数字产品服务业、数字技术应用业、数字要素驱动业、数字化效率提升业等五大类，前四大类是数字产业化部分，即数字经济核心产业，是指为产业数字化发展提供数字、产品、服务、技术基础设施和解决方案，以及完全依赖于数字技术、数据要素的各类经济活动，是数字经济发展的基础。

第五大类是产业数字化部分，是指应用数字技术和数据资源为传统产业带来产出增加和效率提升，是数字技术与实体经济的融合。该部分涵盖智慧农业、智能制造、智能交通、智慧物流、数字金融、数字商贸、数字社会、数字政府等数字化应用场景，体现数字技术已经并将进一步与国民经济各行业产生深度渗透和广泛融合。

据中国信息通信研究院测算，从 2012 年至 2019 年，中国数字经济规模从 11.2 万亿元增长到 35.8 万亿元，占 GDP 的比重从 20.8% 扩大到 36.2%，扩大了 3 倍之多。2020 年继续保持增长，我国数字经济规模达到 39.2 万亿元，占 GDP 比重达 38.6%。时间再拉长加以比较，从 2002 年至 2020 年，我国数字经济占 GDP 比重由 10.0% 提升至 38.6%。

其中，2020 年数字产业化规模达 7.5 万亿元，占数字经济比重达 19.1%，占 GDP 比重达 7.3%；产业数字化规模达 31.7 万亿元，占数字经济比重达 80.9%，占 GDP 比重达 31.2%。

不仅是我国数字经济高速增长，放到全球范围来看，数字经济已成为主要国家推动经济复苏的关键举措，也是未来全球经济发展的制高点。谁能抓住数字经济的发展机遇，谁就能掌握国际发展新优势。

在考察 GDP 的数字组成部分时，中国信息通信研究院将其划分为两个部分，第一个是信息和通信技术部分，是指科技行业（包括信息技术、电信和互联网行业）；第二个是数字的融合部分，主要是其他行业。

经分析发现，目前整个数字经济的 76% 以上都是由数字融合部分贡献的，这意味着，所有的传统产业都有可能与数字融合，实现数字化转型，数字经济和实体经济的边界正在消失。

政策层面，我国对数字经济寄予厚望，并提供了大量支持，表 2-1 呈现了近几年的政策情况。

表 2-1 数字经济相关政策

序号	时间	大概情况
1	2015 年两会	首次将"互联网 +"写进报告；提出制定"互联网 +"行动计划，推动移动互联网、云计算、大数据、物联网等与现代制造业结合，促进电子商务、工业互联网和互联网金融健康发展，引导互联网企业拓展国际市场
2	2016 年，G20 杭州峰会	"数字经济"首次被列为 G20 创新增长蓝图的重要议题，并由中国主导通过了第一个具有全球意义的数字经济合作倡议
3	2016 年 10 月，中共中央政治局第三十六次集体学习会议	中央明确提出：要加强信息基础设施建设，推动互联网和实体经济深度融合，加快传统产业数字化、智能化，做大做强数字经济，拓展经济发展新空间

序号	时间	大概情况
4	2017 年两会	经过前期的理论和实践探索之后，数字经济首次被写入政府工作报告，被视为撬动中国经济高速增长的新动力
5	2019 年	政府工作报告再次提及"数字经济"，其中提到，要促进深化大数据、人工智能等研发应用，培育新一代信息技术、高端装备、生物医药、新能源汽车、新材料等新兴产业集群，壮大数字经济
6	2020 年	政府工作报告再次明确发展数字经济，其中的关键词包括：新基建、工业互联网、互联网＋、电商网购、农村电商、平台经济、共享经济、跨境电商等，具体部署包括：加强新型基础设施建设，发展新一代信息网络，拓展 5G 应用；发展工业互联网，推进智能制造；电商网购、在线服务等新业态在抗疫中发挥了重要作用，要继续出台支持政策；全面推进"互联网＋"，打造数字经济新优势；发展平台经济、共享经济，更大激发社会创造力；支持电商、快递进农村，拓展农村消费；加快跨境电商等新业态发展，提升国际货运能力。 各部门还曾陆续出台政策，从软硬件入手推动与规范数字经济发展。2020 年 3 月，国家发展改革委、工业和信息化部印发了《关于组织实施 2020 年新型基础设施建设工程（宽带网络和 5G 领域）的通知》，指出将重点支持虚拟企业专网、智能电网、车联网等七大领域的 5G 创新应用提升工程
7	2020 年 7 月	国家发展改革委等 13 部门联合印发了《关于支持新业态新模式健康发展激活消费市场带动扩大就业的意见》，提出支持数字经济 15 种新业态新模式的一系列政策措施，其中包括在线教育、互联网医疗、便捷化线上办公、产业平台化发展生态、传统企业数字化转型、打造跨越物理边界的"虚拟"产业园和产业集群、发展基于新技术的"无人经济"、培育新个体、大力发展微经济、拓展共享生活新空间、打造共享生产新动力、探索生产资料共享新模式、激发数据要素流通新活力等

与此同时，各地政府陆续出台推进数字经济相关的政策，比如上海等 15 省市在"十四五"规划中提出了重点发展数字经济，明确数字经济发展目标。浙江发布省重大建设项目"十四五"规划（征求意见稿），提出"十四五"时期将围绕深入实施数字经济"一号工程" 2.0 版，做强云计算、大数据等产业，安排重大建设项目 11 个，计划投资 1851 亿元。到 2025 年，数字经济核心产业增加值占地区生产总值比重达 15%，打造全球数字变革高地。

福建提出，到"十四五"末，数字经济增加值突破 4 万亿元，占 GDP 的比重将接近 60%；建设 100 个以上高水平数字创新平台，壮大一批特色数字产业。湖南提出，到 2025 年，数字经济核心产业增加值占地区生产总值比重达到 11%，建设全国数字经济创新引领区、产业聚集区和应用先导区。

2021 年四川印发《国家数字经济创新发展试验区（四川）建设工作方案》，其中提到，全省数字经济规模超过 2 万亿元，占 GDP 比重达到 40%。

而且成都的超算中心 2020 年建成投运，最高运算速度达到每秒 10 亿亿次，进入全球前 10 强。四川省已培育了近 40 个省级工业互联网平台，上云企业数超 20 万。

一个以计算能力为基础，万物感知、万物互联、万物智能的智能化数字经济世界，正在加速到来。从智能计算机、智能手机，到智能制造、智能金融、智能物流等，所有领域的提升都有数字化的身影，都离不开算力的赋能。

此前数字化技术与算力的创新已为数字经济打下了一定的基础，促成了数字经济的繁荣，但当前仍只是数字经济的成长阶段，未来还有很大的提升空间。算力产业本身的发展，以及与数字经济相互促进的关系将进一步强化。算力的提升，将进一步推动数字经济扩容，进而推动算力技术的进步。

从当前产业需求来看，数据量与算力需求处于循环增强状态，数据量的不断增长要求更强的算力处理数据，同时人工智能等新技术得到不断训练、应用，这些技术的落地应用又催生更多数据，再次对算力提出更大的需求。

超大规模的数据量要想实现价值挖掘，对处理效率的要求无疑是非常高的。没有强大的算力，数字经济将失去核心支撑。而有了强大的算力，将引发产业变革、突破发展天花板，推动数字经济向更高阶智能发展。

目前，算力已形成了独立的产业，构建起多架构共存、多技术融合、多领域协同和多行业渗透的软硬件产业体系，计算架构从单一的 x86 架构扩展到异构处理器、人工智能处理器架构，不同计算单元的协作增强；基于不同行业不同特点，ARM、MIPS、POWER、RISC-V 等各种非 x86 架构百家争鸣。超级计算、人工智能、量子计算等多种形式的运算能力登上舞台；计算正从云端向物联网、边缘计算普及，计算无处不在；算力超越信息技术产业本身，成为新的数字化基础设施，驱动多个行业的数字化、智能化转型。

这种大背景下，算力产业作为数字经济的构成，呈现出新的特征，比如多样性的处理器赢得高速发展的机会，可再生能源受到重视，人工智能、物联网加快成熟的步伐，这些新探索都逐渐开花结果，孵化了大量创新型企业。

非常重要的是，受益于算力的大发展，将继续改进终端的用户体验，各种数字化应用的速度更流畅、便捷，各种智能应用带来前所未有的创新服务，更多新型的数字业态得以激活，进而吸引更多用户成为数字经济的支持者，促成数字消费再上台阶，数字经济的新赛道将进一步拓宽，带给社会、企业与个人更多新机会。

算力被视为数字经济时代的新质生产力，是激活数字经济新一轮发展的动力引擎。围绕算力而形成的新产业，也将是数字经济的下一轮探索重点。

2024 年的政府工作报告中，"大力推进现代化产业体系建设，加快发展新质生产力"被列为政府工作首要任务。新质生产力是什么？它是创新起主导作用，摆脱传统经济增长方式、生产力发展路径，具有高科技、高效能、高质量特征，符合新发展理念的先进生产力质态。它由技术革命性突破、生产要素创新性配置、产业深度转型升级而催生。以劳动者、劳动资料、劳动对象及其优化组合的跃升为基本内涵，以全要素生产率大幅提升为核心标志，特点是创新，关键在质优，本质是先进生产力。

围绕新质生产力的特征，算力处处均有体现。其中，人工智能的应用、工业互联网的普及、边缘计算的爆发式增长、超级算力网络体系建设、大模型的训练与应用等，都反映出技术革命性的突破。其中的大模型成为 2024 年的热点。数据要素市场的形成、流动与应用，数据资源的价值深度挖掘与应用，则是生产要素创新配置的一种体现。以算力为中心构建的硬件、软件、网络、服务等大市场，又将培育起新兴产业与未来产业，带动新经济增长点的涌现。

第 3 章

算力时代的基础设施

算力经济的发展，离不开软硬件等基础设施的支持。

具体来讲，这些基础设施包括：一、数据中心、智算中心、超算中心等新基建；二、算力产业，包括芯片、服务器、超级计算机等硬件产业，以及云计算等算力服务产业；三、新能源体系，确保各项设施与硬件能够运转；四、庞大的数据资源，喂养整个算力体系；五、算力技术体系，包括 5G、算力网络、边缘计算、云边端、泛在计算等技术能力。

3.1 设施：新基建

无论是数字经济时代，还是现在的算力经济时代，都离不开算力基础设施，包括数据中心、超级计算中心、人工智能计算中心等，通过这些基础设施提供算力，支持各个行业的数字化、智能化应用。

每种算力设施输出不同的算力，而每种计算需要不同的算力中心，比如科学计算需要超级计算中心；承载政府、企业与个人应用的是各种数据中心，还有承载 AI 需求的是智算中心。表 3-1 对各种算力中心的建设目的、技术标准、具体功能、应用领域做了总结。

表 3-1   各种算力中心建设要求

主要指标	超级计算中心	云数据中心	智算中心
建设目的	面向科研人员和科学计算场景提供支撑服务	帮助用户降本增效或提升盈利水平	促进 AI 产业化、产业 AI 化、政府治理智能化
技术标准	采用并行架构，标准不一，存在多个技术路线，互联互通难度较大	标准不一、重复建设 CSP 内部互联、跨 CSP 隔离安全水平参差不齐	统一标准、统筹规划开发建设、互联互通互操作、高安全标准
具体功能	以提升国家及地方自主科研创新能力为目的，重点支持各种大规模科学计算和工程计算任务	以更低成本承载企业、政府等用户个性化、规模化业务应用需求	算力生产供应平台、数据开放共享平台、智能生态建设平台、产业创新聚焦平台
应用领域	基础学科研究、工业制造、生命医疗、模拟仿真、气象环境、天文地理等	面向众多应用场景，应用领域和应用层级不断扩张，支撑架构不同类型的应用	面向 AI 典型应用场景，如知识图谱、自然语言处理、智能制造、自动驾驶、智慧农业、防洪减灾等

中央明确提出加快 5G 网络、数据中心等新型基础设施建设进度，而且将囊括数据中心的"新型基础设施"写入了政府工作报告。随后，国家发展改革委明确对新型基础设施的内涵进行了定义，就重点提到了算力相关的基础设施：一是信息基础设施里，以人工智能、云计算、区块链等为代表的新技术基础设施，以数据中心、智算中心为代表的算力基础设施等；二是融合基础设施，主要是指深度应用互联网、大数据、人工智能等技术，支撑传统基础设施转型升级，进而形成融合的基础设施，比如智慧交通基础设施、智慧能源基础设施等。

到 2020 年底，《关于加快构建全国一体化大数据中心协同创新体系的指导意见》公布，勾勒出"数网""数纽""数链""数脑"和"数盾"体系。2021 年，《全国一体化大数据中心协同创新体系算力枢纽实施方案》公布，提出布局全国算力网络国家枢纽节点，启动实施"东数西算"工程，构建国家算力网络体系。自此，再次将算力基础设施的重要性推向新高度，掀起新一轮的建设高潮。

在此背景下，多个省市响应政策，加大对算力基础设施的布局建设，以期带动区域经济及产业结构的快速迭代发展。从整体形势来看，无论是政策的支持力度，还是企业的主动出击，都非常积极，算力基础设施有望得到进一步完善。

从市场主体来看，目前参与算力基础设施建设的力量包括电信运营商、数据中心服务商、云厂商、大型互联网企业，以及其他转型从事数据中心、超级计算中心、智算中心的公司。而且围绕数据中心、智算中心等新基础设施建设，形成了产业链，比如上游基础设施，包括 IT 设备、电源设备、制冷设备、配套工程等，为数据中心提供硬件支持。

3.1.1　数据中心

就当前的市场来看，承载算力的基础设施以各种规模的数据中心为主，通过云计算的模式对应用层客户提供存储、软件、计算平台等服务，这种生态驱动了当前数字经济的运行，而数据中心构成了数字经济发展的有力支撑。

以 2020 年为例，数字经济实现高速增长，在线教育、在线办公、直播带货等表现出色，背后的数据中心功不可没。而且近年来，新一轮科技革命浪潮奔腾，云计算、大数据、人工智能、工业互联网、金融科技等信息技术与产业的发展都离不开数据中心提供的算力。而且各个行业的智能化需求持续释放，经济社会的数字化转型进入黄金时期，人们对网络服务的需求急剧增加，终端应用对数据处理速度与存储容量提出了更高的要求。这样一来，无论是 C 端、B 端还是 G 端，都需要更强大的数据中心支持。

放眼全球，大型的数据中心分布也越来越集中，目前我国以 8% 的占有量排在美国（45%）之后，但超过了日本、加拿大等发达国家。

工信部信息通信发展司出版的《全国数据中心应用发展指引（2020）》显示，截至 2019 年底，我国在用数据中心机架总规模达到 314.5 万架，其中超大型数据中心机架规模约 117.9 万架，大型数据中心机架规模约 119.4 万架，同比规模增速为 41.7%，图 3–1 对 2017 年到 2019 年在用数据中心机架数量做了统计。

数据中心的机架规模长期保持增长，据国家数据局的信息，截至 2023 年底，全国在用数据中心机架总规模超过 810 万标准机架，算力总规模达到 230EFLOPS。

科智咨询的测算显示，2014 年我国数据中心市场规模仅 372 亿元，到 2020 年增加到 1958 亿元，复合年均增长率为 31.8%，预计到 2025 年，我国数据中心市场规模将达 5952 亿元。

国家对数据中心的建设给予了相当大的支持。早在 2017 年，工信部就发布了《关于数据中心建设布局的指导意见》及《全国数据中心应用发展指引（2017）》等相关政策，推动国内数据中心建设向气候适宜、能源充足、土地租用价格低廉的地区延伸。2020 年，部署力度再次提升，多数以国家发展改革委、工业和信息化部等部委牵头。

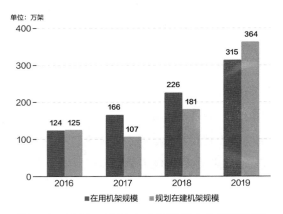

图 3-1   2016—2019 年全国数据中心机架规模

来源：工信部信息通信发展司

2020 年 5 月，新华社受权发布《关于 2019 年国民经济和社会发展计划执行情况与 2020 年国民经济和社会发展计划草案的报告》，其中提到，发改委将实施全国一体化大数据中心建设重大工程，将在全国布局 10 个左右区域级数据中心集群和智能计算中心。

2020 年 12 月时，国家发展改革委等 4 部门发布的《关于加快构建全国一体化大数据中心协同创新体系的指导意见》提出，通过五大体系加强全国一体化大数据中心顶层设计，具体包括形成数据中心集约化、规模化、绿色化发展的"数网"；加强跨部门、跨区域、跨层级的数据流通与治理，打造数字供应链的"数链"；深化大数据在社会治理与公共服务、金融、能源、交通、商贸、工业制造、教育、医疗等领域协同创新，繁荣各行业数据智能应用的"数脑"等。

到 2021 年 5 月，国家发展改革委等部门联合制定《全国一体化大数据中心协同创新体系算力枢纽实施方案》，其中提出，引导超大型、大型数据中心集聚发展，构建数据中心集群，推进大规模数据的"云端"分析处理，重点支持对海量规模数据的集中处理，支撑工业互联网、金融证券、灾害预警、远程医疗、视频通话、人工智能推理等抵近一线、高频实时交互型的业务需求，数据中心端到端网络单向时延原则上在 20 毫秒范围内。贵州、内蒙古、甘肃、宁夏节点内的数据中心集群，优先承接后台加工、离线分析、存储备份等非实时算力需求。

2021 年 7 月，工业和信息化部发布《新型数据中心发展三年行动计划（2021—2023 年）》，其中明确了新型数据中心的概念与发展要求。该《行动计划》明确定义，新型数据中心是以支撑经济社会数字转型、智能升级、融合创新为导向，以5G、工业互联网、云计算、人工智能等应用需求为牵引，汇聚多元数据资源、运用绿色低碳技术、具备安全可靠能力、提供高效算力服务、赋能千行百业应用的新型基础设施，具有高技术、高算力、高能效、高安全的特征。

同时，该《行动计划》明确了发展目标，体现在表 3-2 中。

表 3-2　《新型数据中心发展三年行动计划（2021—2023 年）》核心要点

序号	核心指标	具体目标
1	平均利用率	到 2021 年底，全国数据中心平均利用率力争提升到 55% 以上，总算力超过 120 EFlops，新建大型及以上数据中心 PUE 降低到 1.35 以下。到 2023 年底，全国数据中心机架规模年均增速保持在 20% 左右，平均利用率力争提升到 60% 以上，总算力超过 200 EFlops，高性能算力占比达到 10%
2	PUE	到 2023 年底，国家枢纽节点算力规模占比超过 70%。新建大型及以上数据中心 PUE 降低到 1.3 以下，严寒和寒冷地区力争降低到 1.25 以下。国家枢纽节点内数据中心端到端网络单向时延原则上小于 20 毫秒
3	布局	用 3 年时间，基本形成布局合理、技术先进、绿色低碳、算力规模与数字经济增长相适应的新型数据中心发展格局
4	协同联动	推进新型数据中心集群与边缘数据中心协同联动，促进算力资源协同利用；灵活部署边缘数据中心。积极构建城市内的边缘算力供给体系，支撑边缘数据的计算、存储和转发，满足极低时延的新型业务应用需求。引导城市边缘数据中心与变电站、基站、通信机房等城市基础设施协同部署，保障所需的空间、电力等资源
5	改造	加速改造升级"老旧小散"数据中心。分类分批推动存量"老旧小散"数据中心改造升级
6	海外	逐步布局海外新型数据中心。重点在"一带一路"沿线国家布局海外新型数据中心
7	边缘数据中心	支持打造边缘数据中心应用场景。开展基于 5G 和工业互联网等重点应用场景的边缘数据中心应用标杆评选活动，打造 50 个以上标杆工程，形成引领示范效应

国内不少省份和城市也认识到算力的重要性，开始加速算力的培育和提升，并陆续展开数据中心投建，搭建高精度与低精度、通用与专用的算力供给体系。例如，2020 年 7 月，南通、杭州和乌兰察布的三座超级数据中心正式落成，陆续

开服，将新增超百万台服务器，辐射京津冀、长三角、珠三角三大经济带。

山东表示，2022年前在用数据中心机架数达到25万架；四川和福建各自提出达到10万架；云南也提出，到2022年建成10个行业级数据中心。

黑龙江提出形成立足东北、服务全国的国家大数据中心重要基地，出台多项扶持政策，并计划将哈尔滨市建设成为全国大数据中心重要基地，要求到2025年，哈尔滨市数据中心上线机架要达到10万~15万架，上线服务器达100万台；支持中国哈尔滨数据中心建设并上线其中50万~70万台服务器。按计划，2025年哈尔滨大数据产业规模将达到670亿元，数据中心年业务收入超过50亿元，到2030年，数据中心上线机架达到30万架，年业务收入超过210亿元，大数据产业规模达到1600亿元。

2020年，浙江发布了《浙江省新型基础设施建设三年行动计划（2020—2022）》，明确要建设领先的新一代数字基础设施网络，到2022年，率先建成以自主安全可控、自主深度算法、超强低耗算力、高速广域网络和互通数据平台为代表的新一代数字基础设施；建成5G基站12万个以上，大型、超大型云数据中心25个左右。

2021年初，上海市经信委发布《关于加快新建数据中心项目建设和投资进度有关工作的通知》，要求优刻得青浦数据中心、网宿科技嘉定云计算数据产业园、光环新网嘉定绿色云计算基地二期项目、数据港与上海电气闵行混合云园区项目、腾讯长三角AI超算中心及数据中心综合体一期等项目，在今年9月底前完成建设并交付使用。

多项政策的持续、密集出炉，都表明我国正通过数据中心的合理建设、数据资源的顶层统筹和数据要素的流通，加快培育新业态新模式，推动数字经济高质量发展、探索算力经济的做大做强之路，并助力国家治理体系和治理能力的现代化。

具体到企业来看，近年来，多家大型企业都宣布了数据中心的新建计划。仅以2020年公开的信息看，4月，阿里云宣布未来3年投入2000亿用于技术攻坚和数据中心建设；5月，腾讯云宣布未来5年投入5000亿用于技术创新以及多个百万级服务器规模的数据中心建设；6月，百度宣布，到2030年，百度云服务器超过500万台。

阿里云在全球22个地域部署了上百个云数据中心，规划建设5座超级数据中心，分别位于张北、河源、杭州、南通和乌兰察布，其中五大超级数据中心均部署了自研架构的神龙云服务器，突破了困扰云计算行业的虚拟化损耗，同时部署了阿里巴巴自研的 AI 芯片含光 800、基于硅光技术的 400G DR4 光模块等。节能技术方面，广泛使用了液冷、水冷、风能等技术，比如杭州数据中心部署了液冷服务器集群，通过将服务器"泡"在一种特殊的冷却液里，降低用于散热的能耗。

另以腾讯位于广东清远的云计算数据中心为例，8 栋机房能容纳超过 100 万台服务器，可存储、处理该公司所有的业务数据。

2021 年 7 月，京东云公布了建设中的华北廊坊和华东昆山绿色数据中心，服务器数量均超过 10 万台的超大型数据中心。

从国际上来看，对数据中心也是相当重视的，来自 Synergy Research Group 的数据，截至 2020 年底，全球 20 家主要云和互联网服务公司运营的超大规模数据中心总数已增至 597 个。其中仅 2020 年，就有 52 个超大规模数据中心投产，反映出数字服务业的持续强劲增长，尤其是云计算、SaaS、电子商务、游戏和视频服务。

在超大规模运营商中，亚马逊、微软和谷歌合计占所有主要数据中心的一半以上。国家区域分布方面，美国占比高达 39%，位居榜首，中国以 10% 排在第二名，日本、德国、英国和澳大利亚共计占 19%，如图 3-2 所示。按照市场研究公司 Dell'Oro Group 预计，未来 5 年，全球数据中心的资本支出将超过 2000 亿美元。

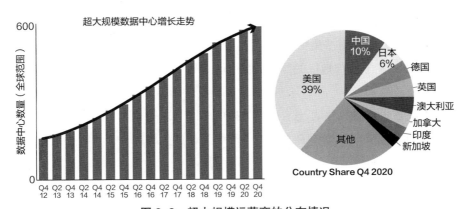

图 3-2　超大规模运营商的分布情况

来源：Synergy Research Group

国外的巨头企业们正在推行数据中心扩建计划，如亚马逊、微软、谷歌、IBM

等，每家公司至少有几十个数据中心，其中包括不少超大规模的数据中心。同时，亚马逊、微软和谷歌 3 家公司每年花费数十亿美元扩大全球数据中心规模，以满足对云服务的高需求。2020 年新增的超大规模数据中心中，亚马逊和谷歌的数据中心占了一半，其他超大规模数据中心则多数归属于甲骨文、微软、阿里巴巴、Facebook（已更名为 Meta）等。

以谷歌为例，建有大量数据中心，容纳上百万台服务器，配备自主研发的人工智能专用芯片 TPU。而早年的时候，谷歌并没有强大的数据中心，与此对应，当时用户要在谷歌上搜索出结果，需要 3.5 秒的时间。后来这个速度不断提升，处理并发搜索请求的能力越来越强，比如到 2017 年底，每秒都会收到来自世界各地 4 万多条搜索请求，相当于一年就是 1.2 万亿次搜索，支撑这样一种搜索请求，受益于强大的数据中心建设。

当然，亚马逊、微软和谷歌的数据中心并非全部自建，部分从数据中心运营商那里租赁，比如 Equinix 或 DigitalRealty 等。

数据中心建设涉及数网协同的问题。网络是数据中心建设选址的主要因素，也是服务质量的重要保障。数据中心与网络的协同，将有助于更好地为业务应用提供服务。具体来讲，一是工业互联网、车联网等时延敏感业务，以及短视频、在线直播等用户体验要求较高的业务，均需要更强的算力和更好的网络；二是不同区域的算力调度，同样需要更高的网络质量，推进数网协同。

近几年来，中西部地区凭借自然环境、土地、税收等优势，逐步成为数据中心建设的热点区域。截至 2019 年底，中西部地区数据中心在用机架数占全国的 34%，但是算力需求更多集中在东部发达地区与一线城市，东部地区数据中心上架率达 60% 以上，西部地区的部分数据中心上架率才 35% 左右，存在利用不足的情况。

因此，推动区域网络直连、专用数据中心网络通道、新型互联网交换中心的建设和试点，促进以数据中心为中心的网络质量的大幅提升，将能够更好支撑上层应用的发展，更好地服务我国数字经济的建设。

在内蒙古等地，已经有企业在探索柔性算力中心等新一代基础设施，以更好地解决数据中心与地方经济发展的协同问题，比如内蒙古九链数据科技有限公司，在二连浩特市投资建设二连浩特国际绿色数字港项目，并以此为样板，探索建设与二连浩特可再生能源微电网项目高度结合的柔性算力中心，通过科学合理布局集中式计算算力和分布式计算算力，混合配置通用算力与专用算力比例，充分利用分布式计算去中心化特质所带来的高适应性，达到与不稳定电力供应网络的良好对接、匹配和互动，并且高比例利用新能源电力，有机融合新能源电力与大数据算力，将大规模的新能源转化为算力（包括专用算力和通用算力）。

3.1.2　智算中心

在算力基础设施产业里，智算中心是不可缺少的核心支柱之一，它是采用领先的人工智能计算架构，提供人工智能应用所需算力服务、数据服务和算法服务的公共算力新型基础设施。它既是数据开放共享平台、算力生产供应平台，又是智能生态建设与产业创新聚集平台，通过智能算力的生产、调度与供应，搭建起人工智能服务平台，赋能 AI 应用的开发者们，推动 AI 产业化、产业 AI 化及公共事务管理的智能化。

简单来讲，智能算力中心主要用来支持人工智能的应用，而人工智能正成为新一轮科技革命和产业变革的重要推动力。同时，从算力的发展趋势来看，计算正在加速向"智算"升级，多元算力融合成为主流趋势，而智能算力的供应，则需要进一步夯实算力底座，也就是智算中心。

援引中国工程院院士王恩东的分析，计算力就是生产力，智慧计算改造升级了生产力三要素，最终驱动了人类社会的转型升级。智慧计算将劳动者由人变成了人与人工智能的复合体，劳动者可以呈现指数增长；将数据变成了一种新的生产资料，从有形到无形，生生不息，越用越多；将计算力驱动的信息化设备变成了生产工具，也是指数增长，生产力得到了前所未有的解放。

在当前的发展中，智算中心的特征还体现在：（1）以数据为资源，以强大的计算力驱动 AI 模型对数据进行深度加工，产生各种智慧计算服务；（2）通过网络，以云服务的形式，向组织及个人供应算力；（3）超大规模，采用领先的技术，保障自身的先进性；（4）做到普适普惠，让计算力易用、可用和低成本；（5）并非传统数据中心的简单升级，而是针对人工智能的需求，做好针对性的设计与布局，推动算力供给模型精细化、算法智能化、场景普适化等。

国家信息中心信息化和产业发展部曾联合浪潮发布了《智能计算中心规划建设指南》，其中对智能计算中心的概念做了清晰的界定，重点包括 3 项：核心技术 AI 化、输出产品 AI 化、服务应用 AI 化。

（1）核心技术 AI 化：基于深度学习、强化学习等创新 AI 技术；重点围绕生产算力、聚合算力、调度算力、释放算力四大关键环节提升 AI 算力。

（2）输出产品 AI 化：面向政府、企业等输出包括 AI 数据库、AI 模型、AI 开放平台等在内的多种 AI 产品；基于 AI 产品矩阵，通过打包或定制化服务等方式，助力 AI 产业化、产业 AI 化和政府治理智能化。

（3）服务应用 AI 化：基于先进的 AI 算力基础平台、AI 算力调度平台和 AI 算法模型，打造人工智能开放服务平台；汇聚并赋能行业 AI 应用，助力行业智慧应用高效化开发，加速行业和产业 AI 化。

作为新基建里的核心构成之一，智算中心还需要满足开放标准、集约高效等条件，从硬件到软件，从芯片到架构，从建设模式到应用服务，智算中心都应该是标准化与开放的。目前来看，OpenStack、K8S、Hadoop、TensorFlow 等面向云计算、大数据、人工智能等场景的开源技术软件，已成为智算中心软件平台的实施标准，大量企业在数据中心都应用了开源软件技术。浪潮公开的数据显示，以某个大型数据中心客户为例，使用开放计算架构，能够节约电力 30%，系统故障率降低 90%，投资收益提高 33%，并且运营效率提升 3 倍以上，交付速度可以达到每天 1 万台。

随着智算中心大规模投入使用，以 AI 算力、数据为基础，以 AI 模型生成和多场景应用的 AI 生态链将逐渐形成。受益于技术的进一步成熟，智算中心有能力提供模型开发、训练、部署、测试与发布的一站式交付服务，加速算力产业链的形成，同时推动 AI 公司与行业用户的对接，驱动应用模式的创新，进而构建起以 AI 算力为核心的人工智能产业新生态体系。

3.1.3　超级计算中心

超级计算中心也是当前算力新基建的发展热点，我国的超级计算中心主要是由政府出资建设，依托重点高校和科研院所运营。

截至 2020 年底，我国主要有 8 个国家超级计算中心，这是属于科技部批准建立的国家超级计算中心，包括国家超级计算天津中心、国家超级计算广州中心、国家超级计算深圳中心、国家超级计算长沙中心、国家超级计算济南中心、国家超级计算无锡中心、国家超级计算郑州中心、国家超级计算昆山中心。另外，还有一些城市也在建超级计算中心，如成都超算中心、武汉超算中心等。

各个超级计算中心都有自己的主打超级计算机，运算速度与应用领域各有差别，以天津中心为例，部署的"天河"E 级（百亿亿次）计算机关键技术验证系统，在 2021 年的国际 Graph500 排名中，获得两项榜单上的第一名。郑州中心配备中科曙光新一代高性能计算机，峰值计算能力为 100PFlops，存储容量为 100PB。

2019 年，国家超级计算济南中心科技园启用，总投资 105 亿元，提出打造超算生态，通过计算技术的突破，支撑透明海洋、类脑计划、基因组学、人工智能、重大新药创新等大科学计划大科学工程的实施，从以超级计算机研制与应用为标志的超算 1.0，向以打造超算生态、促进科学研究、赋能产业发展并重为标志的超算 2.0 转变。

2020 年投运的成都超算中心，最高每秒运算达到 10 亿亿次，相当于 350 万台 8 核家用计算机的运算能力。截至 2021 年 4 月底，成都超算中心已经为 300 多用户提供计算资源服务，累计完成了 300 万个科研课题作业的计算。

国家超级计算长沙中心使用的主要算力设备是"天河一号"超级计算机，具备每秒千万亿次级别的双精度浮点数计算能力，应用于天气预报、工程仿真、生物医药、能源勘探等领域。

作为承载超级计算能力的超级计算中心，它具有公共性、动态性和开放性等特征，扮演资源汇聚、技术创新和互通交流的科创平台，瞄准的是前沿科技领域，为未来产业发展做好充分的技术储备。

3.1.4　算力枢纽

算力枢纽提法的出现，重点来自官方的文件与表态。

2020 年，国家发展改革委等 4 部委发布《关于加快构建全国一体化大数据中心协同创新体系的指导意见》，其中提到，在京津冀、长三角等重点区域，及部分能源丰富、气候适宜的地区布局大数据中心国家枢纽节点。而在节点之间，要建立高速数据传输网络，支持开展全国性算力资源调度，形成全国算力枢纽体系。

其中已明确提出"全国算力枢纽体系"的建设，重点是通过数据中心的布局与建设、高速数据传输网络的建设等，实现算力枢纽的成型。

2021 年，针对算力枢纽的计划进一步明确，依然是国家部委牵头推动。国家发展改革委、中央网信办、工业和信息化部、国家能源局联合印发《全国一体化大数据中心协同创新体系算力枢纽实施方案》，确定了"加强统筹、绿色集约、自主创新、安全可靠"的 16 字原则，明确提出构建数据中心、云计算、大数据一体化的新型算力网络体系，促进数据要素流通应用，实现数据中心绿色高质量发展。

根据《方案》，我国在京津冀、长三角、粤港澳大湾区、成渝，以及贵州、内蒙古、甘肃、宁夏等地布局建设全国一体化算力网络国家枢纽节点，作为我国算力网络的骨干连接点，发展数据中心集群，开展数据中心与网络、云计算、大数据之间的协同建设，并作为国家"东数西算"工程的战略支点，推动算力资源有序向西转移，促进解决东西部算力供需失衡问题。

对于京津冀、长三角、粤港澳大湾区、成渝等用户规模较大、应用需求强烈的节点，重点统筹好城市内部和周边区域的数据中心布局，实现大规模算力部署与土地、用能、水、电等资源的协调可持续，优化数据中心供给结构，扩展算力增长空间，满足重大区域发展战略实施需要。

对于贵州、内蒙古、甘肃、宁夏等可再生能源丰富、气候适宜、数据中心绿色发展潜力较大的节点，重点提升算力服务品质和利用效率，充分发挥资源优势，夯实网络等基础保障，积极承接全国范围需后台加工、离线分析、存储备份等非实时算力需求，打造面向全国的非实时性算力保障基地。同时，国家枢纽节点之间进一步打通网络传输通道，加快实施"东数西算"工程，提升跨区域算力调度水平。

该《方案》提到了多种新的做法，比如尽快转变以网为中心的发展模式，围绕数据中心重构网络格局；引导大规模数据中心适度集聚，形成数据中心集群；在集群和集群之间，建立高速数据中心直联网络，支撑大规模算力调度，构建形成以数据流为导向的新型算力网络格局等。

按照《方案》的要求，城区内的数据中心作为算力"边缘"端将受到鼓励，优先满足金融市场高频交易、虚拟现实/增强现实（VR/AR）、超高清视频、车联网、联网无人机、智慧电力、智能工厂、智能安防等实时性要求高的业务需求，数据中心端到端单向网络时延原则上在 10 毫秒范围内。

3.2   硬件：算力产业

算力构筑了第四次科技革命技术体系的底层逻辑，对人和世界的影响已经渗透到各个方面，立足算力，发展算力，迎接算力时代已经势在必行。

近些年来，从云计算厂商到互联网企业巨头，都在持续增加算力相关基础设施与研发的投入，其目的就是为了提高算力，满足更多应用场景的需求，从而为更多的客户服务。在这种基础上，算力产业赢得了高速发展的机会，并成为算力经济的核心构成。

算力产业是在万物互联的时代背景下，构建起来的多架构共存、多技术融合、多领域协同和多行业渗透的软硬件产业体系，是面向未来的新型计算技术及产业的统称。它以软硬件的方式对外提供计算与服务能力，可分为集成电路和基础电子、基础软件、整机终端、数据中心基础设施、云计算平台、应用和工具软件、行业应用解决方案等方面，具体由三大部分构成：一是算力硬件产业，包括芯片、服务器、超级计算机等；二是计算服务产业，也就是提供算力服务，比如操作系统、中间件、数据库和基础软件、云计算服务、超算服务、人工智能服务、系统集成服务商等；三是算力应用产业，体现为算力在各个行业、各种场景中的应用，催生新业态与新模式。

3.2.1　算力硬件产业

算力硬件产业，包括芯片、服务器、超级计算机等。在数据中心里，部署数万到数百万台服务器，其中都配置了先进的芯片，用来支持高性能的计算。而在超级计算中心里，则部署了各种级别的超级计算机。

一、芯片

后摩尔时代，科学家们正在寻找新的计算体系和架构，以期突破算力瓶颈。算力源于芯片，通过基础软件的有效组织，最终释放到终端应用上。以人工智能的发展来讲，它的三大核心要素包括数据、算力和算法，对算力存在极大的需求，进而推动了芯片产业的发展。作为算力的关键基础设施，芯片的性能决定着人工智能产业的发展。

一种共识是，基于冯·诺依曼架构的计算机，已无法满足大数据时代对算力与功耗的要求，大数据时代对算力的需求每三四个月翻一番，远超摩尔定律的供给量。而要满足算力需求，其中一大关键就是芯片的升级。所以，对芯片的创新研究与持续迭代从来没有停止过前进的步伐，重点是提高运算速度与降低运算功耗。

1. 不同制程的芯片发展情况

芯片分成了多种类型，比如按制造工艺划分，包括 3nm 芯片、5nm 芯片、7nm 芯片、10nm 芯片、14nm 芯片、20nm 芯片、28nm 芯片、40nm 芯片、45nm芯片、55nm 芯片等。制造工艺的提高，意味着芯片的体积更小，集成度更高，可以容纳更多的晶体管，功耗越来越低，也意味着技术含量和成本越来越高。

其中，5nm 和 7nm 是芯片工艺的高端圈子；28nm 是一条分界线，28nm 及以下工艺被称为先进工艺；28nm 以上被称为成熟工艺。鲸准研究院发布的《2019 集成电路行业研究报告》显示,28nm 及以下工艺的先进工艺占据了 48% 的市场份额,而成熟工艺则占据了 52% 的市场份额。

市场研究机构 International Business Strategies(IBS)2021 年发布的相关白皮书数据显示,2020 年半导体代工市场中,28nm 及以上工艺的市场份额约占 2/3,未来 5 年,先进工艺的市场将不断扩大,但成熟工艺的市场份额仍将不低于 50%。

就目前芯片行业主力企业的情况来看,成熟工艺占比依然很大,比如台湾联电,2020 年三季度财报中,成熟工艺给联电创造了自 2004 年二季度以来的新高,合计 448.7 亿台币,28nm 收入占营收 14%,40nm 收入占比最高,为 23%。

虽然 28nm 目前是先进工艺和成熟工艺的分界线,但这个分界线并不固定。如果大批工厂都突破了 14nm,那么 14nm 就成了成熟的工艺,分界线自然就变了。

从芯片制造龙头企业台积电 2020 年财报看,其 28nm 以下的先进制程(包括 20nm、16nm、10nm、7nm、5nm)的营收占整体营收的比例接近 60%,尤其是 7nm 高达 33.5%。而且台积电 3nm 计划在 2022 年量产,按照这种推进速度,5 年后,处于先进制程范畴的芯片成本将会大幅下滑,28nm 可能面临严峻挑战。

不过,并不是先进芯片就好,还得看用在什么产品上,进而确定芯片功能、性能、功耗三大指标,确定好三大指标后,再选择最具性价比的工艺。

目前来看,选择 14nm 及以下先进工艺的主要是智能手机,追求高性能、高集成度、低功耗,并且智能手机单价高,能够承担几十美元一颗芯片的成本。而中低端手机、5G 射频芯片、蓝牙芯片、可穿戴设备、指纹芯片等产品使用的芯片多在成熟工艺范畴。

芯片还有其他划分方式,比如按照使用功能分类,芯片可以分为 GPU、CPU、FPGA、DSP、ASIC、SoC(系统级芯片)等;按不同应用场景划分,芯片可分为民用级(消费级)、工业级、汽车级、军工级,还有航天级等。

2. 处理器的发展

近年来,围绕 XPU(CPU、GPU、DPU 等各种服务器处理器的统称)的技术迭代与创新呈现繁荣景象,成为芯片厂商角逐的新赛道,都在构建自己的多元化产品能力,比如英伟达进军 CPU,实现 CPU、GPU、DPU "3U 一体";英特尔发布用于数据中心的第三代至强可扩展处理器 Ice Lake 以及其产品组合。

AMD 面向服务器应用领域推出的 EPYC(霄龙)处理器,2021 年进化到代号 "米兰"的第三代,在企业级应用、云服务、高性能计算方面的性能最高可达上代产品的 2 倍左右。在应用场景上,一是企业市场,这些用户面临海量数据,要运行很多的数据库做大量的数据分析，同时通过数据形成决策支持；二是云计算市场，有一个 SPEC int 用来衡量云计算应用性能指标，第三代 EPYC 在这方面表现出色；三是高性能计算市场，在很多高性能基准测试方面刷新纪录。

同时，APU、TPU、IPU 等各种加速芯片陆续出现，也涌现了地平线、寒武纪、中科驭数等多家实力厂商。面对层出不穷的 XPU，已不仅是厂商之间的技术、产品、市场之争，还代表了对先进生产力的追逐。

从超级计算机系统到桌面、到云、到终端，都离不开各种不同类型指令集和体系架构的计算单元，如 CPU、GPU、DSP、ASIC、FPGA 等。各种不同的处理器由于采用不同的架构和不同指令集，使得它们在处理具体计算场景时有着不同的表现，促成了计算多元化的出现。

GPU 芯片是单指令、多数据处理，采用数量众多的计算单元和超长的流水线，主要处理图像领域的运算加速；FPGA 适用于多指令、单数据流的分析，可提供强大的计算力和足够的灵活性；ASIC 是为实现特定场景应用要求而定制的专用 AI 芯片，在功耗、可靠性、体积方面都有优势，尤其在低功耗的移动设备端，基于以上优势，ASIC 芯片更多地被用于端或边缘侧。

从计算多元化的发展来看，经历过多次变局，比如 x86 取代 IBM POWER、HP PA-RISC、Sun SPARC 成为数据中心霸主；随着深度学习的应用，GPU 受到重视，在数据中心强劲增长。ARM 服务器、RISC-V 的崛起，进一步带动了数据中心的多元化进程。

多元化背后是应用场景的复杂化，通用计算技术和通用芯片越来越不能满足业务需求，这也是计算芯片的种类越来越多的重要原因，而 CPU+GPU、CPU+FPGA、CPU+GPU+FPGA 等组合效能更好，通用计算正在向异构计算演进。

在当今 XPU 市场，通用计算芯片占据的市场份额和市场需求量是最大的，毕竟作为"全能选手"，不管是 x86 还是 POWER 或者 ARM，它们的计算生态也是最为成熟的，相关的技术产品也在持续迭代，上演了 x86、POWER、ARM 通用计算市场的"三国杀"。

在数据中心市场，英特尔的 CPU 扮演带头者的角色。英特尔 2021 年第一季度业绩显示，第三代英特尔至强可扩展处理器出货量超过 20 万颗。阿里云、平安科技、腾讯云等英特尔生态伙伴基于第三代至强可扩展平台开展诸多实践，比如在腾讯游戏的 3D 人脸建模中，借助第三代英特尔至强可扩展处理器的 VNNI 技术，可以加速 4.24 倍以上，这意味着原有基于 3D 人脸建模的各种优化、缓存、预处理环节可以直接跳过，直接提供照片就能生成 3D 模型。

在用户端，快手结合英特尔至强可扩展处理器平台和傲腾持久内存，推荐系统的性能得到大幅提升，同时也能支持更多复杂算法，总拥有成本（TCO）降低了 30%。

随着异构计算的崛起，英特尔感受到了来自 GPU、FPGA 的强力挑战。为了应对这些挑战，近些年英特尔调整了市场战略，转型为包含多种计算架构 XPU 的公司，在此基础上推出适配的软件，构建相应的生态，引领异构计算的发展，比如从 CPU 到 XPU、从芯片（Silicon）到平台、从传统 IDM 到现代、更灵活的 IDM。特别是在 IDM 2.0 的愿景中，英特尔在代工业务中以更加开放的心态支持 x86 内核、ARM、RISC-V 生态系统、IP 的生产。

近几年，AMD 在数据中心芯片的进步显著，特别是第三代 AMD EPYC 处理器在技术领先性方面做足了文章。

自 EPYC 处理器问世以来，AMD 与众多合作伙伴展开合作，截至 2021 年初，推出超过 100 款服务器产品及 400 多个实例，几乎涵盖所有的应用场景和解决方案。

在超级计算机领域，AMD EPYC 处理器支持的超级计算机已经在全球高性能计算 TOP 500 强榜单中占据多席，并为斯图加特高性能计算中心的 HLRS "Hawk"、德国天气预报服务公司（DWD）的 NEC SX-AURORA TSUBASA、苏黎世联邦理工学院的 ETH ZURICH EULER VI、圣地亚哥超级计算中心（SDSC）的 DELL EXPANSE、英国国家研究创新局（UKRI）的 CRAY ARCHER2、法国国家高性能计算组织（GENCI）的 JOLIOT-CURIE 等超算系统提供服务。

此外，AMD 公司与美国橡树岭国家实验室（ORNL）和 Cray 公司联合打造 Frontier，其基于下一代 AMD EPYC 处理器、Radeon Instinct 加速卡、ROCm 异构计算软件三大平台，运行峰值可达每秒 1.5EFlops，是实验室有史以来打造的性能最强的超级计算机。

还有 IBM 的 POWER 处理器，迭代到采用 7nm 工艺的 POWER10，并广泛应用于 IBM 主机产品和 POWER 服务器产品，而在国内，浪潮商用机器不断拓展 POWER 架构的创新应用。POWER 架构主打关键计算，面向关键应用核心云承载平台、关键业务主机、云原生创新型应用。

英国 Acorn 公司的 ARM 处理器架构开启了移动时代，近几年里基于 ARM 架构的设备出货量超过 1000 亿，其影响力遍布各种移动终端。ARM V9 架构基于 ARM V8，并增添了针对矢量处理的 DSP、机器学习、安全等技术特性。

由于高能效、低功耗等特点，ARM 在移动设备和物联网市场得到广泛应用。其实在基础设施领域，ARM 已耕耘超过 10 年，并推出了专门面向数据中心的服务器芯片架构 ARM Neoverse，在 HPC、云计算以及 5G 等市场取得了不俗的成绩。

3. 人工智能芯片市场的繁荣

人工智能（AI）的发展，又带动了人工智能芯片市场的繁荣（以下将人工智能芯片统称为 AI 芯片）。AI 芯片是整个 AI 产业的底层算力支撑。从技术架构上看，人工智能芯片分为通用芯片、半定制化芯片、全定制化芯片和类脑芯片等，每种任务对芯片的要求不同，需要使用不同的 AI 芯片进行训练和推理。

人工智能计算大致分为两个层面，首先是对模型进行训练，整个过程可能耗时数天；之后是训练出的模型响应实际请求，做出推理。目前，英伟达旗下的 GPU 占据训练市场，多数推理任务则仍由传统的英特尔 CPU 承担。

国内也崛起了一些实力不弱的 AI 芯片厂商，比如燧原科技，就在 2021 年发布了第二代人工智能训练产品——"邃思 2.0"芯片、基于邃思 2.0 的"云燧 T20"训练加速卡和"云燧 T21"训练 OAM 模组，全面升级的"驭算 TopsRider"软件平台以及全新的"云燧集群"。

天数智芯推出了全自研、GPU 架构下的 7nm 制程云端训练芯片 B1 及 GPGPU（通用计算 GPU）产品卡。这颗芯片可容纳 240 亿个晶体管及采用 2.5D CoWos 晶圆封装技术，支持 FP32、FP16、BF16、INT8 等多精度数据混合训练，单芯片每秒可进行 147 万亿次半精度浮点计算（147TFlops@FP16）。

推理芯片方面，登临科技发布了自主创新的 GPGPU 芯片，致力于解决通用性和高效率难题，并支持各类流行的人工智能网络框架。壁仞科技计划推出通用智能计算芯片产品。

苹果也有芯片，但不是卖给其他公司的，而是为苹果的产品设计的，其中搭载了"神经网络引擎"，这是一种专门用于机器学习的硬件，可用于图像处理、人脸识别等。以 iPhone 12 为例，它搭载的 A14 仿生芯片中的神经网络引擎，能完成每秒 11 万亿次的运算。

苹果还有 M1 芯片，采用 ARM 架构设计，为 5nm 工艺制程，该款芯片上共有 160 亿个晶体管，集成中央处理器、图形处理器、神经网络引擎、各种连接功能以及其他众多组件。

寒武纪较早推出云端智能芯片，拥有云端训练芯片思元 290 和推理芯片思元 270，以及用于边缘计算的思元 220 芯片的完整产品线，覆盖了云、边、端 3 个领域，提供包括训练、推理等相对全面的不同品类的 AI 芯片。

自动驾驶是目前 AI 芯片的主战场之一，比如地平线发布的车规级芯片征程 3，预计 2021 年销售超 20 万颗。此外，面向智能安防、工业视觉、车载视觉等场景的 AI 芯片也是热门，比如酷芯微电子的高清 AI 相机芯片 AR9341，具有 4TOPS（相当于每秒进行 4 万亿次运算）峰值算力。

4. 国产芯片整体水平

在波澜壮阔的技术升级与角逐中，国内芯片整体的发展水平又如何呢？到 2019 年第四季度时，国产 14nm 芯片实现小批量量产，到 2021 年 3 月良品率达到 90%~95%。据新华社报道，2021 年 6 月下旬，中国电子信息产业发展研究院电子信息研究所所长温晓君在接受采访时表示，国产 14nm 芯片 2022 年底预计实现量产，国产芯片迎来最好的时刻。

据统计，14nm~12nm 制程就能满足大量高端芯片需求，比如 5G、人工智能、新能源汽车、台式计算机的 CPU、高速运算、基频、高端消费电子产品。不过，智能手机已进入 5nm 芯片的时代，14nm 制程的应用已经不多。

目前，国产 14nm 领域的设备、工艺、封装、材料等都已实现系统部署，均在按部就班地进行迭代升级。如果 14nm 芯片能规模化量产，则意味着有能力满足下游产业的大规模需求，这将是国产芯片里程碑式的进步。

当前，14nm 是应用最广泛、最具市场价值的制程工艺，主要应用领域包括高端消费电子产品、高速运算、低阶功率放大器、基频、AI、新能源汽车等。

国产 28nm 芯片规模量产的意义同样巨大，28nm 工艺是集成电路制造产能中划分中低端与中高端的分界线。在当前的芯片种类里，除了对功耗要求比较高的 CPU、GPU、AI 芯片外，大多数工业级芯片都是用 28nm 以上的技术，比如电视、空调、汽车、高铁、火箭、卫星、工业机器人、电梯、医疗设备、智能手环以及无人机等。

与 40nm 工艺相比，28nm 栅密度更高，晶体管的速度提升了约 50%，每次开关时能耗减少了 50%。在未来较长一段时间，28nm 还将继续担当中端主流工艺节点。

具体到细分领域，比如手机芯片，跟国外的差距正在缩小，华为海思已能设计出先进的 5nm 芯片，而且正在研究 3nm 芯片。台积电表示，2022 年左右就能量产 3nm 芯片。

在一些专项领域的芯片方面，我国已实现弯道超车，比如用于记录存储数据的闪存芯片，已实现 24nm 制程的自研，在全球市场份额里排名第三。应用在物联网领域的芯片，已保持较强优势。

在芯片赛道里，我国已出现一些实力企业，部分企业的芯片已有一定的应用。截至 2021 年，中国半导体产业里已出现华为、阿里巴巴、中芯国际、上海微电子、韦尔股份、卓胜微、三安光电、北方华创、闻泰科技、华润微、兆易创新、中环股份等，正构建起中国芯片制造的技术生态，如表 3-3 所示。

半导体行业专业机构 ICinsights 发布的《全球晶圆月产能（2021—2025）》报告显示，截至 2020 年 12 月，全球芯片产能最高的是中国台湾地区，占全球 21.4% 的份额，第二位是韩国，份额 20.4%。中国大陆的晶圆产能也在快速增加，2020 年底的份额为 15.3%，略低于日本的 15.8%。

表 3-3　半导体产业里的主要公司

领域	主要公司
晶圆代工	华虹半导体、华润微、中芯国际、台积电、三星电子、SK Hynix、格罗方德、联华电子
芯片设计	圣邦股份、思瑞浦、芯海科技、芯朋微、晶丰明源、中颖电子、艾为电子、杰华特、纳芯微电子、中微半导体、钰泰半导体、南芯半导体、伏达半导体
封装与测试	长电科技、通富微电、华天科技
下游应用	小米集团、吉利汽车、安克创新、美的集团、长城汽车、大华股份、德赛西威、海康威视、闻泰科技、传音控股、汇川技术
虚拟 IDM	MPS（芯源）、矽力杰
IDM 或 Fab-lite	德州仪器、亚诺德半导体、安森美、意法半导体、英飞凌、恩智浦

来源：各公司官网，中金公司研究部

近年来，中国正在不断出台产业政策，推动集成电路产业的发展。比如 2020 年 8 月，国务院印发《新时期促进集成电路产业和软件产业高质量发展的若干政策》，其中提到对 28nm 及以下的晶圆厂 / 企业加大税费优惠支持力度，增加对"中国鼓励的集成电路线宽小于 28nm（含），且经营期在 15 年以上的集成电路生产企业或项目，第一年至第十年免征企业所得税"等内容，进一步明确了对集成电路产业尤其是制造业的支持。

5. 芯片的发展

就芯片的发展来看，全球都在推进算力供应多元化，支持各类智能应用，在这种形式下，异构芯片（如 CPU、GPU）、光通信芯片 / 模块等正在迎来更好的发展机遇。

以数据中心的情况来看，核心算力芯片包括 CPU、GPU、FPGA、ASIC 等，其中，各类通用 CPU 占比较高。核心芯片的角逐非常激烈，新一代更强算力的芯片正浮出水面。尤其是数据量的高速增长，这意味着分析和处理工作需要更强的计算能力、更快的网络、更大的存储。

2021 年初，英特尔推出新的数据中心平台，以第三代至强可扩展处理器 Ice Lake 为基础，这个 Ice Lake 是英特尔首款 10nm 的服务器芯片。根据英特尔的规划，接下来还有 10nm 工艺增强版的服务器 CPU Sapphire Rapids，推迟到 2024 年推出的 Granite Rapids，预计采用英特尔 7nm 工艺制程芯片。

同时，英伟达推出基于 ARM 技术制造的数据中心 CPU，名叫 Grace，应用于 AI、超算、数据中心等领域，可用于聊天机器人、语音识别的软件、自动驾驶汽车等，并将发布与 ARM 处理器配合使用的加速芯片，以及与 AMD、英特尔芯片配合使用的加速芯片。

英伟达方面表示，基于 Grace 的系统与英伟达的 GPU 结合，计算机系统的性能比 x86 CPU 上运行的英伟达 DGX 系统高出 10 倍。数据中心 CPU 将与英伟达的图形芯片 GPU、网络芯片一起构成"现代数据中心的基本组成部分"。

2020 年 9 月，英伟达在官网发布文章，宣布对全球最大半导体 IP 公司 ARM 的收购事宜。单就 ARM 来看，据 2020 年财报，2020 年第四季度，全球基于 ARM IP 的芯片出货量高达 67 亿颗，超越了 x86、ARC、POWER 和 MIPS 等其他架构芯片出货的总和。

ARM 的 Cortex-A、Cortex-R、Cortex-M 和 Mali IP 提供全球 1600 多家企业的数千款处理器、控制器、微控制器和图形处理器的核心半导体 IP，客户包括英特尔、英伟达、苹果、联发科、高通、三星、华为等。其中，GPU 的出货量非常可观，超过 4 亿颗（包括 Intel、AMD 的集成核显），大部分都应用在各种终端设备中，如大量消费级和工业级电子产品中。

而且英伟达表示正在开发新的车载计算机系统芯片，为汽车提供数据中心的计算能力。

我国已高度重视芯片的发展，将芯片制造技术提升到国家战略地位，以此支持 2030 年国家先进制造目标的实现。按照计划，我国 2025 年本土芯片供应占比将提升到 70%。

同时，我国正在寻求刺激芯片颠覆性新技术发展的途径，包括向整个芯片行业提供广泛的激励措施，以及从目前的硅片芯片跃升至使用新材料制造的新一代芯片。在 2021 年世界半导体大会上，上海交通大学副校长、中国科学院院士毛军发认为，中国可以通过"异构集成"或单独制造组件集成，来保持芯片行业领先地位。他认为，异构整合是后摩尔定律时代行业的新方向，为中国在集成电路行业弯道超车提供机会。

据毛军发介绍，从目前来看，芯片有两条核心发展路线，一是延续摩尔定律，二是绕道摩尔定律。摩尔定律正面临挑战，而绕道摩尔定律有很多途径，异构集成电路就是其中之一。

据《第一财经》报道，在世界人工智能大会期间，上海交通大学集成量子信息技术研究中心主任金贤敏透露，他所创立的光量子计算公司图灵量子，已掌握了自主知识产权的三维和超高速光子芯片核心技术与工艺，从芯片设计、流片到封装、测试，再到系统集成和量子算法，可实现光量子计算芯片的全链条研发。

金贤敏认为，人们对算力提升的需求是无止境的，我们处在计算能力真正爆发的前夜，通用量子计算机的时代正在到来。华为量子计算软件与算法首席科学家翁文康认为，量子计算将带来指数级增长的计算空间，1 块指甲盖大小的超导处理器，可以带有 50+ 量子比特（100nm），超越所有经典计算机的记忆体容量。

据了解，量子计算有不同的实现路径，包括超导、光等，比如"祖冲之号"是超导量子计算，"九章"是光量子计算。其中，76 个光子的量子计算原型机"九章"是由中国科学技术大学潘建伟院士团队构建的。

中国科学院上海光学精密机械研究所副所长张龙认为，光子有超高信息容量、超低传输功耗和时延、超低信道干扰的特性，光子芯片将是未来科技发展的基础性核心技术，在数据计算、光通信领域等具有极重大应用前景。

2021 年 7 月，中国科学技术大学潘建伟院士团队联合浙江大学，通过研制硅基光子集成芯片和优化实时后处理，实现了速率达 18.8Gbps 的实时量子随机数发生器，为开发低成本商用量子随机数发生器单芯片奠定了坚实的技术基础。

从国际上看，包括谷歌、IBM、微软、英特尔等美国科技巨头，都在量子计算技术方面投入大量资源，预计将带动量子计算产业的发展。

短期内，量子计算机并不会取代经典计算机，在实用性、成本和软件上依然存在瓶颈。在量子系统仿真、量子化学、组合优化、机器学习等领域的专用量子计算机预计成熟期为 3~5 年，而在大数分解、数据库搜索、量子动力学、量子人工智能等领域，通用量子计算机预计成熟期可能需要 10 年甚至更久。

6. 超算芯片的发展

在超算领域，芯片、处理器同样扮演着关键的角色。在 2021 年国际超算大会（ISC21）上，新一轮 TOP500 超级计算机名单出炉，使用 ARM 芯片架构的日本富岳超算依然第一；AMD 也非常强，7nm Zen2 架构的霄龙处理器全面冲进超算市场。

中国的超算处理器正在崛起，全球排名第四的超级计算机"神威·太湖之光"，所搭载的核心处理器就是国产自研的"申威"处理器，研究主体是成都申威科技。天津飞腾也是近年来发展极为迅速的一家国产处理器厂商，其产品覆盖了嵌入式 CPU、桌面 CPU 及服务器 CPU。2020 年 7 月，飞腾发布了新一代的服务器芯片腾云 S2500 系列，基于 ARM 64 核架构，最高可支持 8 路直连，可实现高达 512 核协同工作能力。

二、服务器

在算力经济时代，服务器是最核心的算力硬件，是企业数字化基础架构核心组件，也是支持企业数字化转型的引擎。

从近年的情况来看，数字经济的高度活跃推动了对服务器的投资，预计随着数据流量的高速增长，算力经济时代的到来，整个社会对服务器的算力要求将继续提高。

据 IDC 的统计，2020 年中国服务器市场出货量为 350 万台，同比增长 9.8%，市场规模为 216.49 亿美元，同比增长 19.0%。预计 2021—2025 年，中国服务器市场规模将由 257.31 亿美元增长到 410.29 亿美元，保持 12.5% 的复合年均增长率。

就全球市场来看，IDC 发布的《全球季度服务器跟踪报告》显示，2021 年第一季度全球服务器市场同比增长 12.0%，达到 209 亿美元。其中，DELL（戴尔）保持第一，市场份额占 17%；第二名是 HPE/ 新华三，占 15.9%；Inspur（浪潮）占 7.2%；Lenovo（联想）占 6.9%；IBM 占 5.3%。从出货量来看，DELL 占总体市场的 17.5%；HPE/ 新华三占 14.5%；随后依次为 Inspur/Inspur Power Systems、Lenovo、Super Micro（超微）、Huawei（华为）等。

在中国市场，浪潮扮演龙头老大的角色。IDC 发布的《2020 年第四季度中国服务器市场跟踪报告》显示，浪潮服务器以 530 亿元的销售额占据 2020 年中国服务器厂商市场份额的 35.6%，排行首位。其次，华为以 250 亿元的销售额占据 16.8% 的市场份额；新华三以 226 亿元的销售额占据 15.2% 的市场份额；戴尔以 103 亿元的销售额占据 6.9% 的市场份额；联想以 100 亿元的销售额占据 6.7% 的市场份额。

据浪潮商用机器有限公司总经理胡雷钧介绍，在中国小型机市场里，浪潮商用机器从 2019 年的 73% 市场占有率上升到了 2020 年的 78%，同时，在证券行业实现 200% 的同比增长，在交通医疗和企业领域销售额也达到了 30% 的同比增长，客户数量同比增加了 34%。

服务器厂商之间竞争激烈，服务器架构之争也如火如荼。

早先时，以 POWER 为代表的小型机，一直是企业 IT 基础设施的核心系统。x86 架构的出现，尤其是云计算兴起后，小型机向 x86 服务器迁移。

据 IDC 的统计，x86 服务器的收入在 2021 年第一季度同比增长了 10.9%，达到 187 亿美元；非 x86 服务器收入同比增长 23.0%，达到 22 亿美元。

目前一个新的变化是，人工智能快速发展，对 AI 算力提出新需求。我国是 AI 算力支出非常高的国家。AI 计算能力反映出一个国家前沿的计算能力，而各国也在不断增加投入。各股力量聚合，推动 AI 服务器的销量呈增长的趋势。

另外，以前深度学习发展缓慢，算法是一个原因，还有一个关键因素是计算力不足，解决计算力最重要的支撑就是人工智能（AI）服务器。

AI 服务器通常搭载 GPU、FPGA、ASIC 等加速芯片，利用 CPU 与加速芯片的组合，进而满足高吞吐量互联的需求，为自然语言处理、计算机视觉、语音交互等人工智能应用场景提供算力支持。

与普通的 GPU 服务器相比，AI 服务器需要承担更多的计算，一般配置 4 块 GPU 卡以上，甚至搭建 AI 服务器集群；同时要求多个 GPU 卡之间的通信性能，因为在 AI 训练中，GPU 卡间需要大量的参数通信，模型越复杂，通信量越大；由于配置多个 GPU 卡，需要有针对性地对系统结构、散热、拓扑等做专门的设计，保证设备长期稳定运行。

据 IDC 的统计，2020 年上半年，全球人工智能服务器占人工智能基础设施市场的 84.2% 以上，是 AI 算力基础设施的主要角色。2020 年上半年，全球人工智能服务器市场规模达 55.9 亿美元。未来，人工智能服务器将保持高速增长，预计在 2024 年，全球市场规模将达到 251 亿美元。

在中国市场，AI 服务器的主力品牌包括浪潮、华为、曙光、宝德、安擎、新华三、戴尔、联想等。典型的应用场景包括电商精准营销、图像识别、智能客服、视频内容审查、人脸识别、智能写作等。短视频、在线教育等业务的爆发式增长，使得智能推荐等人工智能算法应用快速推进。在线教育的火热，催生了利用表情、动作、姿态等多维度的人工智能检测分析场景的落地应用。

以浪潮为例，推出了 AI 视频加速器、AI 服务器 NF5488、边缘计算微服务器 EIS800 系列产品、全可编程智能网卡，并且联合寒武纪发布 AI 服务器"扬子江"。围绕智算中心的算力、数据、互联及平台，浪潮可提供 AI 算力、通用算力、关键算力以及边缘侧的算力。在数据存储领域，浪潮已涵盖集中、分布式数据存储以及大数据分析平台。

围绕 AI 算力的生产、聚合、调度、释放四大关键作业环节，浪潮持续创新。据浪潮服务器的公开信息，在生产算力环节，浪潮拥有很强的 AI 算力机组，包括单机计算性能高达每秒两千万亿次的 AI 计算主机 AGX-5、高计算密度的 AI 服务器 AGX-2、Transformer 训练服务器 NF5488M5 等。在聚合算力方面，依托敏捷的数据中心，浪潮 NX20 智能网络加速产品可以打造更高效率更低延迟的云中心，而针对高并发推理集群，通过构建高性能存储池和深度优化软件栈，吞吐能力提升 3.5 倍以上。围绕 AI 算力调度，浪潮 AIStation 训练平台实现高效共享算力、加速 AI 研发创新，AIStation 推理平台帮助企业轻松部署推理服务、提速 AI 生产交付。在释放算力层面，浪潮 AutoML Suite 帮助客户实现企业级一站式 AI 模型自动构建，支持本地化和云端部署，支持并行高效模型搜索，可自动建模、自动模型压缩、自动超参数调整。

目前，人工智能所需算力每两个月即翻一倍，AI 算力已成为驱动人工智能发展的核心动力。承载 AI 的新型算力基础设施的供给水平，包括 AI 服务器的能力，正影响 AI 创新迭代及 AI 应用落地。

值得关注的是，在数字经济高速发展的背景下，数据的质和量均发生显著的变化，除了以文本、图表为主的结构化数据继续增长，同时出现了大量非结构化的数据，CPU 的通用算力已无法满足非结构数据的激增，激发了服务器芯片异构的需求。通用服务器采用"CPU+专用芯片"异构架构是行业的趋势。

异构计算的架构通常为"CPU+专用芯片（FPGA、ASIC 等）"，其中，CPU 提供通用计算能力，可处理多种类型数据，但难以保障高效地处理所有数据。在特定的场景中，专用芯片更有优势。例如，ASIC 芯片更适合 AI 领域；GPU 更适合图像处理场景。异构计算的优势在于灵活性，可针对不同的应用场景适配不同的异构方案。

这种服务器已经在市场上落地应用，中兴通讯、华为、新华三、浪潮均可提供。中兴通讯发布的通用服务器可扩展支持 4~8 个异构计算智能加速引擎，根据不同的应用场景灵活调度各种异构计算能力资源，满足人工智能、图像处理、工业控制等多场景的需求。

三、超级计算机

超级计算机就是具有很强的计算和处理数据能力的计算机，拥有数以万计的处理器，它能够执行一般个人计算机无法处理的针对大量资料的高速运算，可完成宇宙模拟、为药物反应预测寻找新途径、发现新材料等任务，应用于人工智能、生物医药、智慧城市等多个领域。它的主要特点体现在：极大的数据存储容量和极快的数据处理速度。一般来讲，超级计算机的运算速度平均每秒 1000 万次以上，存储容量在 1000 万位以上，目前已发展到百亿亿次（E 级）。

据新华网报道，到 2018 年底，国家"十三五"高性能计算专项课题 3 个 E 级超级计算机的原型机系统——神威 E 级原型机、"天河三号"E 级原型机和曙光 E 级原型机系统全部完成交付。到 2021 年 7 月，国际 Graph500 排名中，部署在国家超级计算天津中心的"天河"E 级（百亿亿次）计算机关键技术验证系统，获得 SSSP Graph500（单源最短路径）榜单世界第一和 BIG Data Green Graph500（大数据图计算能效）榜单世界第一的成绩。

这种百亿亿次超级计算机有什么用？以研制一架大飞机时的全机风动试验为例，过去的计算机要耗费两年，利用超级计算机模拟仿真，只需 6 天就能完成；做 500 人规模的全基因组信息关联性分析，原有计算机需要 1 年，利用超级计算机只需 3 小时。

从历史发展来看，超级计算机经历了数十年的研究与迭代。早年的时候，美国在超级计算机领域一直保持领先地位。中国在超级计算机领域起步有点晚，但投入力量非常大，无论是"银河""天河"还是"神威"系列超级计算机，在世界上都是很有名气的牌子。中国紧追美国，成为第二个可以独立研制千万亿次超级计算机的国家。

2016 年，国际超算大会发布世界 500 强排名，中国首台全部采用国产处理器构建的"神威·太湖之光"排名第一，成为全球最快的超级计算机。在全球最强大的 500 台超级计算机中，中国占 167 台，数量超过了美国。

目前，中国正全面发力 E 级超算（百亿亿级超级计算机），比如 2021 年 12 月，国家超级计算天津中心和国防科技大学联合数十家合作团队，共同发布面向新一代国产 E 级超级计算系统的十大应用挑战，包括磁约束聚变堆全装置聚变模拟（人造小太阳）、全尺寸航空航天飞行器超百亿网格计算流体力学模拟、数字细胞超亿级原子体系动力学模拟、对流尺度次公里级精细化数值天气预报等，力图充分发挥新一代 E 级高性能计算机强大计算能力，研发适配国产超级计算系统的关键技术和应用软件，构建新的国产 E 级超级计算应用生态。

结合目前的情况，对比超算发达国家，中国的 E 级超算有优势也有劣势，比如 2022 年上半年全球超级计算机 500 强榜单中，美国超级计算机"前沿"首次上榜并位列榜首，第二名到第五名分别是日本的"富岳"、芬兰的"卢米"、美国的"顶点"、美国的"山脊"，中国的"神威·太湖之光"和"天河二号"分别位居第六位和第九位。

就单个超级计算机相比，中国暂时未能进入前五，但全球浮点运算性能最强的 500 台超级计算机中，中国部署的超级计算机数量（173 台）位列全球第一，占总体份额的 34.6%。

超级计算机之所以被世界关注，是因为它对一个国家的经济和国防都非常重要，可以应用于很多重要领域。E 级超级计算机在解决人类面临的能源危机、健康危机、气候变化和环境污染等重大问题上发挥巨大作用。

以天气预报为例，现在的精细化预报主要采用网格化方式，把几千平方公里划分为几千个正方形网格，再针对这些正方形区域单独进行精细化预报，其中涉及大气动力学、热力学方程组等，靠普通计算机很难实现。目前借助"天河"超级计算机的能力，就能做出 1 公里的精细化预报，并且每隔 12 分钟就能给出最近 6 小时的天气情况。以前的预报尺度是几公里，现在可以精确到几米。

中国完成了超级计算机自主可控生态体系的初步建设，自 2013 年 6 月"天河二号"超级计算机夺得全球超算 TOP500 强第一名之后，持续霸榜。中国超级计算机的高速发展，引起了外部力量的警惕。2015 年 4 月，美国商务部发布公告，决定禁止向中国 4 家国家超级计算机机构出售"至强"（XEON）芯片。

困难没有阻挡住中国前进的步伐。2016 年，采用中国自主研发的处理器的超级计算机"神威·太湖之光"成功接棒基于英特尔芯片的"天河二号"，夺下第一。"天河一号""天河二号"都小规模试用了自主研制的飞腾 CPU。

其中，"神威·太湖之光"的核心处理器"申威 26010"是在国家"核高基"重大专项支持下，由国家高性能集成电路设计中心研制，实现 CPU 和操作系统的全部国产化。

直到 2018 年 6 月，来自美国的 Summit 超级计算机才重新夺回世界超级计算机 TOP500 的头把交椅，"神威·太湖之光"排名第二，"天河二号"排名第四。

2019 年的两次排名中，美国能源部下属的超级计算机 Summit 和 Sierra 拿下第一和第二，但是中国的"神威·太湖之光"和"天河二号"依然稳定在前五名。在 TOP500 榜单上的超级计算机数量方面，中国超级计算机仍保持着绝对优势。

2020 年 11 月公布的数据显示，在全球超级计算机 TOP500 榜单上，中国的"神威·太湖之光"和"天河二号"分别排名第四和第六，但是从超级计算机数量上来看，中国占据了 217 台（含中国台湾 3 台和中国香港 1 台），排名第一，而排名第二的美国只有 113 台。

放眼世界来看，对超级计算机的研究未曾有丝毫懈怠，尤其是美国、日本等发达国家，保持了超级计算机的快速进步。2020 年底，美国劳伦斯利弗莫尔国家实验室表示，已经将美国国家核安全局的 Lassen 超级计算机与全球最大的计算机芯片进行了集成，将人工智能技术、高性能计算建模和仿真功能结合，将应用于材料科学、开发治疗新冠肺炎病毒和癌症的新药等。在超级计算机排行里，Lassen 超级计算机位列第 14 名，每秒浮点运算性能超过 23PFlops。新系统集成了 Cerebras Systems 的 CS-1 加速器硬件系统，后者基于 Wafer Scale Engine 专用 AI 芯片，尺寸是标准数据中心 GPU 的 57 倍，封装了 1.2 万亿多个晶体管。

2021 年，美国国家能源研究科学计算中心下辖的劳伦斯·伯克利国家实验室宣布，由 HPE 打造的新型超级计算机 Perlmutter 投入使用，Perlmutter 采用了 HPE 的 HPE Cray EX 服务器，搭载了第三代 EPYC 处理器和英伟达 A100 计算加速卡。据了解，它将帮助科学家们建立可见宇宙中有史以来规模最大的 3D 地图，进而研究暗能量如何加速宇宙扩张。

Perlmutter 基于 HPE Cray Shasta 平台构建，是一个异构系统，包含 CPU 和 GPU 加速节点，其性能是美国国家能源研究科学计算中心目前使用的超级计算机 Cori 的 3~4 倍，该系统按计划将分两期交付。

目前，第一期交付的系统包括 1536 个节点，每个节点都有一颗 64 核 EPYC 7763 处理器和 4 个 NVIDIA A100 计算加速卡，可提供 60 PFlops 的 FP64 性能，或 3.823 EFlops 的 FP16 性能。

部署完成后，Perlmutter 的 FP64 性能将达到 180 PFlops，超过世界超级计算机排行榜上第二名的 Summit。不过性能仍然落后于日本富士通基于 ARM 的超级计算机"富岳"。

日本的实力不容小视。2020 年，由日本理研所和富士通联合开发的基于 ARM 架构的超级计算机"富岳"，第二次登上 TOP500 榜首。"富岳"约有 400 台计算机，每台重约 2 吨、高约 2 米，是一台 ARM 架构处理器驱动的高性能计算集群，认证算力超过每秒 51.3 亿亿次。

3.2.2　算力服务产业

围绕算力服务，一个非常庞大的产业链正在形成，操作系统、中间件、数据库和基础软件等软件类服务，以及云计算服务、超算服务、人工智能服务、系统集成服务等，产业链上每一个环节都有大量公司布局、不断出现大量新产品，孵化出庞大的市场空间。

1. 以云计算服务为例，通过互联网向用户交付服务器、存储空间、数据库、网络、软件和分析等计算资源，分为 IaaS、PaaS 和 SaaS 等模式。

其中，软件即服务（SaaS）是指，消费者使用应用程序，但并不掌控操作系统、硬件或运作的网络基础架构。软件服务供应商以租赁的方式提供服务，用户不需要购买。

平台即服务（PaaS）是指消费者使用主机操作应用程序。消费者掌控运作应用程序的环境（拥有主机部分掌控权），但并不掌控操作系统、硬件或运作的网络基础架构。平台通常是应用程序基础架构。

基础设施即服务（IaaS）是指消费者使用"基础计算资源"，如处理能力、存储空间、网络组件或中间件。消费者能掌控操作系统、存储空间、已部署的应用程序及网络组件（如防火墙、负载平衡器等），但并不掌控云计算的基础架构。

云计算的增长非常可观。中国信息通信研究院发布的《云计算白皮书（2023年）》显示，2022 年，中国云计算市场规模达 4550 亿元，同比增长 40.91%，预计 2025 年中国云计算整体市场规模将超万亿元。从细分领域来看，IaaS 市场规模 2442 亿元，增速达 51.21%；PaaS 市场受容器、微服务等云原生应用的刺激，总收入 342 亿元，增长 74.49%，预计成为增长主战场；SaaS 市场营收 472 亿元，增速 27.57%。放到全球来看，2022 年全球云计算市场规模约为 3.5 万亿元，增速达到 19%，受大模型、算力等需求刺激，预计稳定增长，到 2026 年全球云计算市场将突破约 10 万亿元。

目前，云计算已成为企业数字化转型的新的基础设施，同时也是国家"新基建"的核心构成，是物联网和人工智能的赋能平台。研究机构 Gartner 的数据显示，未来全球云计算市场规模将保持 20% 以上的增长速度，到 2025 年，预计将有 80%（2020 年仅为 10%）的企业会关掉自己的传统数据中心，转向云平台，云扩张时代已然来临，改变正在发生。

从演变趋势来看，目前云计算已经出现了从单一的私有云、公有云形态，向以混合云、专有云为主的多云形态的演进。

公有云：云服务商直接提供云产品与服务，企业需要将数据托管在服务商的数据中心，因此对数据的掌握力度相对较弱。但其灵活度强，资源用量可弹性扩展，成本也较低。

私有云：云服务商单独为企业构建服务体系，部署机房、服务器，可针对企业方的需求提供定制化方案。它更适合对数据安全性要求较高的行业，如政府部门，同时部署成本更高，自身还需定期运维。

混合云：公有云过于开放，数据安全性不足；私有云过于封闭，运维烦琐、成本居高不下，同时数据流通范围受限，于是，混合云将两者相结合——把机密性不高的服务部署在公有云，核心敏感数据部署在私有云，且在两者之间搭建桥梁，用内网专有通道通信。

专有云：专有云与混合云有共通之处，即将数据按机密性进行分级，并分别部署在不同的资源池中。两者的区别是，混合云依然要为企业构建私有云，而专有云是由云服务商直接提供专供的云分区，从物理层面隔离出虚拟化资源池。

艾瑞咨询《2020年中国专有云行业发展洞察报告》显示，2018年，中国专有云的市场规模为59.2亿元。随后几年里保持稳定增长，国际数据公司（IDC）发布的《中国专属云服务市场（2023上半年）跟踪》报告显示，2023年上半年，专属云服务市场同比增长26.6%，整体市场规模达154.3亿元。其中专属托管云服务市场同比增长25.8%，规模达150.8亿元；专属云即服务市场处于发展初期，同比增长70.9%，规模达3.52亿元。

公有云、私有云市场的规模也有增长。《云计算白皮书（2023年）》的数据显示，2022年，中国公有云市场规模增长49.3%至3256亿元，私有云市场增长25.3%至1294亿元。

2. **算力技术服务方面，计算架构正在发生变化，从单一x86架构扩展到异构处理器、人工智能处理器架构，不同计算单元的协作进一步增强。基于不同行业不同特点，ARM、MIPS、POWER、RISC-V等各种非x86架构百花齐放；与人工智能、量子计算等技术结合，形成多种形式的运算能力。同时，计算从云端向物联网、边缘计算普及；计算无处不在，泛在计算成为新常态，不同计算领域相互协同。**

具体来讲，算力技术服务正呈现如下新特点。

一是异构服务，针对数据体量巨大、结构丰富、分布广泛等特点，以多样性的处理器架构满足海量数据的实时处理能力。

二是绿色节能，应对算力中心的能源消耗问题，推动计算产业可持续发展。

三是泛在协同，包括云计算、人工智能、物联网多技术协同计算；政府、产业联盟、企业、研发机构等不同主体的协同联动。

四是普惠高效，要求提高每比特算力的应用能效比，降低使用成本，推动与各行业应用深度融合发展，让算力如电力一样触手可及。

3. 人工智能服务正赢得广泛的应用，通过搭建人工智能技术平台，对外提供人工智能相关的解决方案和服务。

比如涂鸦智能，就是给企业提供人工智能物联网的解决方案和技术支持，帮助企业实现产品的智能化。只要厂家提出需求，涂鸦智能就可以在一定时间里做出智能产品，进而实现量产。后来的做法是，只要客户在涂鸦智能平台上开通账户，就能使用平台上的技术，开发出智能硬件产品，如智能煤气灶、智能灯具、智能遥控器、智能家电等。它的智能硬件解决方案已涉及电工、照明、大家电、小家电、厨电、清洁机器人、门锁、摄像机等行业。智能商业方案包括了安防、公寓、社区等。

百度大脑 AI 开放平台有多种人工智能服务，比如提供远程人脸身份核验方案；数字化消防解决方案、人脸考勤解决方案、智能语音会议解决方案、呼叫中心语音解决方案、人脸闸机解决方案、智能招聘解决方案、合同智能处理方案等。

3.2.3　算力 + 应用的新产业

算力已突破 IT 产业的局限，成为数字化基础设施，并形成了计算速度、算法、大数据存储量、通信能力、云计算服务能力等多个衡量指标，它通过人工智能、大数据、物联网、云平台等一系列数字化软硬件基础设施，赋能各行各业的数字化转型升级。

在算力与行业、场景应用结合的过程中，产生了大量服务与解决方案，并形成了新的业态与商业模式，推动处于需求端的制造、交通、能源、医疗、互联网、金融、物流、农业、文化等多个行业突破瓶颈，拉动产业增值，创造新的市场增长。一方面提供满足行业需求的通用平台与服务，比如公有云服务、人工智能平台、大数据分析平台等；另一方面又推动实现新计算核心产业与行业应用的深度融合，打造工业互联网、智慧交通、智慧医疗、智慧城市等与实体产业领域深度融合的解决方案。

受算力的驱动，人工智能与传统行业结合后，催生了自动驾驶、智能机器人、辅助医疗诊断、智能制造、智能客服、智能精准营销等新业态、新模式。2024 年生成式人工智能（AIGC）和 GPT 大模型训练的爆火，形成"百模大战"的格局，从算力层走向应用层，已成为算力 + 应用的典型成果。

以智能机器人为例，已形成服务生产制造的机器人、服务于人的机器人等多个品类，并且随着人工智能技术的突破，催生能够分析复杂和动态场景的智能模块，进而推动更智能的机器人投入实际场景应用。波士顿咨询公司的研究显示，全球机器人市场规模在 2030 年将达到 1600 亿至 2600 亿美元，为 2020 年的 10 倍。到 2030 年，专业服务机器人市场规模将达到 900 亿至 1700 亿美元，远超 400 亿至 500 亿美元的传统工业机器人和协作机器人市场规模。

长远来看，算力产业的发展前景极其广阔，围绕算力形成的产业群体和生态体系，会在持续赋能各产业数字化的同时，推动整个国民经济产业结构发生变化，驱动数字经济由单一信息产业形态向多行业数字化转型发展，不断提升数字经济的高质量发展，进而加快新型现代化产业体系的构建，领跑算力经济时代。

与世界上计算产业成熟、算力水平领先的国家相比，现阶段我国算力产业还有提升空间：一是在关键软硬件技术上，比如芯片，还需要做强；二是区域间供需结构性矛盾突出，需要借助全国算力网络基础设施的提升，来实现算力调度的优化；三是算力产业在海外的布局需要加强。

对我国来讲，多项相关政策已经出台、颇具前景的目标得以制定，并处于落地执行阶段，接下来需要做好的是营造良好的营商环境，加强对创新企业的支持，并调控资源补短板，为数字经济的长远发展提供高质量、可持续的算力赋能。

3.3 能量：新能源体系

算力经济的繁荣离不开能源的支持。《中国能源报》的一篇文章《从算力到电力：一个能源数字经济的新视角》中提到，据不完全统计，2020 年全球发电量中，有 5% 左右用于计算能力消耗，而这一数字到 2030 年将有可能提高到 15%~25%。也就是说，计算产业的用电量占比将与工业等耗能大户相提并论。就现实情况来讲，在计算产业中，除了芯片成本，电力成本的占比也是很大的。

其中，大量数据中心的运营就需要非常庞大的电力支持。2022 年全年，全国数据中心耗电量达到 2700 亿千瓦时，占全社会用电量约 3%。预计到 2025 年，全国数据中心用电量占全社会用电量的比重将提升至 5%。为确保实现碳达峰碳中和目标，需要在数据中心建设模式、技术、标准、可再生能源利用等方面进一步挖掘节能减排潜力，处理好发展和节能的关系。尤其是当大型数据中心成为通用的算力大脑，如何建立起新能源体系，给计算技术脱碳，用技术解决能源与环保问题，已成为必须破解的课题。

从算力经济本身来讲，它应该是绿色经济，充分借助数字技术降低产业能耗与碳排放，同时助力其他行业节能减排。通过数字技术改造能源网络，让数据成为能源互联网的关键生产要素，用比特管理瓦特，用数据流优化能量流，进而提升能源网络的智能化、可靠度和绿色高效。

能源与算力呈现融合发展的新态势，能源支撑算力提升，算力提升反哺能源科技突破，为能源数字经济发展持续赋能。伴随人工智能、物联网、大数据等技术在能源领域更加深入广泛的应用，能源发展对算力的需求进一步增加，而算力在一定程度上影响能源数字经济的成长空间和发展潜力。

美国学者杰里米·里夫金曾在著作《第三次工业革命》中预言，以新能源技术和信息技术的深入结合为特征，一种新的能源利用体系即将出现，即能源互联网。所谓能源互联网，是一个"基于可再生能源的、分布式、开放共享的网络"。

杰里米·里夫金认为，由于化石燃料的逐渐枯竭及其造成的环境污染问题，在第二次工业革命中奠定的基于化石燃料大规模利用的工业模式正在走向终结。而以能源互联网为核心的第三次工业革命将给人类社会的经济发展模式与生活方式带来深远影响。

那么，作为算力经济的支柱之一，新能源体系又该如何构建？智慧能源系统、可再生能源等，都是可以考虑的方向，比如我国在"十四五"规划中，明确提出了"建设智慧能源系统"。

3.3.1　智慧能源系统的建设

在智慧能源系统的建设上，一些探索与建议已经出现，2020 年《经济日报》的一篇文章《"电力新基建"助推能源行业转型》里提到了如下措施。

一是建设电力物联网，推动能源技术与信息通信技术体系融合，将智能感知、电力芯片等技术应用于边缘层的系统末梢，采集信息数据；将 5G 等移动通信技术应用于基础设施层，支持信息即时安全传输；将大数据、区块链、云计算等技术应用于平台层，实现数据管理；将数据挖掘、人工智能等技术应用于应用层，展开能源电力信息价值挖掘。通过能源流、信息流与业务流的深度融合，为"电力新基建"
的实施提供数据基础、算力支撑与平台支持。

二是建设智慧能源系统运行控制云平台，推动能源生产供应清洁化与智能化。
依托电力物联网，建设智慧能源系统运行控制云平台，提高电力系统对可再生能
源的接纳能力。借助广泛布置的感知装置与边缘控制装置，实现电力系统的状态
全面感知与智能化运行，改善能源生产和供应模式，提高清洁能源比重。

三是建设智慧能源综合服务云平台，推动能效提升与能源服务升级。将云计算、
大数据等技术应用于海量用能数据的融合、分析与管理，提高能源综合利用效率。
其中包括建立需求侧管理子平台，通过智能化终端用能设备、用能辅助工具的使用，
对系统内能源的供给和消耗情况做全面实时监测，并开展综合能效分析和多环节
协调管控优化。同时应用区块链等技术，建设电力交易子平台，支撑分布式能源、
分布式储能主体与工业大用户及个人、家庭级微用能主体间的点对点实时自主交
易，提高市场效率。

四是建设能源互联网生态圈，使数据服务于"发—输—配—用"各环节的企
业、用户以及上下游的设备制造商、互联网公司、政府部门、科研院所等主体，
形成数字化的能源新生态。通过建设共享的数字化技术平台，打通各主体间服务流、
信息流、资金流的畅通，实现数据共享与业务互动，有效提升资源要素配置效率，
为能源电力系统的转型升级和能源互联网的发展创造良好平台。

在智慧能源系统的建设方向上，"电力"新基建这一大主流，是推动能源革命、
实现能源电力行业数字转型、智能升级与融合创新转型的重要手段。毕竟在"碳
中和"目标的趋势下，我国正全力推动能源系统电气化，目标是到 2050 年一次能
源电能转化的比重和电能占终端能源消费的比重预计分别提高到 80% 和 60% 左右；
同时要求电力系统低碳化，非化石能源发电比重提高到 84%~90%。在第三届未来
能源大会上，由中国科学院科技战略咨询研究院、华北电力大学等单位编写的《电
力"新基建"发展模式和路径研究》报告发布，明确界定了电力"新基建"的内
容，它以新一代信息通信技术为基础，深度应用互联网、大数据、人工智能等技术，
支撑传统能源电力基础设施转型升级，进而形成融合基础设施。

电力"新基建"的目标是实现信息基础设施与电力基础设施的深度融合，建成
全国电力大数据中心和全国电力一张网，建设云平台、企业中台、物联平台等为核
心的基础平台，实现电力及相关领域的泛在感知、终端联网、智能调度、高效决策。

以电力新基建为抓手，面向新型电力系统发展需要，电力能源企业应通过强

大的算力支撑以及海量数据基础、平台支持，实现能源流、信息流与业务流的深度融合，增强电网资源大范围优化配置能力，提高电力的清洁绿色程度和安全稳定程度，再进一步反向促进算力的可持续发展，以在电力和算力螺旋式上升的过程中，实现能源数字经济的高质量发展。

3.3.2　可再生能源的利用

新能源体系非常重要的构成就是增加可再生能源的使用，全球都在重点发展可再生能源。根据英国石油公司（BP）2020 年的报告，2019 年全球再生能源发电量为 7261.3 TWh，占全球总发电量 27004.7TWh 的平均数为 26.9%。超过平均数的国家具备这样一些特点：水力发电发达，如中国、巴西、加拿大；利用风力发电和光伏较多，如意大利、西班牙、德国。其中富产化石燃料的国家如美国、俄罗斯的平均数就比较低。表 3-4 是 2019 年主要国家再生能源发电的比例。

表 3-4　2019 年主要国家再生能源发电的比例

排序	国家	非再生能源发电量①	再生能源发电量②	发电总量③	②/③
1	巴西	108.7	517	625.7	82.6%
2	加拿大	228.5	432.0	660.5	65.4%
3	德国	342.4	270	612.4	44.1%
4	意大利	166.4	117.4	283.8	41.4%
5	西班牙	170.9	104.8	275.7	38.1%
6	中国	5444.9	2058.5	7503.4	27.4%
	世界总计	19743.3	7261.3	27004.7	26.9%
7	日本	798.9	237.4	1036.3	22.9%
8	俄罗斯	917.6	200.5	1118.1	17.9%
9	美国	3626.4	775	4401.3	17.6%
10	印度	1261.8	296.9	1558.7	19.0%
11	韩国	542.9	41.7	584.7	7.1%

来源：《2020 年全球电力报告》

以中国为例，2020 年，可再生能源发电装机容量已达到 9.34 亿千瓦，核电装机容量达 5102.7 万千瓦，二者合计达 9.85 亿千瓦，占全国所有发电装机容量的 44.6%。同时，中国新能源产业的龙头企业的全球竞争力凸显，2020 年，中国共有 207 家企业入围 "2020 全球新能源企业 500 强榜单"，数量位列全球第一。

"十四五"期间，中国新能源产业将实施多项工程，包括水电、风电、核电、电网建设等，其中计划建设九大大型清洁能源基地，分布在金沙江上下游、雅砻江流域、黄河上游和几字湾、河西走廊、新疆、冀北、松辽等地区。

中国已明确，二氧化碳排放力争于 2030 年前达到峰值，努力争取到 2060 年前实现碳中和。该目标的提出，进一步推动我国各项新能源政策的落地，比如国家能源局确定，2030 年全国非化石能源消费比重要达到 25%，风电光伏装机达到 12 亿千瓦以上。

部分能源企业相应地制定了目标，比如中国华电集团，力争 2025 年非化石能源占比达到 50%，努力实现碳达峰。大唐集团、华能集团表示，到 2025 年，清洁能源装机占比超过 50%。国家电投表示，到 2025 年，清洁能源装机比例达到 60%，力争 2023 年在国内实现碳达峰。国家能源集团表示，2020—2025 年，集团公司光伏装机容量需新增 2500 万到 3000 万千瓦，加大经济发达地区装机比重，光伏装机规模在集团总装机中占比 7%~8%。

以华为为例，该公司发布的《2020 年可持续发展报告》中提到，2020 年华为单位销售收入二氧化碳排放量相比基准年（2012 年）下降 33.2%，超额达成 2016 年承诺的减排目标（30%）。可再生能源方面，华为数字能源已应用于 170 多个国家和地区，为全球 1/3 的人口服务，累计生产绿电 3250 亿度，节约用电 100 亿度，绿电生产和节约量相当于减少二氧化碳排放约 1.6 亿吨。

另外，华为成立了独立的数字能源技术有限公司，用比特管理瓦特，推动能源行业数字化转型；构建以风光储为主力的清洁能源发电系统，打造以新能源为主体的新型电力系统；围绕零碳站点、零碳数据中心，打造零碳、高效、智能的绿色 ICT 基础设施解决方案等。在新能源汽车方面，打造智能电动解决方案，以及"光、储、充"融合、"人—车—桩—路—网"一体化协同的充电与换电网络解决方案，目标是 5 分钟通过 AI 闪充就能完成充电。

早在 2016 年，阿里巴巴就推出了浸没式液冷服务器，将服务器浸泡在特殊的绝缘冷却液里，运算产生热量可被直接吸收进入外循环冷却，全程用于散热的能耗几乎为零。2020 年，阿里巴巴宣布将"浸没式液冷数据中心技术规范"向全社会开放，涵盖数据中心的设计、施工、部署、运维等各个环节，降低全社会的能耗水平。

同时，阿里巴巴数据中心加强自研技术创新，自研巴拿马电源，颠覆传统 IDC 供电架构，可提升数据中心供电效率 3%，减少总投资成本；同时大规模推动液冷技术商业化，开源行业标准，有效降低能耗。

2021 年，阿里巴巴发布《迈向零碳时代》报告，给出了一个低碳等式，如果中国所有服务器都采用液冷技术，一年节省的电接近 1 个三峡的电力。同时透露，过去几年，阿里云致力于打造数字经济时代基础设施，不断向低碳生产迈进。2020 年，阿里云自建基地型数据中心交易清洁能源电量 4.1 亿千瓦时，同比上升 266%，减排二氧化碳 30 万吨，同比上升 127%。阿里云杭州数据中心是全球最大的浸没式液冷服务器集群，其服务器浸泡在特殊冷却液中，PUE（电能使用效率）逼近理论极限值 1.0，每年可节电 7000 万度，节约的电力可以供西湖周边所有路灯连续亮 8 年；而广东河源数据中心采用深层湖水制冷，2022 年将实现 100% 使用绿色清洁能源，将成为阿里首个实现碳中和的大型数据中心。

放眼世界，很多实力强大的科技企业也在探索可再生能源的使用技术，并且通过效率的提升、成本的控制实现减碳目标。亚马逊在 2019 年发起《气候宣言》（*The Climate Pledge*），承诺提前 10 年达成《巴黎协定》目标，到 2040 年实现净零碳排放。2021 年，亚马逊宣布，在美国、加拿大、芬兰和西班牙实施 14 个新的可再生能源项目，进一步推进其雄心勃勃的目标，到 2025 年公司运营的业务 100% 使用可再生能源，比原定的 2030 年提前 5 年。这 14 个项目里，有 11 个在美国。位于加拿大的太阳能发电厂和芬兰的风力发电厂计划在 2022 年开始发电，而位于西班牙的太阳能发电项目将在 2023 年开始发电。

通过这些项目，该公司的能源投资总额达到了 10 千兆瓦，这部分发电量足以为 250 万个美国家庭供电。截至 2021 年 6 月，亚马逊在全球总计拥有 232 个可再生能源项目，包括 85 个风能和太阳能项目，以及 147 个太阳能屋顶电站。

谷歌于 2017 年宣布，包括数据中心在内的所有业务都实现了 100% 使用可再生能源。而且谷歌是新能源的核心买家，2021 年，其 CEO 桑达尔·皮查伊表示，到 2030 年完全使用可再生能源，为其数据中心和办公室提供动力。同时，谷歌表示，到 2030 年实现全天候无碳运营，而且正转向地热能源，与 Fervo 能源公司签订相关协议，向内华达州的数据中心和基础设施提供地热能源。另外，谷歌在风能、太阳能和储能领域的最新投资，与人工智能系统进行结合，进而优化电力需求的预测。

微软对外公布，计划到 2030 年实现碳排放为负，到 2050 年彻底抵消公司自 1975 年成立以来直接或间接由电力消耗产生的碳排放。该公司将其在美国的数据中心大多建在了电力成本便宜的地区，如哥伦比亚数据中心，这个位置在水电站大古力水坝附近，拥有充沛的水电。微软还将数据中心布局到海底，比如在加利福尼亚海岸测试水下数据中心，海底有更多的可用土地、大量的潮汐能、更好的冷却效果以及大量的海底光缆；测试氢燃料电池（250 千瓦），给数据中心的一排服务器连续供电 48 小时，效果良好。同时，微软在技术架构上创新，比如采用FPGA 进行深度优化。

3.3.3　发展新能源链 NEB 的构思

在算力经济的大背景下，柔性算力可以有效地平抑新能源电力，但无论是柔性算力中心，还是"新能源电力 + 柔性算力中心"的结构，这些都是固定在特定区域的物理硬件，不具备流动性。那么，如何才能有效地将电力、算力等重要的生产要素在人类社会中流动开来呢？基于区块链技术与新能源电力，笔者提出一种锚定新能源电力的数字货币，即新能源链（NEB）。

一、NEB 的本质：锚定新能源的去中心化数字货币

从 2009 年初至今，比特币的发展与普及的成功是不可否认的，但由于比特币锚定算力的基本特性，导致比特币的产生与交易需要消耗大量的电力能源。此外，比特币的价格波动剧烈，既不属于政策支持的对象，也不符合长远发展的逻辑。

以太坊可编程区块链网络的出现，标志着区块链 2.0 时代的开启，产生了以太币，并带动了莱特币、狗狗币、点点币等众多数字货币的诞生。以太坊的底层共识机制是 PoS（股权证明机制），没有挖矿过程，在创世区块内写明了股权分配比例，之后通过转让、交易的方式，逐渐分散到用户手里，并通过"利息"的方式新增货币，实现对节点的奖励。简单来说，PoS 机制就是根据用户持有货币的多少和时间（币龄）发放利息。现实中最典型的例子就是股票，或者是银行存款。纯 PoS 机制的加密货币，只能通过 IPO 的方式发行，这就导致"少数人"（通常是开发者）获得大量成本极低的加密货币，在利益面前，很难保证他们不会大量抛售。可见，PoS 机制的加密货币，信用基础不够牢固。

其实，任何货币都是信息和价值的流通，需要有所锚定才能支撑起价值。比特币锚定算力，导致大量资源的浪费，其他数字货币虽然在一定程度上降低了能源消耗，但是并没有锚定任何公认、公平且稳定的资源，根本无法保障交易的公平。中心化货币一般是以锚定黄金、美元，甚至是欧美政府的"信用"为基础，虽然和数字货币相比较为透明，却难以公平，并导致了不稳定性与冲突摩擦风险。

能源是驱动世界的力量。大到星际空间的运转，小至人类内部的血液循环，都离不开能量。在全球电气化进程中，可再生、无污染的新能源电力成为人类获

取能量的首选。世界上有风力、阳光的地方，就可以建设风机与光伏，以获取新能源电力。这种能量获取方式较之煤炭和天然气发电更为公平。因此，我们可以将数字货币与新能源电力相锚定，也就是将数字货币的信息化属性与能源电力的普适性高度融合，创造公开、公平、可信的新型货币。

二、NEB 的能量属性

NEB 不同于锚定黄金、算力、货币量等属性，而是锚定绿色低碳的新能源电力，这种锚定方式有诸多优势。

新能源电力是绿色、高效的能量来源。以风力发电与太阳能发电为代表的新能源电力，在生产过程中不需要消耗有限的化石能源，也不会产生污染物的排放，有助于人类和资源和谐共生。

虽然有人质疑新能源电力的高效性，比如目前产业化的多晶硅、单晶硅太阳能光伏发电系统，能源转换效率一般在 18% 左右，也就是说，100 份的太阳能光照至太阳能板后，仅有 18 份能量可转换成电力供人类使用；而先进火力发电厂把煤炭转换为电力能源的能源转换效率可达 40% 以上。但是，这些人没有考虑到煤炭产生的能源转换环节。地球上所有的能源都来自太阳，煤炭源于千百万年来植物的枝叶和根茎，它们在地面上堆积成一层极厚的黑色腐殖质，由于地壳的变动而不断地埋入地下，长期与空气隔绝，并在高温高压下，经过一系列复杂的物理化学变化等因素，形成黑色的可燃沉积岩，这就是煤炭的形成过程。如果考虑到煤炭的产生过程，把太阳作为能量的源头，火力发电厂的能源转换效率要比光伏发电低几个数量级，且从人类历史和寿命的角度看，太阳光照无穷无尽，而煤炭等化石能源是有限的。

石油、天然气、煤炭，乃至可燃冰等资源，在地球上的分布都是极其不均衡的，为了占有或者抢夺这些能源，不可避免地发生战争。风能和太阳能虽然在地球各处略有差别，但是相对化石能源要公平得多，而且分散式风机与光伏发电的投资成本极小，一般家庭都可承担，不像大型电站，只有部分垄断企业才能投资和经营。因此，无论从微观投资的角度，还是从全球均衡化的角度，新能源电力都是最佳选择。

锚定新能源电力有助于人类社会的价值流通。1944 年，在布雷顿森林会议上，美元锚定在黄金上，并逐步形成其霸主地位，但也随着其霸主地位日益明显，美国通过量化宽松等手段，肆意发行大量货币以掠夺全世界的资源。比特币等数字货币虽然不会超量发行，但是锚定在本无意义的计算消耗上，总是为一些人所诟病，且消耗大量能源，不利于人类社会的长远发展。

新能源电力的锚定致使 NEB 与人类社会以往的货币有了根本区别，因为电力能源，尤其是新能源电力，将伴随人类社会的发展。黄金和钻石的价值是人类赋予的，因为其稀有或者美观，但不会直接影响人类的生存，甚至是生活。虽然美元也有锚定过石油的时期，但这也导致了中东地区的战火不断，给人类文明带来了极大损害。此外，石油或煤炭等其他资源是有限的，利用过程中的污染物排放会对人类，乃至地球上众多物种带来危害。新能源电力则不同，无论人类社会将发展至多么高级的阶段，对于绿色清洁、稳定高效的能源需求是不会改变的，所以新能源是有价值、有意义的。与新能源电力的锚定关系，将赋予 NEB 更加稳定的价值属性。

同时，随着全球能源互联化的建设发展，能源，尤其是电力，可以远距离跨区域传输，比如当前我国的风光电能可以通过特高压线路传输至巴基斯坦的偏远地区。随着电力无线传输技术的发展，在未来，很有可能电力可以通过无线传输的方式，从亚洲瞬间送到非洲的用户终端。为了衡量人类赖以生存的能源，也为促进能量的高效交互，NEB 在锚定新能源电力的同时，也给予新能源电力普世的价值属性，促进人类社会绿色能源的交互。不久以后，这种价值、能量、信息的交互，也可能带来文化甚至文明的交互，以及通过向外太空传输能量的方式，将 NEB 的价值和理念传递给外星文明。

三、NEB 的信息属性

NEB 除了含有新能源的属性，也少不了信息属性，而它的信息属性离不开区块链网络。在数字文明时代，无论是能源还是信息，都更加体现出分布式和去中心化的特征。世界上每一个人、每一个主体都成为平等的参与方，通过分布式且柔性的算力，一同构建了我们的世界。这种去中心化的人类社会，正是区块链的发展范式，也是坚信区块链可以改变世界的人所说的区块链信仰。

那么，区块链信仰的 3 个来源是什么呢？

一是对数学和逻辑的信仰。何为数学和逻辑信仰？就是一种对于确定性的信仰，这种信仰和传统的宗教信仰有着本质的区别。换句话说，对数学和逻辑的信仰就是对科学的信仰，可以被质疑，可以被否定，可以通过实践去检验，可以被验证，也可以被反复修改和进化。区块链主要解决信任和安全问题，它针对这个问题提出了技术创新：去中心化、分布式账本、非对称加密和授权技术、共识机制、智能合约，而这些技术的支持都来源于计算机代码的编写和加密技术学的运用，归根到底是对数学和逻辑的运用。人类已经发展到了一个新的阶段，那就是通过一种规律性的东西，比如数学和逻辑，来安排人类公共生活和部分私生活的阶段。人类由于历史文化、地域、种族和宗教等区隔为不同的利益集团和不同的人类部分，因此会因为这种安排而变得统一，逐步消除误解，达到物质和心灵的沟通。这种数学和逻辑的安排，为人类不同部分之间、个体和个体之间建立共同的目标提供了现实的可能性，是效率最高、最具有可操作性，也是最便捷的方式。

二是对低碳价值学说的信仰。低碳价值的提出是对温室气体排放过量而造成严重生态危机的生活方式和生活关系的反思，是对传统工业文明中高耗能、高污染、高排放的生产方式和生活方式的根本变革。当我们寻找和低碳价值相匹配的经济模型时，以区块链为底层技术的通证经济应运而生。这个经济模型用公式可以大致表示为：通证经济 = 低碳价值学说 + 社群 + 人工智能大数据云计算等。这里可以看到，以区块链为底层技术的通证经济与低碳价值呈正相关，通证经济的核心价值来源于低碳价值学说，反过来，通证经济又促进了低碳价值学说的落地和传播，二者融为一体，不可分离。只有区块链技术之上产生的通证经济能够解决人类数百年积累的温室效应问题，低碳价值学说也只有孕育于通证经济才具有价值。

三是对建立人类命运共同体的信仰。人类命运共同体旨在追求本国利益时兼顾他国合理关切，在谋求本国发展中促进各国共同发展。人类只有一个地球，各国共处一个世界，如何建立"人类命运共同体"？这必须有全球化的运作规则和机制，打破地域和国界。区块链技术无疑是重要的手段和媒介。由于去中心化、分布式账本、不可篡改、可溯源、开放、共识等特点，区块链技术受到了全世界的关注。运用区块链技术，可以在极短的时间内，以极低的交易成本，将全球 70 多亿人口紧密联合在一起。全球 70 余亿人，都可以为一个共同的目标贡献自己的能力，并且获得相应的激励，这样的话，资源在全球范围内得到最优配置，一个真正的地球村由此建立起来了。那种强调个别国家优先的状况，将会由于区块链技术的广泛运用得到遏制，直至消除。

其实，当我们细心地回顾历史，不难发现，每一次人类文明的高速进步，都伴随着生产关系壁垒的打破。也可以说，生产关系的不断解放，促进了人类社会的进步。NEB 将新能源电力的价值属性嵌入区块链分布式的数据结构中，在去中心化的信息交互网络中，实现价值传递与转移，这就是 NEB 的信息属性。

算力经济时代，在柔性算力、分布式新能源、人机互动等新模式的驱动下，人类的生产关系必将在 NEB 的推动下，更加开放、更加互信、更加平等。

四、新能源链 NEB 的优势

其一，系统架构优势。NEB 的系统架构为双链式结构，分为物理层、区块链网络层、驱动层和应用层。物理层为能源节点连接示意图；区块链网络层为能源节点映射生成的去中心化网络，驱动区块链架构的运转；驱动层包含智能合约、共识机制和激励机制；应用层为实际电力应用。

交易链是电能交易的公有链，存储并记录所有交易的信息及智能合约，实现不同节点间的交易合同确认。交易链有且仅有一个，由大规模的节点组成，用来储存每个电能区块链上传的数据信息，保证其安全性和有效性，不会被任何人或组织篡改。

电能链为多个不同的私有链或联盟链，仅服务于某一区域的分布式新能源发电机组与不同身份特征的电能用户，一方面遵循电力"发输配"网络的物理机制，优化电能管理与调度策略；另一方面结合大数据发电预测、多层级调度优化、用电需求侧响应的先进方法，建立更为安全、高效的电力管理系统。

驱动层包括共识机制、智能合约和激励机制，是实现电力系统运营与交易的核心层。某一电能链上的参与主体，经过博弈形成电力能源的供需关系，自动生成智能合约，智能合约具有交易双方用户 ID、交易价格、交易时间和能源类型等属性，然后交易双方用私钥签名以确保数据的可靠性，上传至电能链。为保障电力调度的安全稳定，电能链上的信息实时全网广播。另外，为保障众多电能链的信息安全，电能链以插拔的方式接入交易链，周期性地将交易记录与交易链同步，以保证交易链具有全网络的完整交易记录。

应用层主要包含区块链用户客户端，各种加密货币，如以太坊钱包、比特币等，实现转账、记账功能。同时，NEB 也将积极开发适用于本网络系统的数字货币，NEB 中的各电能供需参与主体可通过该数字货币进行交易结算，实现分布式能源的价值信息数字化身份认证，以及电力、电量的全寿命周期资产化管理，构建能源领域的数字化金融体系。

从电能交易的角度看，电能不同于金融产品，它具有一般商品的部分属性，比如价格、数量等，但电能交易还需要遵循电力网络及其独特的物理、技术特性，难以人为控制和跟踪；从参与市场主体的角度看，市场主体都具有保护个人隐私的权利，希望将私人信息和交易信息分割；从系统运营的角度看，消费侧的电能交易具有海量、小额度的特点，采用单链式结构会产生扩展性差、隐私保护性差、冗余数据量大、吞吐量低等缺点。因此，设计电能链和交易链耦合的双链式结构，能实现交易、共识速度快与去中心化的共赢。

其二，技术优势。具体来讲，包括 3 个优势。一是安全性更高。以比特币为代表的虚拟货币通常只有一条链的设计，将账户、合约、交易等统统放到一条链上，这种架构应用到分布式电能交易中，会造成系统上存在大量不相关数据，也违背了软件项目的设计原则。尤其是设备信息、发电信息和交易信息掺杂在一起的时候，容易导致信息泄露。双链式结构将设备信息和账户信息隔离，各自进行管理，安全性更高。

二是拓展性更强。单链式结构的区块链点对点电能交易中还存在设备信息、物理约束、交易信息、账户信息等，将导致扩展性差，吞吐量低。随着业务增多、节点增多，通信量将会越来越大，延迟越来越高。而双链式结构对电能链和交易链可分别进行扩展和分割，电能链记录与分布式电源相关的物理信息和设备信息，可适当采取侧链技术，对链上数据进一步解耦，可扩展性强。

三是实用性更优。电能链参与单元少，信息交互快，能够适应电能能源供给、传输和使用过程中的物理特性，实用性更强；交易链定期更新与存储各电能链的交易数据，并屏蔽某些电能链的隐私与敏感信息，使参与用户更易接纳；区块链网络平台采用数字货币交易结算，提高了电力能源的数字化属性，为不易保存、实时变化的电力能源赋予了数字身份特征，有助于构建新能源数字化金融体系。

其三，发展预测。在数字文明社会，算力是最直接的生产力，作为信息处理的能力，可以作为单位能量的信息承载量。能量方面，最重要的构成将是绿色低碳的新能源电力。曾经有学者指出，当人类能够随意调用地球上的能量时，我们即可进入一级文明，这时，在地球范围内，人们将通过非常高效、绿色环保的方式满足自己的能量需求；而当人类可以随意调用太阳系的能量时，即可进入二级文明，那时，我们遨游太空、穿梭星际将如同现在坐高铁一样轻松。如果将能源的调用方式或程度作为人类文明进程的标准，那么我们的数字货币以及算力也可以锚定到新能源电力上。这种锚定方式一方面可以保障数字货币不会有短期内的大涨大跌，促进价值流通的公平可信；另一方面，可以促进新能源电力供需方，乃至全世界，都积极开发绿色可再生的新能源，助力人类的发展进程。

从短期来看，NEB 具有三方面的优势。一是促进多种能源协调自制与梯级利用。NEB 将新能源发电、配电网、火力发电、热电冷联供机组、燃气锅炉等能源供应单元，与电力需求、热力需求、冷力需求等用户之间互联，各种电制热、电制冷、能源转化等节能设备协调运行，通过去中心化的方式使柔性算力中心内能源梯级利用，提高新能源发电使用效率。二是将能源使用的主动权交付给每个用户。以往的能源使用方，不能选择自己的能源使用方式，更不能主动选择能量的来源和供给方，在能源链的支持下，能源用户不仅可以主动选择价格低廉的用能方式，也可以自主选择更加清洁的新能源电力，以满足自身的用能需求。三是将不同种类的能源赋予数字属性。传统的能源供需方式，电、热、冷不同能源属性各自调度与交易结算，不同属性的能量无法有效度量与转换，NEB 通过区块链分布式数据结构，打破多种能源供需壁垒，将各类能源赋予统一的数字属性，拓展信息交互、提高经济价值。

从长远来看，NEB 的价值流通方式是使用多余的新能源电力制造虚拟的数字货币，使原本要废弃的垃圾电力转化为有用资本，而这种资本可以通过光纤、卫星信号等低成本的传输方式转移到人类社会的任何一个角落。在传统的运行体系中，以美元为代表的法币，当面临政府负债或经济衰退时，存在滥发货币以缓解危机的冲动，并可能将滥发货币引发的危机转移给公众或其他国家，一旦措施失当，所导致的通货膨胀将造成更严重的经济危机。NEB 的产生将有效解决这些问题，并大力推动绿色低碳的发展之路，促进算力、能源、信息、价值、世界观的有效流通，加快人类步入数字文明的发展进程。

五、我国发展 NEB 的建议

随着中国的影响力不断提高，人民币的国际地位也得到提高，越来越多的国家开始使用人民币结算，包括俄罗斯、伊朗、土耳其和委内瑞拉等 29 国。

不过，我们也需要认清一个事实，人民币在国际上的地位与美元、欧元存在差距。中国基于新能源电力与信息化技术的天然优势，创新发展 NEB，有望助力货币战争中的弯道超车。

1. 中国发展 NEB 是大势所趋

2007 年的国际金融危机使全球的经济陷入低谷，这次起源于美国的金融危机让欧美等世界强国的经济受到了重创，全球经济增速有一定程度的下滑。与此同时，中国的经济虽然增速放缓却仍然保持持续增长。世界银行曾发布的《购买力平价与世界经济规模——2017 年国际比较项目结果》报告显示，以购买力平价法进行测算，中国 2017 年国内生产总值为 19.6 万亿美元，居世界（176 个经济体）第一位，占世界经济总量的 16.4%。金融危机爆发以来，中国经济的持续增长使中国再次成为世界经济的焦点。随着中国国际贸易的不断发展，人民币的国际地位也逐渐上升。而金融危机对世界原有主要经济体的打击也为人民币实现国际化提供了有利时机。

人民币国际化会加大我国货币政策制定难度，宏观调控面临挑战。人民币国际化目标实现后，增强了我国金融市场和国际金融市场的联系，也加快了我国对外贸易的发展。这使得我国在制定货币政策时，不仅要考虑国内金融市场因素，还要对国际金融市场信息进行大范围的调查、分析。另外，人民币国际化会加剧汇率的波动从而增加我国金融市场面临的国际风险。

虽然人民币国际化的进程将面临诸多挑战，但国际货币一家独大的现状总有一天会被打破。中国作为新兴的主流经济体，在国际货币多元化、公平化的进程中，必然会承担相应的历史使命。

NEB 是一种新颖的、不受任何国家直接掌控的数字货币，它的兴起并不会影响人民币国际化的进程。恰恰相反，中国发展 NEB 可进一步打破美元一家独大的局面，对人民币以及其他国家的法币在国际上流通起到积极的作用。NEB 与中国央行数字货币一样，都是基于区块链的底层架构而产生的，具有天然去中心化的可信机制，这种机制能降低垄断风险，使价值流通，也可以使文化、文明的输出更加公平。

2. 中国发展 NEB 的优势

电力行业是能源领域的支柱行业，更是国家未来能源战略的重中之重。近年来，我国积极发展绿色低碳的新能源电力产业，并逐渐成为全球新能源电力产业发展最快的国家。国家能源局发布的数据显示，截至 2023 年底，中国累计发电装机容量约为 29.2 亿千瓦。其中，水电、风电、太阳能发电共占 50.4%，超过火电的 47.6%。另据中国电力企业联合会统计，2023 年中国并网风电装机规模约为 2020 年的 1.6 倍，2023 年中国并网太阳能发电约为 2020 年的 2.4 倍。不谦虚地讲，中国在新能源发电的技术实力与发展规模方面都具有绝对优势。

在电力的输配环节，中国的优势也相当明显，尤其是远距离输送电力能源的特高压输电技术。

所谓特高压输电技术，就是指用非常高的电压，对电能进行长距离输送的技术。从国际标准来看，当输电线路的交流电压超过 500 千伏时，就可称为"超高压输电"了。而我国目前成熟应用的输电电压已经达到了交流 1000 千伏、直流 800 千伏以上的水平，远远超出美国和日本等技术强国。要知道，输电线路中的电压越高，沿途输送电流过程中损耗的能量就越小。建设大量节能的特高压输电线路，对经济发展非常重要。

中国有世界第一条特高压电网线路：起于山西省长治变电站，经河南省南阳开关站，止于湖北省荆门变电站，联接华北、华中电网，全长654公里，申报造价58.57亿元，动态投资200亿元，已于2008年12月28日建成并进行商业化运营。

截至2021年底，我国已建成特高压直流工程17项，输电容量合计约1.4亿千瓦，线路长度约3万千米，建成特高压交流工程15项，新建变电站32座，线路长度约1.4万千米，形成"17直15交"格局。在建的特高压输电工程有7项，其中1000千伏特高压交流工程有4项，±800千伏特高压直流工程有3项。

而且"十四五"期间，国网规划建设特高压线路"24交14直"，涉及线路3万余公里，变电换流容量3.4亿千伏安，总投资3800亿元。据国家电网的信息，2024年以来，10项特高压工程正在全面推进。

与此同时，我国已建立全球首个具有完全自主知识产权的特高压技术标准体系，形成了特高压交直流工程从设计到制造、施工、调试、运行、维护的全套技术标准和规范。并且特高压走出了国门，2014年和2015年，国家电网公司先后中标巴西美丽山水电特高压直流送出一期和二期工程。之后先后与菲律宾、葡萄牙、澳大利亚、希腊、俄罗斯等国合作，开启了特高压输电的全球布局。

对比来看，除中国外，包括美国、日本在内的传统技术大国，在特高压输电技术投入实际应用方面都存在困难。美国较早展开1000千伏特高压输电的研究与实验，做了众多规划，但进展缓慢。日本也曾发力特高压，但由于各种问题，还是降回了500千伏的等级。

中国电力能源的统一建设、调度、传输、配送，除了直接促进输配电技术的发展外，间接性地激发了电力数据的共享，乃至电力新技术的发展活力。

电力大数据规模大、分布广、类型多，涉及电力系统的各个环节，涵盖电力生产与消费的各个角落。这海量的数据背后蕴含着电网运行方式、电力生产方式及客户消费习惯等信息。随着"新基建"热潮的掀起，数据作为生产的新型驱动将迸发更多的活力。国家电网有限公司积极提升数据管理能力，深挖电力大数据价值，与能源生产、消费等多方数据融合发展，加速构建起智慧互动的能源生态圈。

在我国，电力大数据与多种能源互相融合发展，逐步形成了多能互补、智能互动、互联互通的能源互联网。如今，国家电网"网上国网"、智慧能源综合服务、多站融合、现代（智慧）供应链、"源—网—荷—储"泛在调度控制等一批示范工程初步建成，电力大数据正在积极为各行各业赋能，加速构建开放共享、互利共赢的能源生态圈。

基于新能源发电、输电网络、电力大数据等优势，中国在能源电力产业的优势明显，而 NEB 将数字货币锚定在新能源电力上，使中国具有明显的发展起步优势，未来也将进一步激发新能源产业的发展动能。

3. NEB 发展建议

作为世界上的人口大国，又是国际核心经济体之一，中国在发展 NEB 的道路上承担着重要使命。中国应持续发展新能源电力、数字货币、数字化产业，并积极进行文化输出，有助于在数字文明时代实现大国崛起。

在新能源电力方面，除了持续推进产业规模、节能减排、技术创新等发展态势，也需要进一步打通能源电力各环节的产业壁垒。目前，区块链等数字化技术在能源领域的应用主要集中在去中心化电力交易、电动车充电行为管理、绿证认领与交易等方面，但缺乏从能源领域各业务互联的角度展开全面系统的思考。在今后的数字能源产业发展中，要重点关注能源从生产到消费全周期的数字化技术应用，探索 NEB 打通能源产业壁垒的新型技术与商务模式。

在数字货币方面，需要怀揣更加包容、开放的心态，在加快推进数字人民币的进程中，加强探索数字货币的新模式。要加大宣传力度，充分利用各类媒体渠道对数字货币的类别、彼此间的区别、数字人民币发行信息等进行宣传，提高数字货币信息的透明度，减少居民对数字货币的疑虑。对于市场上有关数字货币发展的不实信息，应通过权威渠道予以说明和澄清，及时消除影响数字货币正常发展的不利因素。

在数字化产业发展方面，要加快推进传统产业的数字化转型升级，发展诸如"新能源电力 + 柔性算力中心"生态圈等典型应用，通过数字化技术激发传统产业发展活力。加大科技研发力度，尤其是大力推进区块链机理与底层架构的研发进度，争取早日实现区块链技术与各产业的深度融合，使去中心化、分布式数据结构、匿名可信等思想融入百姓的生活中。通过技术进步，逐步完善 NEB 的底层架构与技术应用方式，使 NEB 的适用性与实用性不断增强，并真正造福于人们的生产、生活。

最后，通过 NEB 进行文化输出。中国，是一个屹立于世界之巅的历史悠久的、有着丰富文化内涵的大国。自新中国成立以来，在中国共产党的坚强领导下，我国经济社会发展经历了不平凡的历程，取得了举世瞩目的辉煌成就，"中国号"巨轮乘风破浪，向着民族复兴的伟大目标稳健前行。在构建人类命运共同体的道路上，中国的历史文明与现代文化，可为人类发展提供重要借鉴。NEB 锚定于新能源电力，展现于数字货币形式，都是利国利民的发展根基，与"仁者爱人""有容乃大"的中国思想天然契合。在未来，我们要将中国元素融入 NEB 之中，通过其高效的价值流通，传递开放、包容的思想，为算力经济的到来贡献中国智慧与中国力量！

3.4　营养：数据资源

得益于互联网、移动互联网、云计算、物联网、人工智能等产业的快速发展，以及在线消费市场的高度活跃、传统产业的数字化转型升级，我国正在形成体量极大的数据资源。国家互联网信息办公室发布《数字中国发展报告（2022 年）》显示，数据资源规模快速增长，2022 年我国数据产量达 8.1ZB，同比增长 22.7%，全球占比达 10.5%，位居世界第二。截至 2022 年底，我国数据存储量达 724.5EB，同比增长 21.1%，全球占比达 14.4%。全国一体化政务数据共享枢纽发布各类数据资源 1.5 万类，累计支撑共享调用超过 5000 亿次。我国已有 208 个省级和城市的地方政府上线政府数据开放平台。

全球的数据也呈现暴发式增长。1992 年，全人类每天大概产生 100GB 数据；现今全球约 70 亿人，每人每天产生的数据高达 1.5GB。仅一辆自动驾驶汽车，一天就能产生 64TB 数据。另据 IDC 发布的《世界的数字化 从边缘到核心》报告，全球数据量将从 2018 年的 33ZB 增加到 2025 年的 175ZB（如图 3-3 所示），中国将成为全球最大的数据圈。其中，制造业的数据圈高居榜首，制造和金融服务行业在成熟度方面名列前茅，医疗保健行业所占的全球企业数据圈最小，但增速最快，有潜力超越金融服务业与媒体娱乐业。

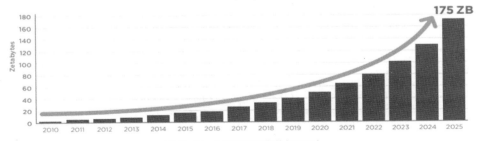

图 3-3　全球数据量增长预测

来源：IDC

算力经济时代的到来，合理挖掘数据价值已成为推动经济增长、服务国计民生的重要助力。数据正成为与土地、劳动力、资本、技术等一样重要的新型生产要素，在各个领域发挥着倍增器的作用，扮演算力经济时代的重要支柱。

一、数据资源是什么

广义上看，数据资源不仅包括数据本身，还包括数据的产生、处理、传播、交换的整个过程，比如数据的管理工具、数据管理专业人员等。狭义的数据资源是指数据本身，即经济运行中积累下来的各种各样的数据记录，如客户记录、销售记录、人事记录、采购记录、财务数据和库存数据等。

就数据本身来看，它是对客观事物的性质、状态以及相互关系等进行记载的物理符号或这些物理符号的组合。它既可以是连续的值，比如声音、图像，称为模拟数据；也可以是离散的，如符号、文字等。

人类发展的历史，正是一个数据不断产生和积累的过程，而且数据的规模与人类文明的发展程度、经济的发达程度成正比，甚至经济系统被看作是数据处理系统。

由于数据量的暴增，我们讲到数据资源时，主要是说大数据，广义上来讲，是指物理世界到数字世界的映射和提炼，通过发现其中的数据特征，进而做出提升效率的决策行为。狭义的定义是指通过获取、存储与分析，从大容量数据中挖掘价值的一种全新技术架构。研究机构 Gartner 在定义大数据时这样描述："大数据是高容量、高速、极具多样性的信息资产，它需要借助合适的信息处理方式来获取洞见、制定决策。"

大数据的衡量单位是 PB 或 EB，1 PB=1024 TB，1 EB=1024 PB。举个例子，1TB 数据只需要一块硬盘就可以存储，容量大约是 20 万张照片或 20 万首 MP3 曲子。1PB 数据需要大约两个机柜来存储，容量大约是 2 亿张照片或 2 亿首 MP3 曲子。1EB 就更大了，需要约 2000 个机柜来存储。机柜的样子可以参照图 3-4。

现在还有更大的数据量单位，比如 ZB 级，1ZB=1024 EB。2011 年，全球创建和复制的数据总量约为 1.8ZB。到 2020 年，全球电子设备存储的数据已是几十 ZB。

作为一种新型生产要素，数据有自己的特征，比如它不会因为被使用而减少或消失，其衡量方式包括大量、多样性、时效性、价值密度、真实性、海量、及时性、实时性等。在收集数据的时候，需要完整地呈现这些维度。

图 3-4 两个机柜

其中，多样性指数据的形式是多种多样的。数字（价格、交易数据、体重、人数等）、文本（邮件、网页等）、图像、音频、视频、位置信息（如经纬度、海拔）等，都是数据。数据又分为结构化数据和非结构化数据，其中的结构化数据，可以用预先定义的数据模型表述，或者指可以存入关系型数据库的数据，比如一个班级所有人的年龄、一个卖场所有商品的价格等。而网页文章、邮件内容、音视频等，属于非结构化数据。很多物联网设备的数据，比如智能床垫、扫地机器人、智能下水井盖、智能路灯等，所产生的数据基本上是非结构化的。目前来看，非结构化数据占比高，在 80% 以上。

再来看时效性，从数据的生成到消耗，时间窗口非常小，随着互联网与移动互联网的普及，数据世界的变化速度非常快，以秒甚至毫秒衡量，比如一分钟内可以售出几千张车票、上传几千分钟的视频。收集与分析数据时，有时对时效性的要求非常高。

价值密度是说数据量非常大，但其中只有一部分具备价值，而很多都没有价值，也许几 TB 的文件，真正有价值的只有几秒钟。我们研究数据的用意，就是为了挖掘大数据里面的价值，比如通过监控视频找到某个人。

二、数据如何赋能行业、企业、工作与生活

我们经常听说，数据是数字经济时代的能源，或者说是算力经济时代的支柱。为什么会有这种说法？

原因在于，无论是在数字经济时代，还是在更高层级的算力经济时代，各个行业的发展都无法脱离数据的赋能、离不开数字化的驱动，数据正给每个领域带来巨大的变量。全球范围内正在展开的数字化、智能化转型升级，其实就是借助

数据和智能技术，赋能企业的生产、经营管理和业务流程，提升效率及精准决策，并进一步降低成本。

有一个流传比较广的案例是罗尔斯·罗伊斯公司（一家英国航空发动机、船舶发动机制造商），为了捕捉发动机引擎的状态，在每一个引擎上都加装了数以千计的传感器，从而获取振动、压力、温度、速度等各个维度的数据，进而依靠数据在问题发生前做到维修预警，这种可预防的维修（或叫作精准维修）可以把发动机的故障降到更低，从而增加航空公司的获利。同时，罗尔斯·罗伊斯公司还可以向航空公司提供数据服务，比如根据航道与发动机的状况、天气因素等，计算飞机应该携带的航油量。

在国内，这样的案例非常多，比如贵州詹阳重工，通过对售后数据的分析和反馈，成功推出一款个性化挖掘机，卖得非常好。京东的反向定制就是依据平台的用户行为数据，分析用户需求，再与厂家合作推出更能满足特定消费群体的产品，合作厂家非常多，比如希捷联合京东打造的定制款希捷乐备宝 Joy Drive，集移动电源与外置存储为一体，卖得相当好。京东与美的合作的智能保鲜冰箱、低糖电饭煲、大流量净水机等，都借助了京东平台的消费数据挖掘，上线后受到了广泛欢迎。在京东上，2020 年基于大数据分析而生产的个性化定制商品突破 50 款。

数据的赋能还体现在我们的生活中，比如在电商平台购物时，网站或 APP 根据此前的消费数据，给客户推荐合适的商品；浏览新闻时，网站或 APP 根据用户经常搜索、关注或此前的浏览行为数据，进行个性化的推荐。比如在智慧农业领域的应用，以中联农业机械股份有限公司为例，一台人工智能小麦收割机安装了位置传感器、视觉传感器、测产传感器等 30 多个传感器，能够在收割小麦的过程中同步收集数据，并上传到平台上。从 2019 年 6 月至 2021 年 5 月，AI 农机采集数据量达数十 TB（万亿字节），图片数十亿张，涉及作物、环境、农田、农艺、农机等方面，最终进行模型分析，实现农业生产的智能决策、降本增产。

在众多的数据赋能案例背后，大致都遵循一条逻辑线，就是"符号—数据—信息—知识—决策—行动"。首先需要把数据变成知识，形成洞见，再基于洞见来制定决策，最终付诸行动。

其中有几个关键点值得重视：一是数据是否足够丰富、准确，能否呈现事物的真实状态；二是将数据转化成行业洞见，依靠读得懂数据的工具、算法与算力；三是洞察数据的能力是循序渐进的，需要不断训练与推理。这就涉及人工智能的发展，它分成传感器与执行器两大部分，通过传感器，将物理世界的数据传输至系统，系统对相关数据进行分析后，经人机协同（人工智能和人类智慧，简称 AI+HI）制定决策，并反馈给执行器，再由执行器在物理世界实施决策。在这个闭环中，AI+HI 肩负着最重要的分析与决策任务。

越来越多的企业开始重视数据的价值。2020 年《工业大数据利用和管理》线上调研显示，95% 受访者表示，在工业数据分析利用过程中需用到企业外部数据；52% 的受访者表示目前获得的数据不足够支撑现有工作的需要。

那么，如何让数据赋能各行各业，发挥其新型生产要素的能力呢？

其一，需要建立数据意识，认识到数据的重要性，并且有计划地将数据与业务结合起来。

其二，要将数据要素嵌入业务流程中，重构业务流程，借助数据支持业务的数字化转型。不同行业、不同企业应用数据的模式也不一样，比如生态链上下游实现数据共享、基于数据建立商业模式等。

其三，不断降低从数据中获得洞见的门槛与成本。无论是收集收据、存储数据还是分析数据，都有一定的技术门槛，也需要一定的投入。受益于人工智能、大数据、云计算等技术的发展，数据利用的成本与门槛不断降低，比如数据可视化、数据自动化、数据即服务等。

其四，需要更加自动化、智能化、人性化的数据分析工具，易操作，以便支持企业应对海量数据，轻松从中得出想要的结论。研究机构 Gartner 认为，在 2022 年，将有超过 40% 的数据科学任务实现自动化。

微软公司首席执行官萨提亚·纳德拉有一个观点：要确保技术强度全民化，赋能全民开发者。云计算和人工智能等技术工具，应该掌握在全世界每一位知识工作者、一线员工、组织和公共部门的手中。例如，农民可以操作一架低成本的无人机在农田上空飞行，收集并传回数据，在农舍中的智能云和智能边缘可以提供即时分析，如哪里是干旱或病虫害的高发区。在工厂车间的操作人员，依靠新技术来辨别钻头位置的移动，从而确保精密制造。医生可以利用增强现实技术进行虚拟会诊，检查病人身体，共享图像，并即时从数据中获得见解。

其五，爆炸式增长的数据哺育了人工智能，使得深度学习等以前难以实践的各种算法得以喂养、训练，并大规模应用。而人工智能正逐步应用于生产制造、金融、农业等多个领域，提升效率、控制成本。

三、发展趋势：数据资源的爆发及数据资产时代的到来

对于未来数据的发展趋势，可以总结为：数据量持续增长，将在现有基础上实现 n 倍的扩大；存储方面，以云端集中存储为主；受益于数据与算力的驱动，人工智能技术将进一步普及；大数据预测分析将成为行业常态，比如预测消费者行为，支持产品的精准研发；算力将进一步提升，进而轻松快速地处理大量数据，比如量子计算可能投入应用；对数据的分析不仅在云端进行，还将分配到边缘端，通过边缘计算加速数据分析，快速得出结论，减少行动的滞后时间；通过大数据分析与训练，智能机器人将变得更加聪明，通过处理大量数据，从对话中收集和分析有关客户的信息，根据客户问题的关键词提供更精准的答案。

同时，在万物互联的背景下，ZB级非结构化数据将提出高性能、高并发、高吞吐量的算力需求。随着智能化应用的不断发展，对数据的利用会出现更多维度、更加深度的需求，而这背后需要更多的算力来为人工智能技术提供动力。

据 IDC 和 EMC 统计，近 10 年来，全球算力的增长明显滞后于数据的增长。据赛迪研究院的观察发现，尽管数据中心的建设正持续加快，但北京、上海、广州、深圳等地仍存在算力供不应求的现象。

值得关注的是，人工智能技术需要的不仅仅是原始数据，很多时候还需要标注数据。标注数据可分为自动标注、半自动标注、人工标注 3 个类别。在未来的 5~10 年内，人工标注数据大概率是标注数据的主要来源，占比超过 75%，整个趋势预计如图 3-5 所示。

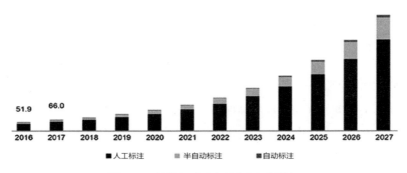

图 3-5　数据标注市场预测（欧洲）

在数据资源的利用上，有一种趋势值得关注，就是数据作为一种核心要素资源，其资产属性受到了重视。也就是将数据实现确权、流通和交易后，从社会资源转变成可以量化的数字资产，再通过金融创新，演变为数字资本，实现其更大的价值。

未来，在数据资源的应用上，预计将在以下 3 个方面发力。

一是充分运用数据要素重塑商业模式。加快培育数据要素市场、推进政府数据开放共享、提升社会数据资源价值、加强数据资源整合和安全保护。充分利用数据资源，进行个性化定制、智能化生产、网络化协同、服务型制造等新模式、新业态创新。

二是推动科技平台与传统企业融合共生。在制造、医疗、交通等传统产业数字化转型过程中，继续发挥拥有数字科技优势的互联网平台的作用，与传统企业融合共生，驱动生产和管理效率提升、产品供给创新和商业模式变革。

三是数据资产已成为新兴资产。无论是政策规划，还是市场探索，均在探索数据资产化、合规化、标准化、增值化的路径，并展开数据的确权、定价与评估机制建设。同时，数据资产纳入会计核算及记账、数字资产交易范畴等事项，也在紧锣密鼓的展开中，还有很多问题需要解决，也将是未来数年里的发力点。

未来几年里，数据资产将逐步计入企业和政府的资产负债表，也会形成新的税基和税源。但要促成这一目标的实现，有必要组建国家算力集团或其他统一的平台，只有在这些平台同意入网的算力设施和存储设施上进行运算并且存储确权的数据，才具备真实的资产属性以及流通的价值，进而成为资产负债表里的重要构成。

四、关于数据资源的相关政策

近年来，政策层面对数据资源的重视程度正在不断提高，2020 年 4 月，《关于构建更加完善的要素市场化配置体制机制的意见》印发，其中提出数据要素市场的三大发展方向：推进政府数据开放共享，提升社会数据资源价值，加强数据资源整合和安全保护。

2020 年 5 月，中共中央、国务院印发《关于新时代加快完善社会主义市场经济体制的意见》再次明确，加快培育发展数据要素市场；要求建立数据资源清单管理机制，完善数据权属界定、开放共享、交易流通等标准和措施，发挥社会数据资源价值。推进数字政府建设，加强数据有序共享，依法保护个人信息。

2020 年 7 月，国家发展改革委、中央网信办、工信部等 13 部门联合印发《关于支持新业态新模式健康发展 激活消费市场带动扩大就业的意见》，其中重点提到要"激发数据要素流通新活力"，推动构建数据要素有序流通、高效利用的新机制。依托国家数据共享和开放平台体系，推动人口、交通、通信、卫生健康等公共数据资源安全共享开放。加快全国一体化大数据中心体系建设，建立完善跨部门、跨区域的数据资源流通应用机制，强化数据安全保障能力，优化数据要素流通环境。

2021 年 9 月 1 日，《中华人民共和国数据安全法》正式实施，鼓励数据依法合理有效利用，保障数据依法有序自由流动，促进以数据为关键要素的数字经济发展。

2022 年 12 月，《中共中央 国务院关于构建数据基础制度更好发挥数据要素作用的意见》正式发布，即"数据二十条"。2024 年 1 月，国家数据局等十七部门印发《"数据要素 ×"三年行动计划（2024—2026 年）》。

五、数据资源的合规采集与应用

数据成为一种新型的生产要素和社会财富，被不断分享、分析、利用，随之而来的个人隐私安全问题备受关注。个别公司或机构不时被曝出数据安全问题，如数据非法交易、用户数据滥用、隐私信息泄露等，扰乱了经济社会秩序，阻滞了数字经济的健康有序发展。

对于这一现象，需要在开发应用数据资源的同时，加大对数据收集与处理行为的管理、监督、惩处力度。对职能部门而言，需要构建数据资源安全应用的法律屏障，织密监管网，筑起防火墙。

近年来，我国出台了一系列与数据安全相关的法律法规，尤其是《中华人民共和国数据安全法》的正式实施，推动建立数据资源的确权、开放、流通以及交易的相关制度，在运行机制上进一步完善数据产权保护，加强对数据安全的管理，并明确安全与发展并重的理念，规定支持促进数据安全与发展的措施。

同时，对相关企业和从业者而言，要充分认识到，只关注商业价值而忽视数据安全，只强调使用效益而忽略数据保护，将是非常危险的行为，可能触碰法律红线。数据产业链上的企业应规范自身行为，合法、合规地应用数据资源。

一般来讲，对于不同敏感度的数据，要保证购买的机构具备相应的使用资质；常规开放的公共数据和明文交易的数据，可以向社会放开；特定领域数据，如金融财税数据，则面向商业银行等金融机构合规提供；高价值的个人数据，只能向具备公信力和特定资质的持牌机构审慎提供。

3.5　引擎：算力技术体系

行业应用的多样性、需求的多元化，对算力提出了多样性的要求，没有一种计算架构可以满足所有业务诉求。目前的算力产业里，既出现了大量成熟技术，涉及 CPU、同构计算、移动联网、云计算等，同时正在产生一些快速发展的新技术，比如异构计算、边缘计算、物联网等。从过去中心计算的模式，逐步向边缘计算、终端计算各自分工与协同的模式转型，以业务场景为核心形成分布式的计算格局。

算力技术正在向泛在联接与泛在计算紧密结合的方向演进，同时，满足多样化计算需求的融合计算架构正在出现，云—边—端结合的泛在计算模式在探索中逐渐完善。

对算力技术的重视，一些国家政策已有所体现。由国家发展改革委、中央网信办、工业和信息化部、国家能源局联合印发的《全国一体化大数据中心协同创新体系算力枢纽实施方案》提出，要以应用研究带动基础研究，加强对大数据关键软硬件产品的研发支持和大规模应用推广，推动核心技术突破，提升大数据全产业链自主创新能力。

其中，"推动核心技术突破"具体包括：加大服务器芯片、操作系统、数据库、中间件、分布式计算与存储、数据流通模型等软硬件产品的规模化应用。支持和推广大数据基础架构、分布式数据操作系统、大数据分析等方面的平台级原创技术。

来自国家发展改革委高技术司的消息，相关部门将组织开展全国一体化大数据中心协同创新体系重大工程项目建设，在绿色节能、算力调度、数据流通、大数据应用、网络和数据安全等领域支持一批基础性、示范性工程，加大服务器芯片、操作系统等软硬件产品规模化应用。

那么，目前具体有哪些成熟的算力技术正在发挥关键作用，并且有哪些新兴的算力技术可能影响未来趋势？

3.5.1 5G

5G（5th Generation Mobile Communication Technology）是第五代移动通信网络，即最新一代蜂窝移动通信技术。它是多种新型无线接入技术和现有无线接入技术（4G 后向演进技术）集成后的解决方案总称，它将构成新一代算力的核心技术体系。

作为新一代无线通信技术的代表，5G 技术投入商用以来，加速推动了物联网、工业互联网、车联网等新应用。除了方便个人用户，5G 正服务实体经济，与大数据、人工智能、云计算等技术交叉融合，推动社会经济转型升级，推动各行业的信息化革命。

5G 的优势是明显的，具备更高速率、更低时延和更大连接能力等显著特征，不仅能满足人与人的通信，还能推动人与物、物与物的通信，是构建万物互联的新互联网基础设施。

同时，5G 技术的很多优势都是围绕 AR、VR、交互视频、物联网、工业互联网、车联网等产业场景来打造的。

自 2019 年韩国、美国、英国、中国等国家陆续启动 5G 商用或发放牌照，经过两年多的努力，全球 5G 发展态势良好。2023 世界 5G 大会透露，当前全球已有近 100 个国家和地区的约 300 家移动运营商推出 5G 商业服务，5G 连接近 16 亿。

以中国的情况来讲，5G 商用后，政策全力推动，基础建设、应用与技术创新获得快速发展，大量成果浮出水面。

以政策为例，陆续印发了大量文件，比如《国民经济和社会发展第十四个五年规划和 2035 年远景目标纲要》中 3 次提及 5G 建设与应用，工业和信息化部、中央网信办、国家发展和改革委员会、国家卫生健康委员会、国家能源局等多个部委曾印发《"5G+ 工业互联网" 512 工程推进方案》《关于推动 5G 加快发展的通知》《扩大和升级信息消费三年行动计划（2018–2020 年）》《关于提升 5G 服务质量的通知》《关于组织开展 5G+ 医疗健康应用试点项目申报工作的通知》《能源领域 5G 应用实施方案》等文件。

多个地方省市都有针对 5G 的规划与产业政策，比如四川省经济和信息化厅印发的《关于加快推动 5G 发展的实施意见》，湖北省通信管理局印发的《湖北 "5G 服务春风行" 工作方案》，江西省 5G 发展工作领导小组办公室印发的《2021 年江西省 5G 发展工作要点》等。

在 5G 的基础建设方面，成果非常显著。中国互联网络信息中心（CNNIC）发布的第 53 次《中国互联网络发展状况统计报告》显示，截至 2023 年 12 月，我国累计建成 5G 基站 337.7 万个，覆盖所有地级市城区、县城城区；发展蜂窝物联网终端用户 23.32 亿户，较 2022 年 12 月净增 4.88 亿户，占移动网终端连接数的比例达 57.5%。

在技术创新方面，国内已经出现了大量应用成果。从 2020 年到 2024 年，中国 5G+ 工业互联网大会上，多家公司展示了全新的成果，工业装备数字化升级步伐不断加快，工业软件与工控系统重点产品不断突破，5G 工业模组、终端继续提量降价，定制化能力增强，矿用、电力等行业 5G 原生终端逐步问世，内置 5G 模组的头盔、摄像头已广泛应用，并且，"5G+ 工业互联网" 项目已对工业领域的 41 个国民经济大类实现全覆盖。

中国联通的 5G 安全帽，除了提供井下作业的照明、身份认证、定位等功能，还能实时监测矿工心率、血压等身体状况；5G 防爆手机能提供安全信号输出，避免打电话引燃井下气体；会拼图的 5G 机器人，能从事快递分拣、工业质检等工作，在洛阳的一家拖拉机制造工厂里，机器人可以自动检查发动机外形及零部件质量，一台机器人可取代 3 至 4 名质检员。

中国电信的 5G 云网工程机械系统，通过武汉的控制器，能操控远在广西柳州的一台挖掘机作业，其操作延迟能控制在毫秒以内，可用于工矿、钢铁等恶劣环境的生产施工领域。

卡奥斯 COSMOPlat 推出了"基于 5G 虚拟专网的端边云协同解决方案"，以打造 5G 工业智慧园区为目标，运用 5G、网络切片、边缘计算等技术，构建可视化运维的 5G 虚拟专网，为工业园区及行业用户提供网络化、智能化、定制化的"产品＋服务"。

中国电信与宝钢 5G 智能制造项目，已经在无人驾驶、工业视觉、超高清视频等场景中应用，其中，5G+ 重载 AGV 公路无人驾驶，实现精准控制车辆路径规划与轨迹控制，AGV 监控数据本地闭环流转，工作人员得以远程监控 AGV 独立往返于无人仓库与无人码头；采用无人驾驶重载框架车后，仓库人员配置从同等面积传统仓库的 130 人减至 30 人以内，平均单卷作业时间为 3 分 30 秒，大幅低于人工作业时间，同时加快货物流转，每年节约仓储费用过亿元。

5G 技术的进一步成熟，将推动算力迎来新一轮提升，未来将在个人用户体验的改进、B 端市场等领域实现更精彩的表现。

1. 个人用户体验提升

个人用户对 5G 的感知，主要体现在端到端的时延和带宽体验效果，比如给视频会议、直播、游戏等带来很好的体验，还有 VR/AR、云游戏、高清视频等，都是被看好的 5G 个人应用。

爱立信消费者及产业研究室 2021 年发布的《成就更好 5G 的五大关键》报告提到，2021 年，至少有 3 亿智能手机用户会升级到 5G。5G 用户每周平均多花两个小时使用云游戏，多花一个小时使用 AR 应用。同时，20% 的受访者表示，在使用 5G 之后减少了对 Wi-Fi 的使用。

2. B 端市场

这是 5G 充满想象空间的价值高地，面临的挑战也比较多，不同产业对 5G 的需求不同，比如工业自动化领域，需要网络时延更低，传输带宽更高，网络超高可靠。在视频监控领域，对网络的时延要求是在 100ms 左右，带宽最低限度是 20Mbps，终端附近需要提供 AI 视频分析能力。在传感器领域，对网络带宽和时延要求不高，但是对连接数量要求较高，需要具备大规模连接能力。

面向 B 端的应用，对 5G 提出的要求还体现在网络连接能力和边缘计算能力。边缘计算的价值在于，在离数据很近的地方，更快地完成必要数据的分析处理工作，而网络连接能力可以实现数据源与边缘计算之间的无缝连接，实现数据采集、传输、分析、反馈整个过程的快速完成。

就未来发展方面，一项标志性的政策能够给我们很好的答案——2021 年 7 月，工信部、中央网信办、国家发展改革委等十部门印发《5G 应用"扬帆"行动计划（2021–2023 年）》（以下简称《行动计划》），给未来三年内的 5G 发展定下目标，其中提出，到 2023 年，我国 5G 个人用户普及率超过 40%，用户数超过 5.6 亿，5G 网络接入流量占比超 50%，5G 网络使用效率明显提高。5G 物联网终端用户数年均增长率超 200%。到 2023 年，每万人拥有 5G 基站数超过 18 个，建成超过 3000 个 5G 行业虚拟专网。

《行动计划》明确：推进 15 个行业的 5G 应用，通过三年时间初步形成 5G 创新应用体系，加快重点行业数字化转型进程，包括 5G+ 车联网、5G+ 智慧物流、5G+ 智能采矿等。同时，着力打通 5G 应用创新链、产业链、供应链，协同推动技术融合、产业融合、数据融合、标准融合，打造 5G 融合应用新产品、新业态、新模式，为经济社会各领域的数字转型、智能升级、融合创新提供坚实支撑。到 2023 年，大型工业企业的 5G 应用渗透率超过 35%。电力、采矿等领域 5G 应用实现规模化复制推广。5G+ 车联网试点范围进一步扩大，促进农业、水利等传统行业数字化转型升级。

到 2023 年底，该项行动计划正式收官，各项目标任务全部完成。其中，5G 基站从 71.8 万个增加到 328.2 万个，提升近 4 倍。5G 网络平均下载速率达 351Mbps，远超 4G 网络的 51Mbps；5G 行业虚拟专网建成超 2.9 万个。5G 模组价格从上千元降到 240 元左右。5G 移动电话用户规模从 1.6 亿户提升到 7.71 亿户，5G 网络接入流量从不足 10% 提升到 53.8%。5G 应用融入 97 个国民经济大类中的 71 个，5G 在大型工业企业渗透率达 37.1%，5G 物联网终端连接数从不足 40 万个提升到超过 3000 万个。

作为新一轮科技革命的核心成果，5G 已经成为中国数字时代经济高质量发展的重要引擎，它蕴藏的巨大潜力将创造更多的可能。大数据、云计算、人工智能、区块链、网络（互联网、移动互联网、物联网）五位一体将形成数字化平台的有机体系，共同建立在 5G 技术的基础上，在 5G 的助推下，释放出更强大的能量。

3.5.2　算力网络

在边缘计算、泛在计算场景中，由于单个站点的算力资源有限，需要多站点协同，现有架构一般通过集中式编排层来管理和调度，存在可扩展和调度性能差等问题。

未来网络架构需要能够支持不同的计算类应用，根据不同的业务需求、网络实时状况、计算资源实时状况等，动态精准地调配算力，执行计算任务。算力网络就是一种解决方案，它实现分布化计算和存储系统的全局优化，基于实时的计算资源性能、网络性能、成本等多维因素，动态、灵活地调度计算任务，从而提高资源利用率与用户体验。

伴随数字经济的蓬勃发展，新一代信息技术间的融合效应逐渐显现，新一代信息网络正在从以信息传递为核心的网络基础设施，向融合计算、存储、传送资源的智能化云网基础设施发生转变，"5G+ 云 +AI"将成为推动我国持续发展的重要引擎，在这种背景下，算力网络就是为应对这种新形势而提出的新型网络架构。

算力网络是什么？它基于无处不在的网络连接，将动态分布的计算与存储资源互联，通过网络、存储、算力等多维度资源的统一协同调度，使海量的应用能够按需、实时调用泛在分布的计算资源，实现连接和算力在网络的全局优化，提供一致的用户体验。未来大量碎片化、分散化的算力、存储等 IT 资源，都将通过算力网络进行整合拉通，然后作为基础设施，为各项计算任务提供支持，实现更便捷的按需使用。图 3-6 所示就是一种算力网络的布局。

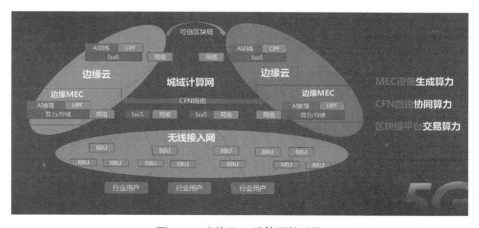

图 3-6　边缘云 + 计算网的结构

来源：《中国联通算力网络白皮书》

算力网络需要网络和计算高度协同，将计算单元和计算能力嵌入网络，实现云、网、边、端、业的高效协同，提高计算资源利用率。在算力网络中，用户无须关心网络中计算资源的位置和部署状态，只需关注自身获得的服务，并通过网络和计算协同调度，保证体验一致。

1. 算力网络的发展现状

算力网络的愿景赢得广泛认可，并且在政策推动、标准制定、生态建设、试验验证等领域均取得了一定进展。

从政策导向来看，近两年来，多项举措都在推动全国范围内算力网络的建设。2020 年后，新基建正式部署，明确构建以数据中心、智能计算中心为代表的算力基础设施，并且布局大数据中心国家枢纽节点，形成全国算力枢纽体系。

其中，国家发展改革委、中央网信办、工业和信息化部、国家能源局联合印发《全国一体化大数据中心协同创新体系算力枢纽实施方案》，提出构建数据中心、云计算、大数据一体化的新型算力网络体系，促进数据要素流通应用，实现数据中心绿色高质量发展。同时在京津冀、长三角、粤港澳大湾区、成渝，以及贵州、内蒙古、甘肃、宁夏等地布局建设全国一体化算力网络国家枢纽节点，发展数据中心集群，作为国家"东数西算"工程的战略支点，推动算力资源有序向西转移。

在标准制定方面，据《算力网络前沿分析报告（2020 年）》介绍，中国移动、中国电信与中国联通分别在国际电信联盟（ITU-T）SG11 与 SG13 工作组立项了 Y.CPN、Y.CAN 和 Q.CPN 等系列标准，并在互联网工程任务组（IETF）开展了 Computing First Network Framework 等系列标准的研究；中国通信标准化协会（CCSA）正开展"算力网络需求与架构"以及"算力感知网络关键技术研究"两项工作。

早在 2019 年，由华为、中国移动、中国电信、中国联通、北邮、清华等多家单位联合，在网络 5.0 产业和技术创新联盟启动算力网络（Computing First Network）设组筹备工作。2021 年 6 月，IMT-2030（6G）推进组正式发布《6G总体愿景与潜在关键技术》白皮书，其中提到 6G 十大关键性技术方向，包括分布式网络架构、算力感知网络、确定性网络、星地一体融合组网等。

2020 年底，中国联通率先发起"中国联通算力网络产业技术联盟"，中国信通院、中科院网络信息中心、清华大学和产业伙伴代表共同启动，将在"联接＋计算"领域携手并进，共建算力网络生态，共推商业落地。

在试验验证方面，2019 年中国电信与中国移动均已完成算力网络领域的实验室原型验证，并在全球移动通信系统协会（GSMA）巴塞罗那展、ITU-T 和全球网络技术大会（GNTC）相关展会上发布成果。2020 年底，中国联通在江苏南京开通了国内首个集成开放网络设备、算力服务平台和 AI 应用的一体化试验局。

2. 算力网络关键技术介绍

算网一体是结合 5G、泛在计算与 AI 的发展，在云网拉通和协同基础上的下一个网络发展阶段，即云网融合 2.0 阶段。2021 年 5 月，广东电信携手华为发布云网融合 2.0，推出 5G 云网随需而动的综合解决方案，支持 5G、PON、STN、新型城域网、OTN 等地海空天一体的泛在接入，为企业上云融云提供无所不在的算力、智能便捷的网络、灵活可选的多云调度、安全高质的接入能力。在云网融合 2.0 阶段，将在云、网、芯 3 个层面持续推进研发，结合"应用部署匹配计算，网络转发感知计算，芯片能力增强计算"要求，实现网络的深度协同，它将涉及一些新的技术要求。

其一，支持海量数据的接入。未来社会将产生海量数据，比如各种感知终端，都会产生海量的原始数据，需要进行处理。如果考虑到将人的触感、嗅觉、味觉等信息进行全息传送，数据量将更令人震惊。5G、WIFI6、F5G 打开了数据的水龙头，数据中心、边缘计算、智能终端都将源源不断地输出数据。

其二，实现算力资源的精准调度。算力网络是融合计算、存储、传送资源的智能化新型网络，要能够感知业务算力需求，为数据到算力提供最优路由和可信服务，并通过 IPv6 协议扩展，实现一个物理网络与多个虚拟网络统一管理，向上感知智能业务，向下感知网络资源，实现算力效率的进一步提升。

其三，算力度量。目前，计算资源的衡量缺少统一且简单的度量单位，如何评估不同类型算力资源的大小，成为需要解决的难题。

其四，资源视图。如何给每个用户生成以其为中心的资源视图，让用户可以智能选择最佳算力资源结合。

其五，可信交易。由于算力网络中的各类资源归属于不同的所有者，如何确保资源交易真实有效且可溯源，需要新的机会与技术提供保障。

在算力网络中，算力的提供方不再局限于某个数据中心或集群，而是将云边端这种泛在的算力通过网络化的方式连接在一起，实现算力的高效共享，因此，算力网络中的算力资源将是泛在化的、异构化的。算力可能在中心云上进行，也可能在边缘计算上进行，还有可能在终端上进行，整个计算需要协同。

所以，既要建立处于中心位置的资源调度平台，对整体的基础资源进行统一管理和集群管理；又要建立边缘侧的资源调度平台，对边缘计算集群进行调度和管理。在这种调度与管理中，可能需要将不同类型的算力资源进行分类，形成业务层可理解的算力资源池，然后按照业务运行所需，将算力进行对应分配。

3.5.3　边缘计算技术

在云计算时代，通常把数据传输到云计算中心加以处理，不过，随着 5G 与人工智能时代的到来，数据量爆发式增长，对网络时延、数据安全性、可控性等，提出了极高的要求。为满足新的需求，边缘计算应运而生。据 Gartner 的数据，到 2023 年底，50% 以上的大型企业都将部署至少 6 个用于物联网或沉浸式体验的边缘计算应用。

边缘计算有多种定义，欧洲电信标准化协会（ETSI）在 *Mobile EdgeComputing：A Key Technology Towards 5G* 中提到，移动边缘计算在距离用户移动终端最近的无线接入网（RAN）内，提供信息技术（IT）服务环境以及云计算能力，旨在进一步减少延迟，提高网络运营效率，提高业务分发 / 传送能力，优化 / 改善终端用户体验。

边缘计算产业联盟发布了《边缘计算产业联盟白皮书》，对边缘计算的定义是，在靠近物或数据源头的网络边缘侧，融合网络、计算、存储、应用核心能力的开发平台，就近提供边缘智能服务，满足行业数字化在敏捷联接、实时业务、数据优化、应用智能、安全与隐私保护等方面的关键需求。这个边缘计算产业联盟，由华为技术有限公司、中国科学院沈阳自动化研究所、中国信息通信研究院、英特尔公司、ARM 和软通动力信息技术（集团）有限公司作为创始成员，联合发起边缘计算服务协同框架如图 3-7 所示。

国际标准化组织（ISO）在 ISO/ 国际电工委员会（IEC）技术报告（TR 23188）中明确，边缘计算是一种将主要处理和数据存储放在网络的边缘节点的分布式计算形式。

综合来看，边缘计算的定义虽各有区别，但都认同它是在更靠近终端的网络边缘上提供服务的。它将原有云计算中心的部分或全部计算任务迁移到数据源附近，具备实时数据处理和分析、安全性高、隐私保护、可扩展性强、位置感知、低流量等优势。

目前，边缘计算可分为电信运营商边缘计算、企业与物联网边缘计算、工业边缘计算，并已形成 6 种边缘计算的业务形态，包括物联网边缘计算、工业边缘计算、智慧家庭边缘计算、广域接入网络边缘计算、边缘云以及多接入边缘计算。在实际部署的商业案例中，上述 6 种业务形态或独立存在，或多种业务形态互补式并存。

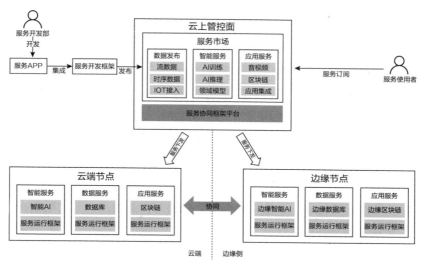

图 3-7   边缘计算服务协同框架

在实际应用中，边缘计算与云计算实现协同，共同推动行业数字化转型。云计算聚焦非实时、长周期数据的分析。边缘计算聚焦实时、短周期数据的分析，支持本地业务的实时智能化处理与执行。边缘计算既靠近执行单元，更是云端所需高价值数据的采集单元，更好地支持云端应用的大数据分析。

《边缘计算产业联盟白皮书》的信息显示，边缘计算产业分为联接、智能、自治 3 个发展阶段。第一是联接，主要实现终端及设备的海量、异构与实时联接，网络自动部署与运维，并保证联接的安全、可靠与互操作性，典型应用如远程自动抄表。第二是智能，边缘侧引入数据分析与业务自动处理能力，智能化地执行本地业务，大幅提升效率，降低成本，比如电梯的预测性维护，自动诊断与预警电梯故障。第三是自治，在人工智能等技术的支持下，边缘计算不仅可以自主进行业务逻辑分析与计算，而且可以动态实时地自我优化、调整执行策略，比如无人工厂。

在落地方面，边缘计算重点包括云边缘、边缘云、边缘网关等形态。

云边缘是云服务在边缘侧的延伸，依赖于云服务或与云服务紧密协同，比如华为云智能边缘平台（IEF）解决方案、阿里云的 Link Edge 解决方案、AWS（亚马逊公司的云计算服务）的 Greengrass 解决方案等。

边缘云是在边缘侧构建中小规模云服务能力，边缘服务能力由边缘云提供。边缘云管理调度能力主要由集中式数据中心（DC）侧的云服务提供，比如移动边缘计算（MEC）、内容分发网络（CDN）、车联网等。

边缘网关是部署在网络边缘侧的网关，通过网络联接、协议转换等功能联接物理和数字世界，提供轻量化的联接管理、实时数据分析及应用管理功能，比如新一代家庭网关、新一代工业网关等。

边缘计算通过在终端设备和云之间引入边缘设备，将云服务扩展到网络边缘。边缘计算架构包括终端层、边缘层和云层。终端层是最接近终端用户的层，它由各种物联网设备组成，如传感器、智能手机、智能车辆、智能卡、读卡器等。边缘层位于网络的边缘，由大量的边缘节点组成，通常包括路由器、网关、交换机、接入点、基站、特定边缘服务器等，边缘点分布在终端设备和云层之间，比如咖啡馆、购物中心、公交总站、街道、公园等，能够对终端设备上传的数据进行计算和存储。由于边缘节点距离用户较近，可满足用户的实时性要求。云层由多个高性能服务器和存储设备组成，它具备强大的计算和存储功能，可以执行复杂的计算任务，同时管理和调度边缘节点。

那么，边缘计算如何搭建？一般来讲，至少分为两个层次，第一个层次是将广域分布的边缘计算节点设施云化，即将"小而多"的边缘节点设施做资源虚拟化和切片。第二个层次是在前一个层次的基础上，完成多个分布式边缘节点间的"协同网络"和"协同计算"。

边缘节点之间不仅能够协同互通，而且边缘云和中心云也能协同；边缘云和运营商的 5G 核心网互通，协同网络把所有边缘云基础设施上的点协同起来。用户使用的时候，看到的是单一的、简单的界面，更容易使用。协同网络 + 协同计算的能力，都是为了支持整个边缘计算操作系统的工作。

如今，边缘计算蓬勃兴起。IDC 发布的《中国半年度边缘计算服务器市场（2022 上半年）跟踪报告》显示，2022 上半年，中国边缘计算服务器整体市场规模达到 16.8 亿美元。根据 IDC 的数据，预计 2021—2026 年中国边缘计算服务器整体市场规模年复合增长率将达到 23.1%，高于全球 22.2%。

放眼全球市场，Statista 数据显示，到 2025 年，全球边缘计算市场规模有望达到 157 亿美元，其间的复合年均增长率达 34.3%。另一家分析机构 GIA 认为，预计到 2026 年，全球边缘计算市场规模将达到 152 亿美元，在分析期内以 27.7% 的复合年均增长率增长，其中硬件将达到 88 亿美元。

根据 IDC 预测，未来几年，云端算力将是一个线性增长的趋势，年增长率在 4.6%，而边缘的需求将呈现指数级的增长，年增幅是 32.5%。在市场需求的推动下，电信运营商、网络供应商和云服务公司等大量主力企业，都在推动边缘计算的发展，比如中国电信、中国联通、中国移动、华为、中兴等。据边缘计算社区发布的《2024 中国边缘计算企业 20 强》的榜单，其中包括华为、中国联通、中国移动、中国电信、阿里云、联想、网宿科技、云工场、明赋云、江行智能、九州未来、乾云、方寸知微、EMQ、吉快科技、微品致远、即刻雾联、未来物联、顺网科技、SmartX。

2020 年，中国信息通信研究院、中国移动、中国联通、华为、腾讯、紫金山实验室、九州云和安恒信息联合发布 5G 边缘计算开源平台——EdgeGallery，力图实现网络能力（尤其是 5G 网络）开放的标准化和 MEC 应用开发、测试、迁移和运行等生命周期流程的通用化。

2019 年，腾讯云发布了可自定义的边缘计算解决方案 TSEC（Tencent Smart Edge Connector），采用边缘计算技术与 5G 网络融合，为消费者和行业应用提供低时延和高带宽的服务。2020 年 10 月，腾讯云首个 5G 边缘计算中心对外开放，从底层硬件到上层软件，完成 5G 和边缘计算的整体应用串联，标志着长期困扰实时高清音视频、智慧社区、智慧医疗、工业互联网等场景下算力不足、网络时延等问题可能得到解决。随后，腾讯云又宣布，位于武汉、杭州、长沙、福州、济南、石家庄六大省会城市的边缘可用区（Edge Zone）同日开服。当时预计 2020 年底将完成近 300 个边缘计算节点的建设。目前，腾讯云边缘可用区已应用于实时音视频通信、游戏加速、视频直播、在线教育、云游戏等场景。

阿里巴巴在 2018 年推出边缘计算平台边缘节点服务（ENS），依靠部署靠近终端和用户的边缘节点，提供计算分发平台服务，300 多个边缘节点算力基本覆盖主要城市，将计算的时延控制在 10 毫秒以内。2020 年，又推出边缘计算视频上云解决方案，实现海量视图数据就近上云计算，将计算时延缩短到 5 毫秒，同时降低 50% 视图存储成本；结合全新一代 GPU/NPU 服务器，将 AI 的计算性能提升到 200% 以上，进一步挖掘视图数据的价值。不管是车联网、连接的摄像头，还是各种物联网设备连接，都可以使用该操作系统平台。截至 2021 年，阿里云边缘计算和行业合作伙伴共同打造了五大场景、15 个细分市场的解决方案，覆盖交通、新零售、教育、智慧住建、家庭等场景实现数字化升级。阿里云智能边缘计算产品全家福如图 3-8 所示。

图 3-8　阿里云智能边缘计算产品全家福

来源：智能计算芯世界《云边端一体化的异构 AI 计算》

　　华为作为创始成员，联手大量实力企业组建边缘计算产业联盟（ECC）；同时能够提供多种边缘计算产品，其 5G MEC 支持多种边缘业务场景，包括智慧园区、智慧工厂、智慧港口、智慧农业和智慧交通等；华为的边缘计算物联网解决方案，不仅支持丰富的工业协议和接口，适应不同行业联接场景，而且通过开放的边缘计算能力和云管理架构，满足不同行业边缘智能数据处理诉求，比如在充电桩行业的运用，云端提供百万终端管理能力的电力物联网平台，实现海量终端设备的远程可视化管理和运维；边缘侧提供新一代智能边缘计算网关 AR502H，按需部署有序充电、充电监控、视频联动等 APP 应用；终端侧通过有线 HPLC + 无线 RF 技术，实现终端设备的全场景物联，提升充电桩在线率。

　　中国移动 2019 年边缘计算蓝图涵盖了 300 项具体的边缘措施，包括测试节点评估、开放 API 接口以及携手合作伙伴推广边缘商业应用。在中国移动 100 个龙头示范项目中，约有 60% 的项目有明确的"网络 + 边缘计算"需求，边缘计算已经成为发展 5G To B 业务的刚需。同时，中国移动已在江苏、浙江、广东、福建等多个省份推动约 105 个试点项目，覆盖 15 个细分行业。

　　中国电信提出"网络是边缘计算的核心能力之一"，建议以边缘计算为中心，重新审视和划分对应的网络基础设施，并将网络划分为 ECA（边缘计算接入网络）、ECN（边缘计算内部网络）、ECI（边缘计算互联网络）。其中，算力网络是联接与计算深度融合的产物，通过成熟可靠、超大规模的网络控制面（分布式路由协议、集中式控制器等）实现计算、存储、传送资源的分发、关联、交易与调配；并将网络架构划分为"应用资源寻址""算法资源寻址""基础资源寻址"三层，实现多维度资源的关联、寻址、交易和调配等。

同时，中国电信研究院联合中国电信多家省级公司，完成了自研 MEC 系统与 5G 核心网（5GC）商用版本的对接与实验，成功验证了 5G 网络面向边缘计算多种商用场景的能力。

在很多应用场景里，边缘计算正取得明显的效果，比如车辆互联、医疗保健、智能建筑控制、海洋监测等，缩短端到端的延迟，使数据更快得到处理与应用。未来自动驾驶中，车将会成为边缘的一个载体，一辆车可以与其他接近的车辆通信，提前告知风险或交通拥堵；在 5G 时代，5G 基站也可能会成为一个边缘节点，云计算的部分计算功能会下放到边缘端的算力节点上，获得更及时的响应时间、更节省的网络带宽。

在边缘计算技术的发展中，一些问题与热点逐渐得到探索与解决。例如，（1）计算卸载，终端设备将部分或全部计算任务卸载到资源丰富的边缘服务器，以解决终端设备在资源存储、计算性能以及能效等方面存在的不足；（2）负载分配，在边缘计算架构中，不同层次的边缘服务器所拥有的计算能力不同，应该如何分配将成为一个重要问题；（3）安全性，边缘计算客户端越智能，越容易受到恶意软件感染和安全漏洞攻击。

除了边缘计算，已出现雾计算（Fog Computing）、霾计算（Mist Computing）、认知计算等，不断地将计算进行分层处理，以降低运行成本，获得更好的服务质量。

雾计算：一种面向物联网的分布式计算基础设施，可将计算能力和数据分析应用扩展至网络边缘，它使客户能够在本地分析和管理数据，及时获得结论。它主要用的是边缘网络中的设备，数据传递具有极低时延的特征。雾计算介于云计算和个人计算之间，数据的存储及处理更依赖本地设备，而非服务器。

霾计算：可以理解为垃圾云或雾计算，是对云计算和雾计算的补充，有云就有雾，有雾就有霾，它是比较差的云计算或雾计算。

认知计算：它包含信息分析、自然语言处理和机器学习领域的技术创新，从大量非结构化数据中发现规律与问题。认知系统能够以更自然的方式与人类交互，让计算机系统能够像人的大脑一样学习、思考。它试图解决生物系统中的不精确、不确定和部分真实的问题，以实现不同程度的感知、记忆、学习、语言、思维和问题解决等能力。

3.5.4　云边端一体化

与边缘计算几乎同步发展的，则是云边端一体化的技术，这是算力技术体系里的主流趋势之一。5G 之前，在终端和中心云之间是运营商网络，计算对时延的敏感性较低。随着 5G 时代的到来，远程医疗、工业互联网、车联网等应用场景的出现，对时延、计算提出了非常高的要求，云计算从中心向边缘扩展，边缘计算实现了新的突破，技术架构出现变革，计算架构由原来的云—端，变成了中心云—边缘云—端设备协同工作的模式。

随着物联网应用的普及，物联网终端部署的数量与复杂度都将大幅提升，数据量激增，网络响应延迟、功耗难以降低等问题相应体现，将计算任务分配到位于网络边缘的网关和位于应用现场的终端变得更加重要。

IDC 公布的数据显示，到 2023 年，在物联网边缘运行各类数据处理的企业将达到 70%，企业边缘应用程序的数量将增加 800%，全球边缘基础架构支出复合年均增长率将达到 13.0%，在边缘部署的带有人工智能功能的新型 OT 设备将增加 50%。无论是政务云还是工业互联网，分布式云将成为发展趋势。计算能力将会像电力一样，通过"端—边缘—云"一体化系统，输送给用户。

以智能制造为例，其中一个关键环节是设备智能化、信息化，它的流程是：采集数据、处理数据，然后指导生产。这里面至少有以下两点要求。

一是高实时性要求。很多工业数据离不开实时性，如果上传到云端处理，然后从云端返回指令，整个过程耗时比较长，可能导致制造出的产品精度不够，或者次品率较高，所以，最好是就近处理数据，缩短时延。

二是海量数据如何处理的问题。智能工控设备、传感器源源不断地产生数据，会导致很高的传输和存储成本，而且这些数据中，不少是无效的。如果可以尽早筛选出有用数据，就可以进一步降低传输和存储成本，提高海量数据的处理效率。

所以，在这种场景下，边缘计算、中心云计算都派上了用场，中心云—边缘云—端设备协同工作的模式成为主流。

另外，边缘计算面临众多挑战，比如异构严重，软硬件不同，无法对接；规模庞大，管理是难点；设备所处的环境复杂；标准不统一等。这些现象的存在导致研发测试、交付部署、升级运维等效率下降，管理困难，可靠性降低等。

如此一来，云边端一体化技术的实现与升级就显得很有必要了，它的优势在于统一管理，把复杂多变的底层资源统一起来；云边协同，让边缘和云协同工作起来，比如把边缘的有用数据收集到中心进行分析处理，然后反馈到边缘；把推理放到边缘进行，从边缘收集数据到中心进行训练，训练好的模型又下发到边缘；并实现高效的资源调度，边缘计算场景下资源很分散，需要资源调度，一体化技术有助于实现更高效的调度。云端一体化的 AI 计算平台如图 3-9 所示。

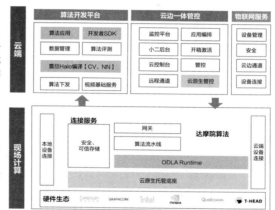

云边端、AI 全场景：
- 云边端统一协同管控实现了云服务能力下沉，触达端到端的云服务，边缘和云会深度融合
- 云边端一体化、全场景 AI 基础设施方案，充分满足智能时代多变、碎片化、差异化的 AI 应用场景

普惠、异构算力
- 边缘 AI 需求碎片化严重，定制、异构 ASIC
- 支持性价比高的芯片，降低算力成本

开放生态
- 支持业界主流框架和主流硬件，开放统一的标准，平滑迁移
- 共建生态：灵活的合作方式与业界厂商共建开放产业生态

图 3-9　云端一体化的 AI 计算平台

来源：智能计算芯世界《云边端一体化的异构 AI 计算》

以天翼云为例，通过云与边的深度结合，通过边缘一体机产品，为企业提供强大的数据处理能力。边缘一体机是通过将整台机柜的计算能力、存储能力与网络能力进行"超融合"，以达到统一管理与使用目的的产品，具备边缘管理与云边协同两大核心能力。该产品已有多起应用，以福州大学 5G+ 工业互联网联合创新实验室为例，福州大学与天翼云携手，以"5G+ 边缘计算＋工业互联网平台"的架构模式，打造出天翼云爱普云工业互联网通用平台，重点研究边缘网关在云控制过程中的应用问题，不仅为传统企业上云提供了全产业链的数字服务，还为全国各大工业产业园数字化转型提供了借鉴和思路。

以腾讯云为例，中心云通常指的是 IDC 机房，边缘云依次会是 EC、OC、MEC 机房，现场设备一般位于数据源附近，比如家庭网关、交通灯路口、港口 / 园区 / 矿山内部等。腾讯云搭建了超融合平台，目标是让边缘资源像中心云资源一样容易管理。所有的基础能力尽可能与中心云对齐，进而让业务保持高效运转。

TKE Edge 是腾讯云基于原生 Kubernetes 研发的边缘计算容器系统，用来屏蔽错综复杂的边缘计算物理环境，为业务提供统一的、标准的资源管理和调度方案，TKE Edge 的特点体现在：（1）将 Kubernetes 强大的容器编排、调度能力拓展到边缘端，并且完全兼容 Kubernetes 所有 API 及资源；（2）边缘自治，当边缘节点与云端网络连接不稳定或处于离线状态时，边缘节点可以自主工作；（3）分布式节点健康监测，由 SuperEdge 在边缘侧持续跟踪进程，收集节点的故障信息，并快速报告；（4）内置边缘编排能力，自动部署与管理多区域的微服务；（5）内网穿透，保证 Kubernetes 节点在有无公共网络的情况下，连续运行和维护，并且同时支持传输控制协议（TCP）、超文本传输协议（HTTP）和超文本传输安全协议（HTTPS）。

再看腾讯云的超融合平台，它是一种以底层 IaaS 为基础，采用 TKE Edge，集成大量腾讯云上能力和业务的边云联动平台，它的特点体现如下。

（1）开放性，除了接入腾讯的资源，还能方便地接入用户已有的计算资源，包括其他云厂商服务器、用户自建机房、智能设备等。

（2）集成性，集成大量云上基础服务能力，如云监控、云日志、云运维等，打通腾讯云资源、边缘计算机器、腾讯云智能网关设备等。

在该平台里，配备有边缘计算器、一体化中心、边缘智能网关等。

（1）边缘计算器，通过将计算能力从中心节点下沉到靠近用户的边缘节点，提供低时延、高可用、低成本的边缘计算服务，到 2021 年已开放 300 多个节点。

（2）一体化中心，以腾讯云 Mini T-Block 移动数据中心基础设施为载体，融合 5G、边缘计算、物联网等技术能力，并引入腾讯云边缘计算 IaaS/PaaS/SaaS 平台产品能力，支持云游戏、4K 直播、机器人等 5G 下的 2C 和 2B 业务，提供可交付型的 5G 边缘计算整体解决方案。

（3）边缘智能网关，该产品面对物联网边缘应用场景的工业级设备，提供 IoT 设备接入、AI 本地分析、边云协同等功能，具有小体积、高可靠、多网络、超静音、易管理等特性，适用于安防、智慧零售、电力巡检、智慧路灯、智能交通、水利监测、工业质检等场景。

阿里云 2019 年发布托管版边缘集群（ACK Managed Edge K8s），打造通用的边缘容器云原生基础设施，致力于实现云—边—端一体化协同；向上作为底座支撑边缘计算领域 PaaS 构建；向下支持 ENS、IoT 自有节点等边缘算力资源接入，并支持边缘自治、边缘安全容器、边缘智能等；同时也致力打造云端 AI、流计算等能力向边缘下沉的通道和平台，拓宽云产品边界。经过逐渐发展，边缘云、中心云、飞天操作系统等有效协同，构建了阿里云的云—边—端计算体系，输出的计算能力应用于各种场景，如图 3-10 所示。

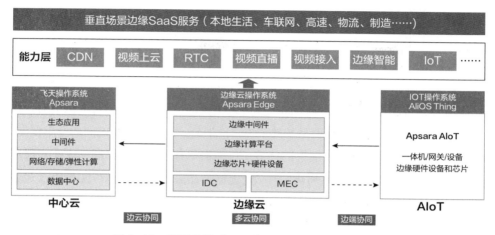

图 3-10 阿里云的"云—边—端"协同产品一体化

来源：智能计算芯世界《云边端一体化的异构 AI 计算》

2021 年，阿里云 AIoT 推出了安全消防轻量级套装，名叫阿里云 AIoT 安消一体机，基于阿里云 AIoT 云边端一体化视频接入能力，快速对接存量摄像头及 NVR（网络视频录像机）等视频设备，并通过自研人工智能算法对视频进行 AI 分析，自动巡查区域内安防、消防类隐患及事件。它能够充分利用现有的视频系统，对消防通道占用、消控室人员离岗、明火等消防安防隐患场景展开智能识别与监测，并基于统一的物联网平台，对接入的摄像头设备进行日常运维管理。再通过 AI 分析后，将需要处理的事件通过"钉钉"等方式通知到责任人，快速实现安防消防自动报警检测体系。

边缘计算之外，在端—云之间，又有"雾计算""霾计算"，不断地将计算进行分层处理，以实现更高效的计算、更低的成本。类似于一个国家的行政治理结构：省、区、市、县等，上级负责所辖的下一级整体规划，下级负责具体实施；在下一级能处理的业务，就不需要往上一级推送。这样就可以有序地将计算合理分配到各个计算层次。

每个终端业务无须关心是哪一朵"云"在提供服务，也不需要关心有多少层"云"、是"云"还是"雾"在提供服务。计算能力将会像电力一样，通过端—边缘—云一体化系统，将信息输送给用户，至于电来自哪一座发电站，并不重要。

云边端协同的一个趋势是，进一步加速数据的自由流动，比如华为的智能边缘平台（IEF），可内置于合作伙伴的设备，让设备成为华为云的智能边缘，实现智能按需部署。基于 IEF，国家高速公路门架管理系统管理着全国将近 10 万个门架边缘节点，让所有节点管理智能化，每日自动采集 3 亿条以上的信息，超过 50 万个边缘应用可以从云端推送到边缘进行部署和升级，让高速更畅通，同时为日后车路协同、自动驾驶等提供支持。

　　寒武纪推出的产品体系覆盖云端、边缘端的智能芯片及其加速卡、终端智能处理器 IP，可满足云、边、端不同规模的人工智能计算需求，同时提供贯通云边端的端云一体的软件栈，也就是基础系统软件平台，打破云边端之间的开发壁垒，兼具高性能、灵活性和可扩展性的优势，仅需简单移植，即可让同一人工智能应用程序运行在公司云边端系列化芯片/处理器产品之上，程序员可实现跨云边端硬件平台的人工智能应用开发，一处开发、处处运行，提升在不同硬件平台的开发效率和部署速度。

　　通过 5G、云、AI、智能边缘的深度融合，形成一体化的智能系统，可创造更领先的智慧体验。以天气预报为例，在城市分区部署高清摄像机，采集天空的云、雨、雾等图像数据，通过 5G 将收集到的数据实时回传到云上，把各区的数据拼成云天全景拼图，再和气象雷达数据拟合，使用 AI 技术就可以精准预测到 4 小时以内的天气变化。同时，把云端训练好的模型推送到边缘，让摄像机也能实时识别雨、雾等细微天气变化，通过云网边端的一体化协同，提供智慧的气象应用，让每一个用户通过手机，就能随时随地了解方圆一公里的天气变化，根据变化做出行程安排。

　　未来自动驾驶中，车将成为边缘载体。一辆自动驾驶汽车每秒能产生 1GB 数据，同时需要对数据进行实时处理，并做出正确的动作。如果将全部数据传到云端进行处理，响应时间会变得很长，加上某个区域里的众多汽车同时需要算力支持，对网络带宽与可靠性都构成极大挑战。如果云端算力下沉，让边缘与终端处形成算力融合，云—边—端协同的架构将会满足应用数据快速处理等需求。

3.5.5　泛在计算

　　随着 5G 网络、边缘计算的规模化建设，新兴应用将加速驱动数据处理由云端向边侧、端侧的扩散，同时，芯片工艺制程由 7nm 向 5nm 演进，边端计算能力持续增长，算力泛在化已成趋势，个人计算机、家庭网关都可能作为算力节点，手机、智能汽车等智能终端的普及，形成数据就近处理和泛在计算处理场景。

　　那么，泛在计算是什么？早在 20 世纪 80 年代，迈克·威士博士就提出了泛在计算的概念：建立一个充满计算和通信能力的环境，同时使这个环境与人们逐渐地融合在一起。他强调计算和环境融为一体，人们能够在任何时间、任何地点、以任何方式进行信息的获取与处理。

清华大学教授徐光祐认为，泛在计算是信息空间与物理空间的融合，在这个融合的空间中，人们可以随时随地、透明地获得数字化的服务。

中国移动在《泛在计算服务白皮书》中，将"泛在计算"定义为：通过自动化、智能化调度，人们可在任何时间、任何地点无感知地将计算（算力、存储、网络等）需求与云—边—端多级计算服务能力连接适配，通过多方算力贡献者和消费者共同参与，实现算力从产生、调度、交易到消费的闭环，实现算网一体、算随人选、算随人动的可信共享计算服务模式。它的主要特征如下所示。

1. 云边端三级算力与网络的融合。在靠近用户不同距离的地方，遍布许多不同规模的算力，通过全球网络为用户提供个性化的服务。从百亿量级的智能终端到十亿量级的家庭网关，再到每个城市中未来的移动边缘计算带来数千个具备计算能力的基站，还有每个国家大量云数据中心，形成海量的泛在算力接入网络，实现计算与网络的深度融合。

2. 根据人的需求选择算力资源。由泛在计算系统对用户算力需求进行分析，由调度系统从海量算力池中自动选择最匹配用户的算力节点，来完成用户业务。

3. 算力源与数据源的连接，随用户位置的变化而变化、更新。泛在计算需要一个操作系统，去自动智能、动态地调配服务，完成对算力的管理与使用。

泛在计算的应用场景很多，比如可穿戴设备、智能手机，还有智能教室、可感知环境的家庭与办公室等，都是泛在计算的用武之地。目前出现了一些泛在计算平台，用来聚合与共享 C 端用户算力资源，再以众包分发的方式为需求方提供运算能力。

作为一种新的技术，泛在计算的价值体现在：（1）大量个人计算机、数据中心、移动终端等，存在一定的空闲算力，如果能够进行整合，作为边缘侧的算力补充，协同提供服务，那么可以促进算力充分流动，进一步提升生产力；（2）每个终端的拥有者，可以通过安装软件等方式接入泛在计算的平台，贡献算力，并通过联盟链等方式展开交易计价，获取相应的报酬。

不过，从目前的情况看，泛在计算正处于技术攻关的阶段，还有很多难点需要解决，包括如何屏蔽底层异构芯片的差异；端侧的网络状态处在不断变化中，如何准确地度量端侧的算力；算力分级如何评测等。

泛在计算的目标是高效利用云边端三级算力，以低时延确定性的 5G 基础网络为依托，实现云边端协同。那么，如何充分调度用户周边不同距离、不同规模的泛在算力，如何实现云边端的能力协同，如何做到算网融合一体化，各界还在展开积极的探索。

第 4 章

算力中心

在未来数年里，驱动算力经济发展的算力中心应该如何建设？支持算力经济发展的新能源体系又该如何构建？这已是需要破解的关键课题。

传统的算力中心由数据中心、超级计算中心、智能算力中心等构成，而新一代算力中心将在传统的基础上更加智能化、低碳化、柔性化，以区块链、分布式大数据和云边端一体化计算技术为基础，生产算力、聚合算力、调度算力，并释放算力，实现计算力赋能千行万业。基于新能源电力的柔性算力中心，将是主流发展方向之一。

柔性算力中心的优势在于，使用新能源电力，消纳新能源的弃风、弃光电力等，保证电网稳定性，降低碳排放和单位生产总值能耗，符合减碳的政策方向，对环境友好，并能控制成本；同时发挥算力柔性，实现与新能源电力的匹配互动，推动新能源和算力产业的良性互动和可持续发展，满足不同行业、不同场景的需求。

4.1 数据中心迭代升级，走向算力中心

近年来，信息技术发展突飞猛进，互联网应用普及，数据中心基础设施建设对经济发展的驱动作用越来越大，不仅发展为独立的产业形态，而且成为经济高质量发展的重要引擎。同时数据中心也在不断迭代，向标准化、模块化、智能化、绿色低碳化、更高的安全保障等方向升级，其功能从原来的存储为主向"存储＋计算"相结合的方向升级，进而促成传统数据中心向算力中心演变，这种升级具体有以下体现。

其一，由于数据中心能耗巨大，面临碳排放的压力。以运营 10 年的数据中心为例，其基础设施的初期投资仅占总成本的 20% 左右，超过 70% 的成本是能源费用支出，特别是电费支出。这是因为要处理大量数据，就需要使用大量服务器。因此，实现数据中心的绿色化、低碳化，成了发展方向之一。

其二，能耗与算法有关，改进算法，有可能降低耗能。据谷歌旗下的人工智能公司"深度思维"研究发现，仅仅采用相关分析"硬算"，大量服务器会无谓耗能。而机器学习这种人工智能技术，采用因果推断方法，将相关分析与因果分析结合，建立模型来"巧算"，那么每台服务器的运算能力更强，还能预测用电量的变化，智能化操控服务器和散热系统，使用电负载均衡，节能减排的效率更高。业内人士认为，人工智能和机器学习是推动数据中心向前发展所必需技术。随着人工智能节能技术的成熟，数据中心绿色化发展将实现跨越式前进。

其三，液冷技术在数据中心的应用，成为全球数据中心发展中新的技术趋势。IBM、谷歌、英特尔等巨头已布局，网宿科技、华为、中科曙光等积极投入研究与应用。液冷的优势比较明显，体现为液体传导热能的效果更好，吸收大量的热量后，自身温度不会产生明显变化；比风冷更节省能源；不受海拔与气压影响；还能收集余热，通过热交换接入楼宇采暖系统和供水系统，满足居民供暖和温水供应等需求，不仅节约能源，还能为数据中心创造附加值。

其四，算力中心建设实现模块化，相当于装配式施工，提前在工厂里预制好各个模块，比如温控模块、IT 模块等，然后运到现场进行组装，就像搭积木一样，降低施工成本和运维难度。建设传统数据中心可能要花一年多，而装配式施工可能只需半年。分期扩容的时候也更方便，节省投资成本。据了解，华为云东莞数据中心就是采用模块化建设模式，5 层楼高，1000 个机柜，仅用 6 个月就完成了建设。

其五，传统的数据中心向智能算力中心升级，包括模块智能化、能效智能化、设计智能化、运维智能化、安全智能化和运营管理智能化等。因为人工智能计算需求在不断增长，可能未来大部分计算需求都来自人工智能，智算中心将成为智慧时代最核心的计算力生产与供应中心，以融合架构计算系统为平台，以数据为资源，能够以强大算力驱动 AI 模型，对数据进行深度加工，源源不断地产生各种智慧计算服务，并通过网络，以云服务形式向组织及个人提供服务。

同时，数据中心长期运营中面临的远程巡检、专家会诊、云平台云端训练等，都离不开人工智能技术的支持，未来人工智能的运维、声音识别、图像识别和自动传感技术将成为数据中心智能运维解决方案的关键。

其六，全闪存数据中心受到重视。研究机构 IDC 携手华为发布的《全闪存数据中心白皮书》中提到，全闪存数据中心是指 90% 以上的存储容量需由固态硬盘提供（包括外置存储系统与服务器内置存储）的数据中心，同时具备高密度、高可靠、低延迟、低能耗等特征，帮助企业最大化实现数据创新。目前，以全闪存存储为基础的全闪存数据中心，在诸如金融、政府、医疗、电信、制造等对存储性能、稳定性要求高的领域已有较好的应用。

其七，边缘计算与云计算协同，这是一种混合的 IT 架构，有潜力成为主流。在新的 IT 架构的支持下，新一代数据中心将由 3 种类型组成，包括用于超大规模计算与存储的中央云数据中心、靠近用户用于大规模计算和存储的区域边缘数据中心，以及靠近数据产生和使用地点的边缘数据中心。边缘数据中心将在本地解决计算的快速响应问题，而云计算为边缘计算提供强大的后台计算支持和数据存储能力。

其八，大型化 + 集群化，以满足超大规模计算和数据存储需求。大规模的数据中心集群能够更好地承载用户大规模的需求，也能够降低整体基础设施的边际成本。

2010 年，全球传统小型数据中心规模占计算实例的 79%，到 2018 年，超大型数据中心规模已占计算实例的 89%。思科预测，2025 年全球数据流量将会从 2016 年的 16ZB 上升至 163ZB，带动数据中心总体建设规模持续高速增长，集约化建设的大型数据中心比重将进一步增加。

在对新一代数据中心的规划上，相关部门已有明确的说法，据央广网的报道，工业和信息化部信息通信发展司有关负责人指出，新型数据中心是指以支撑经济社会数字转型、智能升级、融合创新为导向，以 5G、工业互联网、云计算、人工智能等应用需求为牵引、汇聚多元数据资源、运用绿色低碳技术、具备安全可靠能力、提供高效算力服务、赋能千行百业应用，与网络、云计算融合发展的新型基础设施。与传统数据中心相比，新一代数据中心具备高算力、高能效、高安全等特征。

而且从市场现状来看，不少企业都在探索与建设新一代数据中心。以内蒙古九链数据科技为例，该公司正在建设现代化智能边缘数据中心，探索"边缘计算新模式、数据自治新业态、引领数字新经济"的发展道路。这种新一代算力中心，通过科学合理布局集中式计算和分布式计算算力，混合配置通用算力与专用算力比例，充分利用分布式计算去中心化特质所带来的高适应性，达到与不稳定电力供应网络的良好对接、匹配和互动，高比例利用新能源电力，兼顾了节能、智能算力、不同类型的算力需求匹配等要求。

4.2　算力中心升级的时代与产业背景

从数据中心到智能柔性算力中心的变革，既有大数据、云计算、人工智能、物联网等技术发展的驱动因素，又具备数字经济繁荣、行业应用渗透率提升的雄厚基础，同时得益于新基建政策的推动。

4.2.1　绿色数据中心行业背景与新基建的政策大背景

自 2018 年底的中央经济工作会议提出"加强人工智能、工业互联网、物联网等新型基础设施建设"以来，国家高度重视新型基础设施建设。

特别是 2020 年，以 5G、大数据、物联网、人工智能等新技术、新应用为代表的新基建，在推进疫情防控和疫后经济复苏上发挥了巨大作用，成为适应经济发展趋势、推动社会稳定发展的重要引擎，新基建的价值再次充分体现。2020 年《政府工作报告》对加强新型基础设施建设作出重要部署，顶层设计为新型基础设施建设按下"加速键"。

其中，数据中心是新基建的基础保障，被视为"新基建的基础设施"、经济高质量发展的"数字底座"。2020 年以来的多项政策设计里，数据中心都被中央正式列入新基建。以 2020 年 3 月为例，中共中央政治局常务委员会召开会议，指出要加快 5G 网络、数据中心等新型基础设施建设进度。具体包含七大领域：（1）特高压；（2）新能源汽车充电桩；（3）5G 基站建设；（4）大数据中心；（5）人工智能；（6）工业互联网；（7）城际高速铁路和城际轨道交通。

2020 年 4 月 20 日，国家发展改革委明确"新基建"范围主要包括信息基础设施、融合基础设施和创新基础设施三部分。其中，信息基础设施主要是指基于新一代信息技术演化生成的基础设施，比以 5G、物联网、工业互联网、卫星互联网为代表的通信网络基础设施，以人工智能、云计算、区块链等为代表的新技术基础设施，以数据中心、智能计算中心为代表的算力基础设施等。

2021 年 7 月，工信部印发《新型数据中心发展三年行动计划（2021—2023年）》，明确将用三年时间，基本形成布局合理、技术先进、绿色低碳、算力规模与数字经济增长相适应的新型数据中心发展格局。到 2023 年底，全国数据中心机架规模年均增速将保持在 20% 左右，平均利用率力争提升到 60% 以上，总算力将超过 200EFlops，新建大型及以上数据中心电能利用效率降低到 1.3 以下，国家枢纽节点内数据中心端到端网络单向时延原则上小于 20 毫秒。

地方有关"新基建"的规划纷纷开展，其中不少都涉及了数据中心的建设。例如《广州市加快推进数字新基建发展三年行动计划（2020—2022 年）》中提到，到 2022 年，广州累计建成 5G 基站 8 万座，总投资超过 300 亿元；合力抓好数字新基建项目落地建设，目前首批征集入库项目 254 个，总投资额约 2600 亿元。

与此同时，数据中心的高能耗问题引起重视，巨大的能源消耗制约了算力中心运营企业的经济收益，更造成资源消耗和环境污染等诸多社会问题。国家和地方层面相继出台政策引导绿色数据中心建设。早在 2015 年，全国进行了一次国家绿色数据中心精选工作，北京、上海、广东、天津、河北、江苏等 14 个地区首批入选，并且在生产制造、电信、公共机构、互联网、金融、能源 6 个重点领域中评选出了 49 家数据中心纳入《国家绿色数据中心名单》。2019 年，工信部、国家机关事务管理局、国家能源局共同印发了《关于加强绿色数据中心建设的指导意见》，其中提出我国对建设数据中心能源消耗的规划，到 2022 年，数据中心平均能耗基本达到国际先进水平，新建大型、超大型数据中心的 PUE 值达到 1.4 以下，高能耗老旧设备基本淘汰，水资源利用效率和清洁能源应用比例大幅提升，废旧电器电子产品得到有效回收、利用。

2020 年 8 月，工信部、国家发展改革委、商务部等联合组织开展 2020 年度国家绿色数据中心推荐工作，其中能源资源使用情况占据评价指标分值最高的权重，达 67%，可见国家对数据中心能耗情况的重视。

就地方来看，电力资源稀缺的一线城市管控渐趋严格。2018 年北京出台政策，禁止在中心城区新建或扩建数据中心，全市范围（中心城区外）新建数据中心 PUE 不能超过 1.4；《上海市推进新一代信息基础设施建设助力提升城市能级和核心竞争力三年行动计划（2018—2020 年）》指出，新建数据中心 PUE 限制在 1.3 以下，存量改造数据中心 PUE 限制在 1.4 以下；2019 年 4 月，深圳市发改委颁布《关于数据中心节能审查有关事项的通知》指出，PUE 在 1.4 以上的数据中心不享有能源消费的支持，而 PUE 低于 1.25 的数据中心则可享有能源消费量 40% 以上的支持。

杭州发布《关于杭州市数据中心优化布局建设的意见》指出，推进先进节能绿色数据中心建设，积极发展云数据中心，推进虚拟化、弹性计算、海量数据存储等关键技术应用，提高 IT 设备利用率。强化绿色设计，推广整机柜、模块化、智能化管理等先进技术，提高数据中心部署效率。加强先进节能技术应用，推广能源信息化管控系统，扩大太阳能、风能等可再生能源应用，做好水网规划和水源保障工作，提高数据中心资源利用率和运行效益。

4.2.2　区块链技术产业背景与国家支持政策

作为新一代信息基础设施，区块链技术是数字经济新时代的产物，在食品安全、知识产权保护、财产公证、供应链金融、智能协议等诸多领域拥有广泛和深入的应用场景。

区块链技术本质是去中心化且具有分布式结构的数据存储、传输和证明的方法，它是一种全新的构建在点对点网络上，利用链式数据结构验证与存储数据，根据分布式节点共识算法生成和更新数据，通过密码学的方式保证数据传输和访问的安全，按照由自动化脚本代码组成的智能合约来编程和操作数据的分布式基础架构与计算范式。

在区块链技术的基础上，数据区块（Block）取代了对中心服务器的依赖，使得所有数据变更或者交易都记录在一个云系统之上，理论上实现了数据传输中对数据的自我证明，超越了传统意义上需要依赖中心的信息验证范式。

区块链可以更方便地提供各种服务的接入，并将各种服务升级到去中心化的全新层级。区块链技术更是人工智能的一种新形式，通过将人类（甚至机器）点对点互联，实现人机智慧的结合。区块链的技术创新，是互联网 TCP/IP 协议的下一代升级，是信息的自由传输升级到信息的自由公证，是未来全球市场信用的基础协议和范式，将给人类带来新的价值和繁荣。如果说 TCP/IP 协议让人类进入了信息自由传递的时代，区块链则会把人类带入价值互联网时代。

近年来，在国家政策、基础技术推动和应用领域需求不断增加的促进下，区块链市场规模不断发展，产业集群效应显现。从政策来看，2019 年 10 月，中共中央政治局就区块链技术发展现状和趋势进行第十八次集体学习。中共中央总书记习近平在主持学习时强调，区块链技术的集成应用及相应的算力基础设施，在新的技术革新和产业变革中起着重要作用。2020 年 2 月，中国人民银行发布了《金融分布式账本技术安全规范书》（JR/T 0184–2020），标准规定了基于区块链技术的金融分布式账本安全体系，包括基础硬件、基础软件、密码算法、节点通信、账本数据、共识协议、智能合约、身份管理、隐私保护、监管支撑、运维要求和治理机制等方面。

在《"十四五"规划纲要》里，区块链被列为"十四五"七大数字经济重点产业之一，明确了技术创新、平台创新、应用创新、监管创新这四大区块链创新方向，具体指出要"推动智能合约、共识算法、加密算法、分布式系统"等区块链技术创新，以联盟链为重点发展区块链服务平台和金融科技、供应链管理、政务服务等领域应用方案，完善监管机制。

很多省市都出台了区块链专项政策，扶持办法涉及企业财税补贴、人才引进奖励等多个方面，并且明确区块链技术的发展计划与目标，比如《上海市战略性新兴产业和先导产业发展"十四五"规划》里专门开辟了"数字应用"板块，其中提到重点突破智能合约、共识算法、加密算法、分布式系统等关键技术，加快建设一批区块链服务平台，推动区块链在金融、商贸、物流、能源、制造等领域示范应用，构建应用场景，形成区块链应用技术体系和产业生态。

北京出台了区块链专项行动计划，明确到 2022 年，要把北京初步建设成为具有影响力的区块链科技创新高地、应用示范高地、产业发展高地、创新人才高地，建立区块链科技创新与产业发展融合互动的新体系。

成都几年前就有区块链专项政策出台，2020 年发布《成都市区块链应用场景供给行动计划（2020—2022 年）》，力争到 2022 年打造 30 个区块链应用示范场景，建设 2~3 个区块链产业集聚发展区，将成都建设成为区块链技术创新先发地、区块链产业创新发展示范区。围绕政务服务、城市治理、新消费、跨境贸易、智能制造、智慧农业、智慧教育、智慧医疗、金融服务、知识产权十大领域，加强应用场景供给，利用区块链分布式共识、可信共享、数据可追溯、智能合约等技术优势，建设完善一批区块链应用平台，强化区块链技术在各细分领域的应用。

在落地应用领域与场景方面，涉及金融、制造、民生、政务等多个方向，比如建立银行、保险、租赁等行业票据区块链平台，连接金融单位、客户、投资方和监管方，实现传统票据市场向数字票据市场的跨越式发展；推动政务数据开放共享；构建政府各职能部门的联盟链、政府面向民众的公有链和公安政法等涉密体系的私有链等。

而且区块链已形成了产业链，包括上游硬件、技术及基础设施；中游区块链应用及技术服务；下游区块链应用领域等环节。上游硬件包括提供区块链应用所必备的硬件、技术以及基础设施支持，比如芯片厂商、服务器、数据中心、矿机、矿池、通用技术等，其中的通用技术涉及分布式存储、去中心化交易、数据服务、分布式计算等。中游区块链应用及服务，包括基础平台建设和提供技术服务支持，比如通用基础链、数字资产存储、交易场所等。下游区块链应用领域主要是区块链技术与行业、场景的结合，比如在金融行业、物流行业、版权保护、医疗健康、工业能源等领域的应用。

2021年3月，据研究机构IDC发布的全球区块链支出指南，中国区块链市场已达到2.86亿美元规模。在政策的持续推动以及厂商不断的努力下，中国区块链市场生态初成。其中，云厂商通过提供BaaS服务，或以加入BSN城市节点的方式对外提供网络、计算、存储的区块链底层服务；安全厂商则通过合规监测、形式化验证等方式保护智能合约、数字资产安全，打造区块链安全生态。据赛迪公布数据，2016年以来，大型IT互联网企业纷纷布局区块链，初创企业进入井喷模式，投融资频次及额度剧增，产业规模不断扩大。截至2019年12月，我国提供区块链专业技术支持、产品、解决方案等服务，且有投入或产出的区块链企业共1006家。据IT桔子不完全统计，截至2020年11月2日，我国区块链行业获得投资282起，投资金额656.67亿元。据01区块链的统计，从全球情况看，2021年3月区块链融资上升到233起，随后下降再回弹，9月发生145起，其中125起透露了融资数额，超过37.73亿美元，图4-1总结了2020年11月至2021年9月，全球区块链的融资情况。

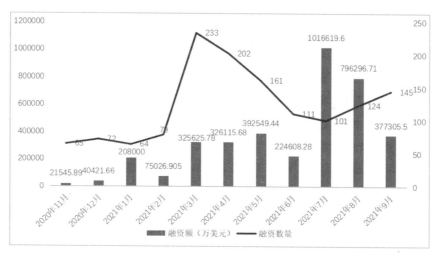

图 4-1　2020 年 11 月—2021 年 9 月全球区块链融资走势

来源：01 区块链，零壹智库

4.2.3　新能源发展与面临的消纳问题

以新能源替代化石能源发电，是世界发展的必然趋势。发展新能源发电产业、增加绿色能源供应量，降低环境污染，有利于实施生态强国战略，建设环境友好型社会。从现实情况来看，近年来，我国可再生能源发展迅猛。截至 2023 年底，我国可再生能源发电装机容量占比超过总装机的一半，历史性超过火电装机。可再生能源发电量约占全社会用电量的 1/3，风电光伏发电量保持两位数增长。但电力系统灵活性不足、调节能力不够等短板突出，制约更高比例和更大规模的可再生能源发展。而实现碳达峰的关键在于促进可再生能源发展，促进可再生能源发展的关键在于能源的消纳，要想保障可再生能源的消纳，其关键又在于电网接入、调峰和储能。

可再生能源的实际使用情况又如何？ 2020 年，全国平均风电利用率 97%，超过 2020 年风电利用率目标 2 个百分点，重点省区全部达到了 2020 年消纳目标；全国平均光伏发电利用率为 98%，超过 2020 年利用率目标 3 个百分点，重点省区全部达到了 2020 年消纳目标；全国主要流域水能利用率 97%，超过 2020 年利用率目标 2 个百分点，重点省区全部达到了 2020 年消纳目标。表 4-1 总结了 2020 年风电、光伏、水电等实际完成的消纳情况。

表 4-1   2020 年清洁能源消纳目标完成情况

地区	2020 年消纳目标	2020 年实际完成情况
一、风电		
全 国	95%	97%
新 疆	85%	90%
甘 肃	85%	94%
黑龙江	94%	99%
内蒙古	92%	95%
吉 林	90%	98%
河 北	95%	95%
二、光伏		
全 国	95%	98%
新 疆	90%	95%
甘 肃	90%	98%
三、水电		
全 国	95%	97%
四 川	95%	95%
云 南	95%	99%
广 西	95%	100%

来源：2020 年度全国可再生能源电力发展监测评价报告

　　未来，随着新能源建设规模的进一步扩大，且受制于下游用电产业瓶颈和电力外送通道建设滞后的影响，新能源电力的消纳压力不仅不会缓解，反而会日趋严重，亟须寻找破局的方法和路径。制约新能源消纳的具体原因如下。

　　一是新能源爆发式增长与用电需求增长放缓矛盾突出，从 2016 年以来，全社会用电量年均增长 5%，同期电源装机年均增长近 10%，新能源装机年均增长高达 30% 以上，新增用电市场无法支撑各类电源的快速增长。

　　二是网源发展不协调严重制约新能源发展，我国的能源资源是"西富东贫"，消费是"东多西少"，生产与消费中心不在一起。风电装机集中的"三北"地区远离负荷中心，难以就地消纳，电网发展滞后。而且不少新能源富集地区都存在跨区通道能力不足等问题，制约新能源消纳。

　　三是电源系统调节能力不充足，不够灵活。新能源发电存在间歇性、波动性等特征，大规模并网对电网稳定性、连续性和可调性造成极大影响，因此对电力系统的调峰能力提出很高要求。

四是当前我国电力供需以省内平衡和就地消纳为主，缺乏促进清洁能源跨区跨省消纳的强有力政策、合理的电价和辅助服务等必要的补偿机制，省间壁垒突出，跨区跨省调节电力供需难度大。

在解决消纳问题上，我国已付出了多方面的努力。2021 年 5 月，国家发展改革委发布《关于进一步完善抽水蓄能价格形成机制的意见》；2021 年 7 月，国家发展改革委、国家能源局发布《关于加快推动新型储能发展的指导意见》，预计到 2025 年，新型储能装机规模达 3000 万千瓦以上，提出健全"新能源 + 储能"项目激励机制。2021 年 7 月，《关于进一步完善分时电价机制的通知》印发，部署各地完善分时电价机制，服务以新能源为主体的新型电力系统建设。2021 年 8 月，国家发展改革委、国家能源局发布《关于鼓励可再生能源发电企业自建或购买调峰能力增加并网规模的通知》，提出在电网企业承担可再生能源保障性并网责任的基础上，鼓励发电企业通过自建或购买调峰储能能力的方式，增加可再生能源发电装机并网规模。

采取这些举措，核心目标是加速推进以新能源为主体的新型电力系统建设，同时促进可再生能源的消纳。尤为重要的是，提升新能源发电的就地消纳能力，已成为发展新能源产业的关键选择。

4.2.4 智能柔性算力中心与柔性生产获得国家支持

智能柔性算力中心建设势在必行，柔性化生产大势所趋，"新能源电力 + 智能柔性算力"是实现新能源和算力产业良性互动发展的最佳选择。

区块链作为我国核心技术自主创新的重要突破口，亟须明确主攻方向，加大投入力度，加快推动区块链技术和产业创新发展，积极推进区块链和经济社会融合发展。

区块链是分布式数据存储、点对点传输、共识机制、加密算法等计算机技术的新型应用模式，具有显著的去中心化和分布式计算优势。从电力利用角度讲，以区块链技术为支撑的柔性算力中心，具备更强的电力使用和柔性匹配能力。集成传统中心化计算和区块链分布式计算的智能柔性算力中心，可将各种算力深度挖掘和整合成柔性算力，使新能源发电与柔性算力形成去中心化互联互动，实现电力点对点可信交易，有效解决新能源电力就地消纳问题，有利于提高电网运行的安全和稳定性。

　　未来的智能柔性算力中心将基于区块链的技术优势，借助中心化计算的规模优势，充分发挥算力柔性，实现与新能源电力的匹配互动，推动新能源和算力产业的良性互动和可持续发展，为我国发展"新基建"注入新动能。

　　综上所述，数字经济发展已经成为中国落实国家重大战略的关键力量，对实施供给侧改革、创新驱动发展战略具有重要意义。数字经济发展中对数据的深度挖掘和融合应用已成关键点，作为数字经济时代的核心驱动力，算力中心为云计算、大数据、区块链及人工智能等新兴技术的发展可提供坚实的基础保障。

4.3　基于新能源电力的绿色柔性算力中心建设思路

　　一些龙头企业与创新企业正在探索绿色柔性算力中心的建设，充分利用新能源电力，比如内蒙古九链数据科技，就在内蒙古自治区建设发展柔性算力中心。综合多家公司的做法，这种基于新能源电力的绿色柔性算力中心，在建设思路上大概体现为如下情况。

4.3.1　建设思路

　　基于新能源电力协调互动的绿色柔性算力中心是指通过科学合理布局集中式计算和分布式计算算力，混合配置通用算力与专用算力比例，充分利用分布式计算去中心化特质所带来的高适应性，达到与不稳定电力供应网络的良好对接、协调和互动，高比例利用新能源电力的算力中心。

　　绿色柔性算力中心建设目标为：规范算力中心建设与运营，鼓励算力中心使用绿色能源，消纳新能源的弃风、弃光，保证电网稳定性，降低碳排放和单位生产总值能耗，促进数字经济的可持续发展，全面提升地区数字经济发展水平和地方经济效益，全力打造"协同利用新能源、建设算力新高地、引领数字新经济"的数字经济基础设施。在整体目标的引领下，将促进集中式算力与分布式算力的有效融合、新能源电力与柔性算力的有效融合，并在实施过程中力求实现4个提高：即提高算力中心现代化管理水平、提高新能源绿色电力消纳水平、提高地区数字经济发展水平、提高地区生态环境质量水平。

　　以绿色低碳的柔性算力中心实验示范区为基础，着力打造基于区块链技术的电能与算力管理系统。在电能管理与交易方面，新能源发电企业与柔性算力经营企业通过区块链分布式数据网络进行可信交易，降低发供电行业门槛，提高绿色电力消纳，降低算力运营企业经营成本，激发新能源与算力产业投资活力；在算力管理与交易方面，基于区块链广域互联的技术优势，形成多类型算力协同优化的算力互联网，完善数字化经营与服务，助推各产业数字化转型升级，激发地区数字经济发展潜能。

4.3.2　绿色柔性算力中心的特征

现代化的柔性算力中心将具备绿色化、新型化、规模化、集中化、规范化等主要特征。

1. 绿色化

柔性算力中心必须与新能源发电设备相连接，运行期间需优先使用新能源电力，并根据新能源发电负荷变化主动调节用电需求，提高新能源利用效率。同时，柔性算力中心需利用云计算和绿色节能技术对数据交互中心进行改造、提高基础设施的能耗及能效水平，PUE 值需达到国际领先水平。

2. 新型化

柔性算力中心是大数据基础设施建设的新形式、新产物，不一定局限于互联网数据中心（IDC）标准，鼓励建筑形态和建设标准的创新。例如，在柔性算力中心区域内建设分布式光伏、分散式风电等新能源发电设备，提高绿色电力使用比例，以及增设余热回收等节能设施，降低算力中心能耗水平。

3. 规模化

为有效杜绝算力行业发展乱象，促进各算力中心形成规模效应，对规模过小、经营不规范、能源利用效率低的小型算力中心将予以取缔，同时，鼓励建设大容量和大负荷量的柔性算力中心，力争将各区域内的多个算力中心打造成规模化的柔性算力基地。

4. 集中化

为便于政府有效管控各算力中心，充分利用土地、电力等资源，促进各算力中心形成产业聚集效应，将结合自治区各盟市资源和新能源布局特点，在西部、中部和东部，各选择一个区域，集中优势资源，重点规划和扶持具有特色的柔性算力项目。

5. 规范化

针对当前算力中心建设与运营情况不一，项目建设缺乏通用且有效的标准法规等问题，以政府主导、企业参与的形式，统一政策，规范管理，规范税收，加强引导，实现政府和企业在柔性算力产业的双赢。

4.3.3　实践概要

基于新能源电力协调互动的绿色柔性算力中心实践概要为：构建模块化算力服务器、多元化算力基地、去中心化算力网络多层拓扑结构的柔性算力中心，并基于地区新能源电力与电网结构，开发主动协调新能源电力负荷的柔性算力电能管理平台。

1. 多层拓扑结构柔性算力中心

（1）模块化算力服务器：柔性算力服务器是构建多层拓扑结构柔性算力中心的最基本单元，组建柔性算力服务器除考虑效率、节能、稳定等常规指标基础上，对算力服务器进行模块化物理分割，以充分挖掘服务器的算力柔性，提高服务器建设效率与标准化程度。

（2）多元化算力基地：以模块化算力服务器为基础，在新能源发电富集地区，开发建设多元化算力基地。基地将集中式算力与分布式算力的有效融合，集中式算力进行不可中断计算服务，分布式算力进行可中断或可间歇性中断计算服务，根据算力服务与新能源电力负荷情况，构建冷备、半热备、热备灵活切换的多元化算力基地。

（3）去中心化算力网络：在多个新能源电力富集地区分别建设边缘协同的多元化算力基地，各算力基地通过光纤或卫星数据传输，对算力服务对象进行"N+1"式算力服务，通过柔性算力网络的分布式运营为服务对象提供稳定、经济的算力。

2. 柔性算力电能管理平台

为已建成的多层拓扑结构柔性算力中心建设多能互补的电能管理平台，基于区块链技术优势与网络架构，实现柔性算力与新能源电力的协调互动，以就地消纳新能源、提高新能源行业经济效益为抓手，促进柔性算力中心清洁低碳、安全高效的运行与管理。

4.4　如何建设智能化的绿色柔性算力中心

绿色柔性算力中心建设整体目标规划如图 4-2 所示。

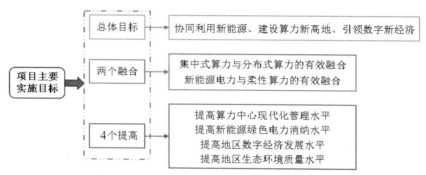

图 4-2　算力中心实施目标规划

通过空间布局、建筑结构、建筑用材、功能分区、设备集约等方式，有效降低算力中心建设和运营成本，降低 PUE 能耗值，在保障算力运行需求的同时，提高算力中心的经济性。

4.4.1　智能计算中心规划建设指南

在智能计算中心的建设上，国家信息中心信息化和产业发展部联合浪潮发布了《智能计算中心规划建设指南》（以下简称《指南》），其中对智能计算中心的建设给出了清晰的规划指导，可以用作绿色柔性算力中心的参考。

在这份《指南》里，智能计算中心的定义是：基于最新人工智能理论，采用领先的人工智能计算架构，提供人工智能应用所需算力服务、数据服务和算法服务的公共算力新型基础设施，通过算力的生产、聚合、调度和释放，高效支撑数据开放共享、智能生态建设、产业创新聚集，有力促进 AI 产业化、产业 AI 化及政府治理智能化。

与数据中心和超算中心相比，智算中心通过构建领先的人工智能算力基础设施来承载 AI 技术创新，促进数据开放共享，加速智能生态建设，带动智能产业的聚合，它的内涵体现如下。（1）算力公共基础设施，面向多用户群体提供人工智能应用所需算力服务、数据服务和算法服务，汇聚各行业领域的数据资源，支撑 AI 计算需求，让算力服务更为易用，像水电一样成为基本公共服务。（2）基于 AI 模型提供高强度的数据处理、智能计算能力，集成先进的智能软件和智能计算编程框架，实现云端一体化，形成高性能、高可靠性的计算架构；核心计算单元采用先进的人工智能芯片，并采用异构计算，大幅提升基础算力的使用效率和算法的迭代效率。（3）算力、数据和算法的融合平台，以融合架构计算系统为平台，以数据为资源，以强大算力驱动 AI 模型对数据进行深加工，使算力、数据和算法 3 个基本要素成为一个有机整体和融合平台。（4）以产业创新升级为目标，以数据流引导技术流、业务流、资金流、人才流聚集，以数据驱动产业创新发展，面向产业提供 AI 赋能，孵化新业态，带动形成多层级的 AI 产业生态体系。

智算中心的建设要点以全面提升 AI 算力为核心，促进数据开放共享，培育区域智能生态圈，推动 AI 产业资源要素聚集，带动产业发展为主，具体包括以下 4 个方面。

其一，全面提升 AI 算力生产供应，智算中心基于新型硬件架构和人工智能算法模型，立足长期发展需求，保证规划建设的技术领先性。围绕生产算力、聚合算力、调度算力、释放算力四大关键环节持续创新，实现 AI 算力的全流程、一体化高效交付。

其二，促进数据开放共享，汇聚各行业领域数据资源，通过海量数据开放共享，全面提升 AI 算法训练数据质量，使沉淀的数据资源在各个应用场景中实现价值最大化。

其三，培育区域智能生态，以智能算力生态聚合带动多层级产业生态体系的形成，助推数字经济与传统产业深度融合，加速孵化新业态。

其四，推动 AI 产业创新聚集，在政府主导下，科创企业、科研机构和传统企业发挥各自在 AI 方面的技术优势，加速 AI 应用场景落地，助力传统产业转型升级，催生经济新业态新模式，优化公共服务供给。

在技术框架上，该《指南》也做出了设计，认为整个架构分为如下几部分：（1）基础部分是最新的人工智能理论和领先的人工智能计算架构，包括深度学习、自监督学习、强化学习、自动机器学习及 AI 芯片、AI 服务器、高速互联、深度学习框架、资源调度等。（2）功能部分是四大平台和三大服务，四大平台包括算力生产供应平台、数据开放共享平台、智能生态建设平台和产业创新聚集平台；三大服务包括数据服务、算力服务和算法服务。（3）目标部分是促进 AI 产业化与产业 AI 化、政府治理智能化，其中 AI 产业化包括识别检测、语音交互、AI 芯片、自动驾驶、机器人等；产业 AI 化包括智能制造、医疗影像、智能客服、智能物流、智慧农业等；政府治理智能化涉及智慧交通、防洪减灾、应急管理、环境保护等。

根据《指南》里的内容，智算中心的作业环节包括生产、聚合、调度、释放算力四部分。

其一，生产算力：基于 AI 服务器作为算力机组，支持多样的 AI 芯片，形成高性能、高吞吐的计算系统，为 AI 训练和 AI 推理输出强大、易用、高效的算力，它包括算力机组、算力芯片、算力生态和算力输出。其中的算力机组是以 CPU+AI 加速芯片为主体的异构计算架构，通过 AI 服务器满足算力需求，而 AI 服务器又分为 AI 训练服务器和 AI 推理服务器。算力芯片主要是 GPU、FPGA、ASIC 等，CPU 与各类 AI 加速芯片各司其职。目前不少公司采用 GPU 进行 AI 计算，在深度学习训练阶段应用广泛。FPGA 在推演阶段的性能高、功耗和延迟低。ASIC 是一种专为特定需求而定制的芯片，体积小、功耗低、计算性能高等，比如 TPU、NPU、VPU、BPU 等都是 ASIC。

其二，聚合算力：基于智能网络和智能存储技术，为算力机组集群构建高带宽、低延迟的通信系统和数据平台，提供弹性、可伸缩扩展的算力聚合能力，它涉及算力集群，包含 AI 服务器、数据存储、高速网络及配套基础设施；采用智能网络技术，聚合 AI 算力集群和智能存储集群，构建弹性的、可伸缩扩展的数据中心。

其三，调度算力：通过虚拟化、容器化等技术，将算力资源池化为标准算力单元，对算力进行精准调度配给，是智算中心连接上层应用与底层计算设备的核心能力，将聚合的 CPU、GPU、FPGA、ASIC 等算力资源进行标准化和细粒度切分，满足上层不同类型智能应用对算力的多样化需求。

其四，释放算力：基于人工智能算法，采用全流程软件工具，针对不同场景的应用需求，通过机器学习自动化的先进方法，产出高质量的 AI 模型或 AI 服务，提高 AI 应用生产效率，促进算力高效释放转化为生产力。

总的来讲，智算中心作为承载人工智能应用需求的算力中心，以海量异构数据为资源，基于深度学习、自监督学习、强化学习、自动机器学习、跨媒体多模态等人工智能理论，采用技术领先的 AI 芯片、AI 服务器、高速互联、深度学习框架、资源调度等人工智能计算架构，重点围绕生产算力、聚合算力、调度算力、释放算力四大环节提升 AI 算力，通过打造算力生产供应、数据开放共享、智能生态建设和产业创新聚集平台，面向多用户群体提供源源不断的算力服务，赋能行业 AI 应用，助力数字经济、智能产业等发展。

4.4.2　运行管理智能化绿色柔性算力中心

内蒙古九链数据科技根据地方情况，探索出了一套基于新能源电力的绿色柔性算力中心建设与运行管理方案，它包括电能管理系统、多数型算力匹配优化、算力管理和交易平台等部分，其中考虑到了新能源电力的消纳问题。

1. 智能柔性算力中心电能管理系统

（1）构建新能源＋柔性算力的去中心化电能管理模型

首先，研究项目地电力能源供给结构，充分考虑新能源发电的不确定性和间歇性，并试图提高可再生能源利用比例，降低对化石能源的依赖，同时考虑各供能单元能量传输损耗的问题，通过虚拟竞价机制与区块链共识机制相结合的模式，将各考虑因素充分融合，实现能源供应的协调自制。

其次，分析算力中心可主动适应新能源电力的柔性特征，充分考虑现阶段主要的需求侧响应方法，如激励型需求侧响应与价格型需求侧响应，考虑各种用能方式的经济性与合理性，通过区块链特有的智能合约技术模式，将柔性电力需求转化为可自动执行的管理模型。

最后，充分挖掘区块链的技术优势，合理运用共识算法，保证电能供需两端信息一致性，以密码学方式实现去中心化的能源点对点交易，提高电能管理的综合效率。

通过以上实施方案，以区块链去中心化与分布式的技术特性为桥梁，将电力能源的供给侧与需求侧深度融合，形成"新能源＋柔性算力"电能管理的技术方案，初步拟定采用改进优化的连续双向拍卖竞价策略，并结合联盟区块链的模型架构，搭建基于区块链的电力供需两端协同优化的电能管理模型。

（2）开发基于区块链技术的电能高效管理平台

在物理层面，充分考虑电能稳定高效供应的3个方面：首先，通过以新能源电力为主、火力发电为辅的多种电能梯级利用的方法；其次，确立柔性算力中心以运行经济性为导向的电力需求侧管理方法；最后，将储能、余热利用等多种节能降耗技术赋予数字属性，模块化加入电能管理平台并高效利用。

在平台搭建层面，应用区块链中的联盟链技术，开发柔性算力中心电能管理平台。基于联盟链的四大优势，进而实现管理平台的去中心化协同优化，打造公开、透明、稳定、高效的电能调度与交易平台，这四大优势如下。

一是身份识别与验证。联盟链的价值信息处理方式比较特别，它不同于比特币与以太坊等平台向全世界网络公开，而是只对参与到电能管理平台的各单元公开，有效地保障了参与单元的信息隐私与整个平台的安全可靠。绿色柔性算力中心的建设要求里，将对各个能源供需单元，按照能源供需形式与用电柔性程度进行分类，加入特有的身份识别与验证机制，在联盟链平台中实现电能管理平台的环境部署与节点识别。

二是信息分布式存储与共享。去除数据存储与调用的中心，摒弃常规的集中式控制和执行方式，采用去中心协调自制的数据存储与调用模式，每个参与单元都有整个平台的全部信息数据，每次新发生的功率匹配和交易结算都将在电能管理平台中全网广播，数据在多方之间的流动将得到实时的追踪和管理。

这种去中心化的方式省去了中心或第三方的成本，消除了电力供给与需求单元之间的信任问题。同时，各参与单元都可看到全网络数据，有助于反馈给各方进行下一阶段期望电价与供需电量的计算分析，进而提高电能计算精度与平台的运行效率。

三是智能合约的自动执行。智能合约是指一种计算机协议，这类协议一旦制定和部署就能够实现信息策略的自我执行和自我验证，不再需要人为的干预。柔性算力中心所构建的电能管理平台中，各能源供需单元与加入的节能设备可根据模型策略自动化进行电能功率优化匹配和电费交易结算，这种去中心化的运行方式能够降低运行成本，减少人为干预风险。

四是鲁棒性和即插即用性。在大规模利用新能源电力的同时，不可避免地承受新能源电力不确定性对电力输配网的冲击，必须开发可保障柔性算力中心稳定运行的优化技术。联盟链方式具有分布式容错性能，其分布式网络极其鲁棒，以特有的块链式数据结构，使系统具备即插即用功能，同时联盟链的共识算法可以在个别参与单元退出系统或者出现故障时，保障整个系统的安全稳定运行，容忍部分节点的异常状态，实现平台的稳定运行。鲁棒是英文单词"Robust"的音译，也就是强壮的意思，代表了系统在异常和危险情况下生存的能力。所谓"鲁棒性"，是指控制系统在一定的参数摄动下，维持其他某些性能的特性。

通过区块链优势技术的运用，为新能源发电产业与柔性算力中心搭建电能供需去中心化的联盟链架构，充分考虑新能源发电的不确定性、各类算力中心的用电特征、电能分布式调度与交易的关键难题等，开发相应的电能管理平台。

按照内蒙古九链数据科技的计划，根据二连浩特已建成的国际绿色数字港为实践基地，将算力中心作为电能购买方，微电网及配套外网作为电能供应方，在电能管理平台上进行点对点的电能调度和交易结算，通过不断积累的实践数据，测试和完善电能管理平台。

最后，以促进新能源消纳和提高算力中心效益等问题为导向，把柔性算力中心的概念及配套的电能管理平台向内蒙古其他地区进行推广，在实践中证明系统平台的可行性和优越性，实现"新能源＋柔性算力"的深度融合。

2. 多类型算力匹配优化

根据柔性算力中心电能管理系统在运行阶段提供的数据信息与供电经济特性曲线，对柔性算力中心的集中式计算算力和分布式计算算力进行科学分配，混合配置通用算力与专用算力比例，即根据电力需求进行算力负荷匹配。

算力负荷匹配是柔性算力中心实现电力需求响应的基本方式，也是柔性算力中心的主要特征。柔性算力中心电能管理平台向算力用户发出负荷响应指令，算力用户根据通知要求主动调整用电模式，调整规定时间段内的用电负荷。在新能源电力出力较低时，降低算力负荷，减少柔性算力中心用电量以稳定地区电能供需平衡；在新能源出力高峰时，提高算力负荷，主动消纳可能出现弃风、弃光的"垃圾电力"，促进电网运行安全和稳定。

柔性算力中心运行期间，算力匹配优化需根据算力中心实际情况，对算力属性、重要等级、变化趋势进行综合分析，并充分考虑地区电力能源供应结构，科学设计与不断调整多类型算力的匹配优化，主要程序如下。

（1）研究柔性算力中心低压供电回路设计情况，详细分析算力厂房内算力负荷装载特性。

（2）分析算力负荷特性：从算力负荷类型、重要等级、变化趋势等方面综合分析，明确算力中心用电特性、算力负荷变化对算力生产服务商的影响程度，从而制定出切实可行的算力负荷响应方案。

（3）匹配可参与需求响应的分布式算力负荷：在满足柔性算力中心用电要求的前提下，结合各供电回路算力负荷类型、重要等级、日供电负荷趋势，研究并明确匹配可参与需求响应的分布式算力负荷。

（4）制订分布式算力负荷响应方案及时序：综合考虑分布式算力类型、算力对用户影响程度及分布式算力大小，对参与电力供应柔性响应的分布式算力进行排序，尽最大可能地降低电力供应对分布式算力的影响，根据电力供应发出算力响应指令，按顺序分批、逐步参与响应。

3. 构建算力管理和交易平台

开发建设基于区块链的算力资源综合交易和管理平台，平台对接试验区现有的各类算力机构和企业，结合未来全区、全国乃至全球潜在的可加入算力，使用智能合约等方式来达成算力提供方与用户的供需匹配。

众所周知，工业经济的驱动因素是化石燃料，数字经济的驱动因素是数据。那么，数据如何驱动一个商业行为？如果是一家具体的企业，它又是怎么驱动商业行为的？答案是把数据计算机模型化，用算法组织数据，用计算机把企业的商业行为程序化，当数据转变成算法模型并用算法模型进行串联，即可把业务流程变成计算机的程序或者区块链智能合约，这就是数字技术。现实社会和商业模式中的数字经济并不局限于经济学角度，而是把所有商业行为全面整合，依靠一系列的互联网、物联网、云计算、人工智能和区块链等数字化技术来组成数字经济，或者是数字商业。

当前，数字经济浪潮正以前所未有的力量推动着市场向前飞速发展，所以，坚持以企业为市场主体地位，构建基于区块链的算力资源综合交易和管理平台，在柔性算力中心开展算力管理和交易，研究采取民办官管、地方政府和国资参股等方式，研究构建算力资源综合交易和管理的新模式。

总的来看，智能化的绿色柔性算力中心项目，通过科学合理布局集中式计算和分布式计算算力，混合配置通用算力与专用算力比例，充分利用分布式计算去中心化特质所带来的高适应性，达到与不稳定电力供应网络的良好对接、匹配和互动；基于区块链分布式网络架构，设计新能源电力与柔性算力协调优化的电能供需方法，开发高效互动的电能管理平台，探索民办官管、地方政府和国资参股的"新型电力＋算力"交易模式；构建高效利用新能源的标准化柔性算力中心示范，助推企业间的价值交互与政府的集中式规范管控。

4.5 绿色柔性算力中心的价值分析

绿色柔性算力中心的建设与运营，将实现新能源电力与柔性算力的高效交互，并通过区块链技术的融入，构建新能源电力＋柔性算力＋区块链技术的三维联动，实现经济发展的倍增效应，带来的不仅是算力资源的高效应用，还探索出新能源利用的可行路径。

4.5.1   推动配套清洁能源开发

值得注意的是，数据中心、超算中心、智算中心等算力中心的增加，将带来用电量的上涨，应该以绿色电力为主要来源。2019 年初，工信部、国家机关事务管理局、国家能源局三部委联合印发了《关于加强绿色数据中心建设的指导意见》，明确提出大力推动绿色数据中心创建、运维和改造，引导数据中心走高效、清洁、集约、循环的绿色发展道路，并对数据中心的平均能耗提出严格要求。2020 年，工业和信息化部等部门确定了 60 家 2020 年度国家绿色数据中心名单，如表 4-2 所示。

表 4-2   2020 年度国家绿色数据中心公示名单

序号	数据中心名称
通信领域	
1	武清数据中心
2	中国联通四川天府信息数据中心
3	中国移动（新疆克拉玛依）数据中心
4	中国移动（重庆）数据中心
5	中国移动呼和浩特数据中心
6	中国移动（辽宁沈阳）数据中心
7	中国移动长三角（无锡）数据中心
8	中国（西部）云计算中心
9	中国移动长三角（苏州）数据中心
10	中国移动（河南郑州航空港区）数据中心
11	中国联通华北（廊坊）基地
12	中国联通贵安云数据中心
13	中国联通哈尔滨云数据中心
14	中国联通深汕云数据中心（腾讯鹅埠数据中心 1 号楼）
15	中国联通德清云数据中心
16	中国联通呼和浩特云数据中心
17	北京联通黄村 IDC 机房
18	中原数据基地 DC1 数据中心
19	中国电信云计算内蒙古信息园 A6 数据中心
20	中国电信上海公司漕盈数据中心 1 号楼
21	中国电信云计算重庆基地水土数据中心

续表

序号	数据中心名称
互联网领域	
22	中经云亦庄数据中心
23	顺义昌金智能大数据分析技术应用平台云计算数据中心
24	房山绿色云计算数据中心
25	腾讯天津滨海数据中心
26	阿里巴巴张北云计算庙滩数据中心
27	怀来云交换数据中心产业园项目 1# 数据机房、2# 数据机房
28	环首都·太行山能源信息技术产业基地
29	乌兰察布华为云服务数据中心
30	鄂尔多斯国际绿色互联网数据中心
31	绿色海量云存储基地
32	数讯 IDXIII 蓝光数据中心
33	京东云华东数据中心
34	中金花桥数据系统有限公司昆山数据中心暨腾讯云 IDC
35	世纪互联杭州经济技术开发区数据中心
36	世纪互联安徽宿州高新区数据中心
37	数字福建云计算中心（商务云）
38	东江湖数据中心
39	长沙云谷数据中心
40	广州睿为化龙 IDC 项目
41	重庆腾讯云计算数据中心
42	雅安大数据产业园
43	贵州翔明数据中心
44	宁算科技集团一体化产业项目—数据中心（一期）
45	观澜锦绣 IDC 机房 3# 楼项目
46	百旺信云数据中心一期
公共机构领域	
47	中国科学院计算机网络信息中心信息化大厦
48	丽水市公安局数据中心
49	宁波市行政中心信息化集中机房

续表

序号	数据中心名称
能源领域	
50	中国石油数据中心（吉林）
金融领域	
51	平安深圳观澜数据中心
52	中国邮政储蓄银行总行合肥数据中心
53	广发银行股份有限公司南海生产机房
54	中国人寿保险股份有限公司上海数据中心
55	中国工商银行股份有限公司上海嘉定园区数据中心
56	汉口银行光谷数据中心
57	重庆农村商业银行鱼嘴数据中心
58	中国人民保险集团股份有限公司南方信息中心
59	安徽省联社滨湖数据中心
60	北京银行西安灾备数据中心

从实际情况来看，数据中心投资方使用可再生能源电力还需要进一步提升。2018 年，数据中心行业仅有 23% 的电力来自可再生能源，迫切需要改变用能方式，加快清洁低碳用电步伐。客观来讲,中国数据中心一直在积极应用可再生能源电力，比如阿里巴巴、腾讯、百度等互联网企业以及秦淮数据、万国数据等数据中心企业，已探索市场化交易直接采购可再生能源电力、自建分布式可再生能源电站等。国际上不少企业同样在使用可再生能源为数据中心供电，截至 2020 年 10 月，已有苹果、Facebook、谷歌、微软等数十家企业及数据中心服务商，先后承诺将 100% 使用可再生能源，并设置了中远期目标。

4.5.2　为新能源发电企业提供稳定的消纳空间

新能源电力是绿色低碳的能量来源，也是我国未来能源产业结构的最主要组成部分。柔性算力的高能耗、随时启停、削峰填谷等技术特征，可有效平抑新能源电力的间歇性与不确定性，是完美的电力需求侧响应单元，为新能源电力提供了有效消纳途径。

新能源电力不仅可为柔性算力的运行提供源源不断的绿色电力，也可在电力过剩时降低供电单价，切实提高柔性算力中心的经济效益。由此可知，未来算力中心（C级数据中心）用电量增幅十分显著，为当地电力消纳提供了良好的负荷预期。

柔性算力中心可帮助解决新能源上网难、弃风、弃光严重的问题，通过区块链等新兴技术应用，实现新能源生产企业满负荷发电，提高新能源发电企业的投资信心，尤其在2020年国家全面实行新能源电力平价上网后，持续稳定且具柔性的高耗能算力不仅保障新能源电能消纳，而且将提高地区环境治理水平，实现发展经济与环境保护齐头并进。

以青海为例，截至2023年底，全省电源总装机5497.08万千瓦，清洁能源装机5107.94万千瓦，占总装机的93%。2023年青海新增清洁能源装机980.88万千瓦，较2022年底增长23.77%。新能源装机规模达3745.64万千瓦，占总装机的68%，新能源发电量首次超过水电成为省内第一大电源。柔性算力中心的建设与发展，将为青海电网增加用电量大、稳定性强、调节性好的完美用电需求侧负荷，可为青海清洁电力的有效利用再贡献一份力量。

4.5.3 为新能源产业创新发展注入新动能

柔性算力中心不仅在运行期间为新能源电力提供良好的消纳空间，还以强有力的运算能力支撑起现代化信息技术的发展，通过新技术、新思想、新模式为新能源产业创新发展注入新动能，包括但不限于以下几个方面。

一是柔性算力中心提供大数据的存储与处理平台，为新能源运行优化源源不断地提供价值信息。风电、太阳能发电的发电功率主要与天气有关，新能源发电具有显著的间歇性与不确定性，而大数据技术可为风、光等新能源发电功率预测提供价值信息，并通过高效的数据处理与数据运算，指导新能源发电科学运营，提高企业经营效益。

二是以区块链分布式结构为基础，激发新能源市场创新活力。基于区块链技术开源性、开放性的特征，构建平等可信的端对端电力市场，降低新能源产销方的准入门槛，激发能源市场活力，创新发展新的能源销售与服务模式。区块链的分布式数据结构将价值信息共享给每个参与单元，以此促进新型可再生能源技术、储能技术和节能降耗技术的科研攻关。

三是以柔性算力为支撑，破除能源结构产业发展壁垒。以柔性生产与高效运算为基础，以"新基建"为契机，推进新一代信息化技术与新能源技术的交叉融合，将新能源发电与供热、制冷等技术相融合，结合各类节能降耗设备，构建能源互联网、综合能源、智慧能源等多能互补高效能源系统，促进新能源电力消纳实现更高效率。

4.5.4 集中集约、多产业联动，推动数字经济规范化发展

柔性算力中心项目的顺利实施，将是以区块链为代表的新时代数字化技术的成功实践，通过新能源电力企业、大数据与算力经营企业、区块链等互联网科技企业的创新联动，组建数字生态示范基地。在示范基地内，通过强化政府职能、扶植优势企业、创新经营模式等方式方法，实现地方城市的"筑巢引凤"，吸引全国乃至全世界的数字经济企业投资和经营，助推地方经济的长远发展。

通过设立柔性算力中心示范基地，吸引具有规模优势、技术优势和产业优势的大数据和算力相关企业入驻、聚集，可以有效解决大数据和算力相关产业当下的分散、无序和盲目发展等问题；通过调节和收取算力管理费和算力交易手续费等方式，既引导大数据和算力产业健康有序发展，又切实提高地区和政府经济收益，打造数字经济增长极，创立数字经济增长点，实现数字经济的转型升级与规范化发展。

再者，基于区块链的分布式网络架构和信息广域联动，有助于匹配和调节集中式算力、分布式算力，主动或者被动地适应新能源电力的特点，进而大幅度提高新能源电力的消纳率和经济性，构建新能源和算力的双轮驱动和良性循环。这种发展模式有助于在新兴技术领域的科技研发、自主创新，并实现大数据、云计算、电力能源等多产业协同联动发展。

智能柔性算力中心项目落地，打造绿色低碳的基础设施，将带动不断升级的消费市场，成就未来20年数字经济时代，支撑起中国经济社会繁荣发展的基石，促进数字经济的可持续发展。

综上所述，以新能源电力与柔性算力为物理基础，并通过区块链技术的有效融入，将产生三维联动、三方聚力的发展态势，有助于我国社会经济的长远发展。以柔性算力中心为核心和依托，发展数字总部经济，实现新旧动能转换和弯道超车，有助于推动数字经济转型。

算力技术的发展与繁荣，使得它超越了 IT 产业本身，成为数字化基础设施，支持多个行业的转型升级。如果把算力比喻成火药，那么各行各业就是盛放的烟花。

算力最终的舞台，都在各个行业里。自动驾驶、工业 4.0、药物研发、金融科技、绿色能源等，都得以借助算力的支持与推动，实现新的发展。

据浪潮信息联合 IDC 发布的《2020 全球计算力指数评估报告》，各个行业的算力水平大概情况是：互联网、制造业、金融业、政府、电信、服务、零售 / 批发、媒体、教育、医疗、公共事业、交通、能源分别排在第 1~13 名。可见，互联网、制造业、金融业的算力需求及计算力水平排在前三名。图 5-1 是各个行业计算力水平的分值与排名情况。

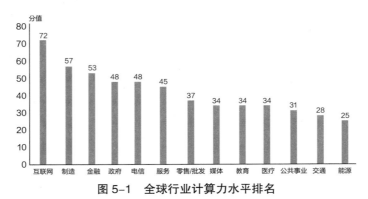

图 5-1   全球行业计算力水平排名

来源：浪潮信息、IDC《2020 全球计算力指数评估报告》

5.1   如何匹配合适的算力

随着数字化与千行百业的深度结合，每个行业、每个企业都面临着选择算力的问题。需要注意的是，仅关注理论层面的最高算力并无太大意义，落到实际应用场景里，还需要综合考虑用户应用、成本、算力兼容性等多方面因素，寻找效率更高且经济适用的有效算力。

要清楚有哪些算力，以及各自的用途，比如超级计算、云计算、人工智能计算等，各有侧重。超级计算是一种通用算力，重点用于油气勘探、天气预报、材料开发等领域；云计算重点做互联网信息服务的基础架构，解决高并发访问和算力按需调度的问题；人工智能计算则是一种专用算力，主要涉及语言、图像处理、决策等人工智能领域的应用。

不同算力计算速度不一样，应用场景也不同，同样的计算速度，超级计算是"双精度"浮点运算能力，云计算是"单精度"运算能力，因此选择时要找准本地需要什么样的算力。即使是人工智能领域，也分为图像分类、自然语言处理、机器学习等应用场景，不同的应用场景对算力的要求也不同，一般推理需要半精度或整型计算能力即可，而涉及人工智能更关键的训练场景则需要单精度及以上的算力。

如果目标是建设科学创新高地，支撑多产业发展，可以重点建设超级计算中心。超算既可以广泛应用于科学计算、能源、气象、工程仿真等传统领域，也可以用于生物基因、智慧城市、人工智能等新兴领域，全力支撑基础科学领域及新兴产业发展。

算力的核心来源包括各种数据中心，目前已进入快速建设期。据工业和信息化部公布，"十三五"时期，我国大数据产业复合年均增长率超过 30%，数据中心的规模从 2015 年的 124 万家增长到 2020 年的 500 万家。尽管新增数量非常大，但北京、上海、广州、深圳等地仍存在数据中心供不应求的现象。

那么，该重点建哪些数据中心？对此必须科学评估，做出决策。不同的数据中心相互无法替代，不管是超级计算中心还是智算中心，首先要明确应用目标是什么、应用场景有哪些。成熟的应用匹配，才能发挥算力的最大价值。

在早期规划阶段，地方政府就需要重视区域内的优势产业、明确数据中心的应用目标。智算中心融合了人工智能技术与专用算力，在图像分类、自然语言处理等场景下较有优势；超级计算中心则作为尖端科技领域的强大战力，服务于行星模拟、分子药物设计、基因分析等需要高精度数据处理的领域。

在追求最佳算力时，成本也是关注的重点。算力基础设施的建设成本极高，在前期规划时，需要关注市场逻辑，重视经济可行性。为避免出现"高价高数值、低能低性价比"的情况，引入算力中心时应重点考察算力单价，关注算力的实际效益。

此外，加强算力基础设施的顶层设计和总体规划，倡导开放、多元、兼容的新型算力基础设施，能使基础设施的利用率大幅提升。底层基础设施搭建开放性架构，不仅能够提供多种算力、提升基础设施的易用度和适用度，还能够支撑更加丰富的应用场景，同时赋能社会治理和产业应用。

无论是世界，还是我国，数字经济正处于全面提速阶段，正迈入一个以算力为底座的智能时代。深入考量产业发展需求，构建并匹配契合度更高的算力供给模式，才能准确合理布局算力中心，打造高质量、可持续发展的算力产业体系。

5.2　算力与云计算

从应用来看，云计算已服务电商、政务、制造、医疗、金融、农业等众多领域，且程度不断深化。同时，云计算正在融合新技术，配置云网边端操作系统，重新定义算力服务方式。

1. 云计算 + 政务

云计算 + 政务即政务云，是运用云计算技术，面向政府机构提供的基础设施、支撑软件、应用功能、信息资源等综合性服务，分成综合政务云与行业政务云两类。综合政务云由地方政府牵头，承载本地政府的公共服务。行业政务云由各个部门牵头，比如税务、人社、文旅等主管部门负责，具有明显的行业属性。

2013 年，工业和信息化部印发了《基于云计算的电子政务公共平台顶层设计指南》，并确定首批试点示范地区，中国政务云全面启动，鼓励应用云计算计划持续深化电子政务，推进政务信息化的资源共享和业务协同。传统的电子政务架构在效率、安全等方面能力有限，各级政府自建政务信息系统，导致重复建设，加之以职能部门为中心的建设方式，导致条块分割、信息孤岛等问题，云计算为数据的集中、共享和开放创造了有利条件，政府部门往往以智慧政务、智慧城市、数字政府等为导向，建设集约化的政务云平台。

在政务云市场上，华为云、天翼云、阿里云、金山云、京东智联云、软通智慧、中科闻歌等实力较强。以华为云为例，到 2021 年初，累计建设 600 多个政务云项目，其中省、市级统筹建设项目超过 260 个。据 IDC 发布的《中国政务云基础设施市场份额，2020：泾渭分明》报告，其中提到，中国政务云基础设施市场的总规模达到了 270.6 亿元，增长高达 24.03%。其中华为云在政务云市场占有率 32.2%，图 5-2 是 IDC 对政务云市场的分析。

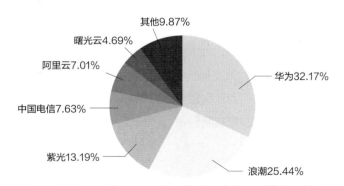

图 5-2   2020 年中国政务云基础设施市场规模及份额

来源：IDC

基于政务云底座，华为搭建起智慧政务解决方案"1521"，包括：（1）一个政务业务的一站式统一门户入口;（2）面向政府、企业、民众全用户覆盖的"一码通、一网通、一号通、协同办、协同管"5 个便捷、高效的业务应用场景;（3）由"政务服务数据共享平台"和"区块链可信政务服务平台"组成快捷、可信的业务协同"引擎";（4）最底层是由华为政务云构建起的一个为政府数字化转型提供可信赖服务的基础底座，涵盖计算、存储、网络、大数据等全栈云服务基础资源。

在北京，华为助力北京政务目录链，实现了北京市"50+"个委办局上链、"44000+"条数据项、"8000+"职责目录、"1900+"信息系统的数据共享，打通数据共享权限，解决了目录不全、目录数据不通以及目录被随意变更等问题。

在广西，华为助力打造的数字政务一体化平台，为企业和民众提供了全流程一体化在线服务。上线政务服务移动端"广西政务APP"以及"壮掌桂"小程序，实现了超过28.3万个政务服务事项、421个便民服务应用的"掌上办理"；不动产登记、企业开办实现"一日办结"；9803个政务服务事项与电子证照完成关联核验，实现了1.62万份申报材料的减免。

在政务云领域，经历了资源物理集中、业务上云两个阶段后，2021年开始走向以数据要素为核心的云上创新阶段，数据要素化、计算边缘化、应用原生化以及运营一体化成为政务云发展新趋势。

2. 云计算 + 工业

云计算 + 工业简称"工业云"，通常指基于云计算架构的工业云平台和基于工业云平台提供的工业云服务，涉及产品研发设计、实验和仿真、工程计算、工艺设计、加工制造及运营管理等。云计算、大数据、物联网等技术的集成应用，正推动工业设计、制造与生产运营管理的高效运行，促成新型制造模式的发展，并加速工业企业销售模式的变革。

目前，工业云覆盖了为工业行业提供的公有云、私有云和混合云基础设施，以及面向工业行业的云平台、云应用解决方案。根据IDC的数据，2019年中国工业云市场规模达到28.7亿美元，同比增长59.8%。2020年下半年，中国工业云市场规模达到23.0亿美元，同比增长33.9%。该机构预测，工业云市场将持续增长，2020年至2025年的复合年均增长率预计达35.4%。图5-3是对工业云发展走势做出的预测。

其中，工业云又包括工业云基础设施、工业云解决方案等细分市场。其中，工业云基础设施包括公有云、私有云、混合云；工业云解决方案的构成比较复杂，或聚焦不同细分市场，比如工业云应用解决方案、工业云平台解决方案，或服务不同应用场景，服务商以用友、阿里巴巴、金蝶、华为、海尔卡奥斯、树根互联、美云智数、东方国信、徐工信息等为主。

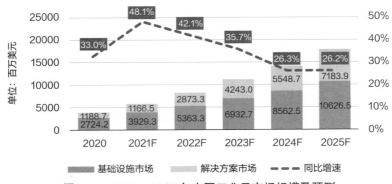

图 5-3   2020—2025 年中国工业云市场规模及预测

来源：IDC

那么，云计算究竟能够帮助工业企业做哪些事情？主要包括以下 3 个方面。

（1）用户可以获得云化的工业设计、加工工艺分析、装配工艺分析、模具设计、机械零部件设计与性能分析等服务，进而缩短产品升级换代周期，降低设计与制造成本，提高产品性能。

（2）工业企业的订单管理、主生产计划、备料等诸多环节，都可以依托工业云平台的 ERP（企业资源计划）、DMS（经销商管理系统）、PLM（产品生命周期管理）等企业管理工具来提升管理效能。

（3）基于工业云服务平台，对生产设计、经营及用户交互中各种数据进行整理分析，利用大数据为企业研发、生产、营销等提供支持。

随着云上承载的业务与数据规模的不断上升，云上数据管理与分析、人工智能、中间件等平台型解决方案获得了更高的增长速度；除直接向企业提供数据与智能服务外，区域工业云、园区工业云、细分行业云的公共底座也是阿里、华为、腾讯、浪潮等服务商的重要发力方向。

阿里巴巴发布工业大脑 3.0，聚合了阿里云完整的数据、AI、中间件等能力，具备从底层到 PaaS 能力的全面输出能力；华为云继续围绕工业智能体、ROMA、大数据等核心产品（解决方案）拓展平台市场，并在钢铁、石油、电力等多个行业取得重要进展；浪潮发布云洲工业互联网平台 2.0，结合云洲质量码平台以及云洲云 ERP 解决方案，满足工业智能化发展的需求，助力全行业客户加速数字化转型进程。

在云应用解决方案领域，用友基于 YonBIP 平台，以智能化生产、网络化协同、个性化定制为主题，为客户提供全面的云上服务能力；海尔卡奥斯依托集团与生态合作伙伴资源，提供面向整个工厂的智能化解决方案，并在化工、橡胶、医疗、模具等行业实现工业云快速落地；树根互联除 IoT、轻量级 MES 和产融等传统优势解决方案外，将视觉技术融入云应用方案中，打造透明工厂服务能力。

随着云计算的深入应用，企业非常重视数据资源的使用，数据接入、数据分析、数据科学等方案应用更加普遍，工业大数据发展势头迅猛。同时，供应链协同、设备远程管理、产品设计优化等云上应用，呈现多元化趋势。

3. 云计算 + 金融

云计算 + 金融即金融云，主要应用于银行、证券、保险、互联网金融等领域。金融云作为金融机构数字化转型的强大抓手，已进入了新的阶段。以前是以行业应用软件开发为核心，后来是搭建符合分布式架构的金融行业云。

时下，不仅包括底层技术，如大数据、人工智能、区块链、物联网等技术构成的云底座，还包括实现业务增长的多场景解决方案，已发展到以联结产业供应链为核心的数智化金融云阶段，要求以客户为中心，支持金融业务走向实体经济，与产业云实现联结，将自身的云体系与不同的产业数据、产业场景进行联结，在产业链、供应链中展开业务；并且以"公有云 + 专有云 + 混合云"的混合数字基础设施模式作为整体架构的基础。

京东数科推出了 T1 金融云，涵盖金融专有云、数字化运营平台 U+、数据中台、技术中台、分布式关系型数据库 StarDB 等。金融专有云保障了数据安全，及弹性扩容。U+ 平台的"一站式移动研发平台"则以 PaaS 的形式提供 APP、小程序开发的能力，部署周期大大缩短，它还提供 APP 全生命周期管理，包括性能监控、崩溃问题分析、消息推送等。

在京东金融云的支持下，苏州农商行在几个月内快速上线了网贷系统、智能客服系统、手机银行。京东金融云为京东安联保险设计了一套融合、稳定的混合云解决方案，设计了基于云架构的两地三中心的解决方案，实现双机房业务级双活、异地容灾，全方位保障业务数据的安全性。

T1 金融云还提供了更多深度运营服务，比如"摹略"智能营销决策系统，记录用户行为的关键触点，面向多个业务场景提供精细化运营策略，提供 A/B 测试，可分析并复盘策略有效性。还有"智能语音外呼机器人"，京东数科机器人每日的呼叫量超百万，转化率比人工呼叫高出 63%。

2021 年，华为发布了云全栈金融方案，是一个包括华为云公有云服务、华为云 Stack 和华为云边缘在内的整体解决方案，匹配金融 IT 全面云化、全栈智能的需求。方案的核心是部署在金融企业本地的华为云 Stack 云平台，这个华为云 Stack 一方面部署在企业自己的数据中心，满足金融行业本地部署、安全合规的要求；另一方面通过持续同步华为云的能力，为客户提供 AI、区块链、IoT 等新的云服务，应对未来数字化转型和智能升级的挑战。

在华为的解决思路里，金融行业智能升级的目标是构建金融智能体，而全面云化、全栈智能的云平台则是支撑金融智能体的核心——智能中枢。华为云 Stack 通过打造全栈可信的云平台，满足金融客户建设大规模高可靠云基础设施、核心业务分布式改造、融合数据湖、云上数字化办公、多云统一管理等关键业务场景的需求。

中国工商银行建成了总行云、分行云、研发云、测试云和金融生态云五朵云，物理服务器规模达数万台，容器数量超 20 万，上线应用节点数超过 10 万，日均服务调用量两百亿左右。支付、网银、合作方、渠道、监管等核心应用已实现 100% 云上部署。金融云建成后，资源池的利用率提升了 4 倍，并能够轻松应对购物节大促每秒 2 万笔支付、纪念币秒杀每秒 20 万次预约等业务洪峰。

中国农业银行也在推行全栈一体化方案，包括基础设施一体化、云原生架构一体化、数据智能一体化、监控运维一体化等，并且形成了技术中台、数据中台、AI 中台 3 个层次和 DevOps、Serverless 创新、分布式新核心、分布式数据库、秒杀场景等架构场景。

数智时代悄然来临，创新技术正催生金融新业态。金融行业的智能升级正成为提升竞争力的关键措施，金融企业与服务商需要联手，一起拥抱趋势，打造更具竞争力的产品和方案。

4. 云计算 + 能源

云计算 + 能源即能源云，一般是把原来本地化部署的"企业能源管理系统"进行云化。而能源管理系统，是一套信息化管理系统，帮助工业生产企业在扩大生产的同时，合理利用能源，降低单位产品能源消耗，提高经济效益，降低碳排放。随着云计算的深入应用，可以把能源相关的所有业务对象进行数字化管控，比如能源设备运维、分布式能源监控、能源安全管理、费用管理等，涉及能源生产、输配与转换等所有流程。

利用云计算，可以对能源相关数据进行计量、采集、通信、处理、存储与分析。以石油行业为例，在油气开采、运输、储存等各个关键环节，均会产生大量的生产数据。在传统模式下，需要大量的人力通过人工抄表的方式定期对数据进行收集，并且对设备进行监控检查，以预防安全事故的发生。这种做法的效率低、成本高，不能实时掌握各种关键设备的状态。如果搭载了边缘计算点，可以通过温度、湿度、传感器以及具备联网功能的摄像头等设备，实现自动化数据收集和安全监控，再将原始数据汇集至边缘计算节点进行初步计算分析，对特定设备的健康状况进行监测，并进行操控。同时与云端交互，再进行全网的安全和风险分析，进行大数据和人工智能的模式识别、节能和策略改进等操作。

以发电企业为例，这些企业正在通过云计算技术，优化区域流域梯级调度和并网平衡，通过大数据优化，实现跨流域、多水库群间的联合优化调度；同时推进用户侧云平台电力消费数据共享，实现各类云平台互联互通，共享消纳、输电大数据，网间负荷互补特性，获得可再生能源电力在各受端电网的最优分配方案，探索降低电力市场化交易成本的实现途径。

很多太阳能发电站建在偏远地区或气候恶劣的山区，由数万片太阳能电池板和光伏逆变器组成，人力维护成本高，加入云端服务后，可实现远程自动维护，了解各设备的运行状况，进而更合理地配置人力，降低成本。

2020 年 11 月，由国家电网建设运营的能源工业云网正式发布，在能源生产领域，提供能源场站管理、设计协同、远程监控等服务；在装备制造领域提供生产线升级、物流配送、设备租赁等服务，在能源消费领域提供项目撮合、运维托管等服务。截至 2020 年 11 月，该平台入驻企业 1.6 万家，接入设备 13 万台，实现能源领域资源的全要素接入，提升产业链企业的数字化与智能化水平。而且该平台打造了制造、招采、电商、租赁、物流、工程、运维、信用及金融的九大应用中心，如图 5-4 所示，服务能源领域资源的全要素接入，带动产业链上下游发展，提升我国能源产业链企业的数字化和智能化水平。

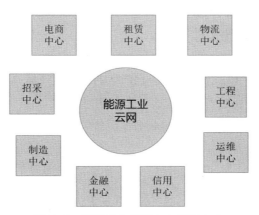

图 5-4　能源工业云网九大应用中心

在能源云的发展方向上，更多的应用正在出现，比如充分开发利用各种可用的分散可再生能源，以满足特定用户的需要；微电网，多个分布式电源按照一定的拓扑结构组成的网络，促进分布式电源与可再生能源的大规模接入；通过广泛应用先进的设备和数字技术，实现电网的可靠、安全、经济、高效。

5. 云计算 + 旅游

云计算 + 旅游是利用云计算技术，将旅游全过程资源、服务等数据化、在线化、智能化，将导览、导购、导游和导航功能整合到一个平台中，为游客随时随地提供智慧旅游服务。

典型的案例有：故宫博物院的"数字故宫"；敦煌研究院的"云游敦煌"，在线游敦煌石窟；人民日报客户端联合 19 家博物馆、300 多家科技馆上线的"奇妙漫游云逛展"；云南文旅部门利用官方旅游平台 APP"游云南"，联手各地文旅部门和企业将 900 多个景区"移"到线上；马蜂窝与快手短视频联合推出"云游全球博物馆"等。还有很多旅游景点的直播，其实也是云计算应用的形式。

受益于 5G、VR、AR、AI、无人机等技术的升级，"云旅游"以图文、全景、短视频、直播等多种形式，利用新媒体得以呈现，且以直播最为火热。线下吃、住、行、游、购、娱等旅游要素通过旅游博主、网红达人、专业主播等以"直播 + 互动"形式展现，部分地区加入了带货，销售当地文创产品、特产等。

云计算与行业结合还有很多体现，除了上述领域之外，还有视频云、医疗云、教育云、游戏云、云支付、云存储等。

以视频云计算为例，基于云计算技术，应用在云端服务器上运行，将运行的显示输出、声音输出编码后，经过网络实时传输给终端，终端进行实时解码后显示输出。终端可以将操作控制信息实时传送给云端，进行应用控制，终端负责提供网络、视频解码和人机交互等。

云存储也是一个很庞大的领域，比如应用于安防行业，这个领域的数据量非常大，以一个高清摄像头为例，一个月产生的数据量可能高达 1.2TB，而一个中等城市部署的摄像头达数万只，那么一个月的时间里，一个中等城市可产生几十 PB 的视频数据积累。面对海量的视频数据，传统的存储系统无法胜任，存在成本高、性价比低等问题。而云存储不仅可以承担海量数据的存储功能，还会在扩展性、稳定性、可靠性、管理性等方面有更好的表现。

其一，简化存储及管理。借助集群化、虚拟化技术，实现集群统一虚拟化整合管理，对外只需提供一个虚拟资源池与接口，进而简化存储系统对外服务接口和云系统自身的维护管理。同时，安防云存储能够支持非结构化数据存储，通过智能化的处理方式，提升非结构化数据的存储效率。

其二，提供高效可靠的存储服务。安防云存储以全集群化方式协同运行，通过负载均衡技术，可自动解决节点性能瓶颈与不均衡问题，还可实现容量和性能动态扩容和增强；可实现单、多台节点故障，云存储服务不中断，全面保障系统性能稳定可靠。多样性的数据层硬盘容错保护和冗余部件设计、系统级集群容灾部署等，可以为金融、军队、博物馆、司法等领域提供更可靠的数据安全保障。

其三，融合多种技术，提供更多应用。在安防云存储中融合大数据深度分析、人工智能等技术，实现单台存储设备就能覆盖存储、平台、流媒体、应用服务器等功能。

其四，数据联动。实现公共安全、交通行业、民用行业、社区安防等各方面的数据共享与联动，实现跨地区和跨机构之间的视频数据共享，以统一的平台服务于不同的机构，并减少重复的设施建设，实现资源有效管理，并根据行业场景的不同要求实现灵活分配。

从发展方向来看，国外的核心云计算服务商也在提升算力能力，并融合人工智能、机器学习、边缘计算、量子计算等技术，丰富算力服务内容。

亚马逊：2006 年，亚马逊上线了 Simple Storage Service（S3）存储服务、Elastic Compute Cloud（EC2）计算服务等产品，拉开了云计算商业化的帷幕。到 2020 年，全年实现营收 453.7 亿美元。据研究机构 Gartner 统计，2020 年，全球云计算 IaaS 市场规模达到 642.86 亿美元，其中 40.8% 的份额被亚马逊占据。就业务上，亚马逊云科技布局了人工智能、机器学习、边缘计算、量子计算等技术，以及服务器、Nitro 架构、芯片、无服务器数据库等，拥有 200 多种服务，涵盖计算、存储、网络、安全、数据库、数据分析、人工智能、物联网、混合云等领域。据亚马逊官网信息，亚马逊云科技在全球有 25 个地理区域、81 个可用区，230 多个边缘节点，服务全球 245 个国家和地区。

谷歌：2006 年的搜索引擎大会上，谷歌时任 CEO 埃里克·施密特首次提出"云计算"概念。据谷歌母公司字母表公司（Alphabet）财报，2020 年，谷歌云计算营收 130.59 亿美元，比 2019 年的 89.18 亿美元增加 41.41 亿美元，同比增长 46.43%。

其中，2019 年，谷歌推出 Anthos 多云平台，能兼容亚马逊 AWS 和微软 Azure；推出无服务器计算堆栈最新成员 Cloud Run，让运行更多工作负载变得更容易；与 Confluent、Elastic 等七大开源数据库厂商合作；与思科、戴尔、惠普、英特尔、联想等合作。

微软：微软云计算一般是指 Azure，属于智能云业务里的核心构成，财报显示，2021 财年 Q4 财季，Azure 云平台营收同比增长 51%，虽然没有披露详细金额，不过据凯雷（Canalys）的报告，2021 年第一季度全球云计算市场规模同比增长 35%，达 420 亿美元，其中微软 Azure 市场占有率为 19%，仅次于亚马逊（AWS）的 32%；谷歌排名第三，市场占有率为 7%。而且，微软计划每年在全球建造 50~100 个新的数据中心。据研究机构 Gartner 的数据，截至 2020 年末，微软云计算业务（IaaS+PaaS）全球市场份额以 19.7% 的占比位居第二，仅次于亚马逊的 40.8%。

微软云业务覆盖了 IaaS、PaaS、SaaS 三大板块，底层 IaaS+PaaS 主要对应 Azure、Server products、AI、信息安全等，上层 SaaS 包括 Office 365、Dynamics 365、Teams 等系列产品，除了传统的公有云部署模式，微软同时推出私有云、混合云、边缘计算等多种产品架构和部署模式，产品体系非常完整。云计算底层的 IaaS+PaaS 环节，微软以 Azure 为核心，提供计算、存储、人工智能等，部署模式从公有云扩展到私有云、混合云、边缘计算等。IaaS 层，早在 2016 年就推出混合云的解决方案 Azure Stack；PaaS 层，在基础软件、开发者生态、信息安全等关键指标上表现出色。而且微软的 SaaS 产品涉及文档编辑、ERP、CRM、在线沟通协作、视频会议、企业招聘、业务流程自动化等。

5.3 算力与互联网

在诸多行业中，互联网对算力的渴求更加旺盛。国内的阿里巴巴、腾讯、字节跳动、京东、百度等，国外的亚马逊、Facebook、谷歌等，都是服务器采购的主要力量，作为算力集群的数据中心，扮演算力输出与流转枢纽的角色，成为互联网行业不可或缺的基础设施。

再者，中国网民规模接近 10 亿，本身形成了庞大的互联网产业，比如网络支付、电商、网络视频、直播、网络新闻等，而且互联网切入产业赛道，在多个领域都有应用，同时从 C 端消费互联网向 B 端的产业互联网迁移。这些现象，都需要充沛的算力提供基础保障。

据腾讯云称，2020 年"双 11"期间，平台上主流电商用云量实现翻倍增长。其中，腾讯云自研服务器"星星海"成为"双 11"电商企业重点选择的计算平台，支撑了 90% 场景下的算力需求。腾讯云平台服务的电商客户里，包括了小红书、京东、唯品会、蘑菇街、每日优鲜、贝店、什么值得买等。

2019 年"双 11"，天猫总交易额达 2684 亿元，同比增长 25.7%；订单峰值达到 54.4 万笔 / 秒，是 2009 年第一次"双 11"的 1360 倍。即使交易量如此庞大，阿里巴巴依然平稳度过流量洪峰，而天猫"双 11"刚出现时，订单量并不高，但系统出现了崩溃。差别为什么这么大？原因就在于算力。

2019 年"双 11"前两个月，阿里巴巴将数十万计的物理服务器，从线下数据中心迁移到云上。同时，阿里云研究出神龙服务器，将 CPU 和内存做到性能零耗损，配备到数据中心里。流计算系统和飞天大数据平台，可以预测商品销量能否达到预期，再把智能决策推荐给商家，比如建议更换主推款，或者发优惠券等。

"双 11"当天，阿里巴巴处理了 970PB 的数据，达到峰值时，每秒帮助商家处理 87 万笔订单，向商家提供了 410 亿次的调用。

2020 年"双 11"期间，天猫交易额达 4982 亿元，订单创建峰值每秒 58.3 万笔。这是史上数据量和计算量最大、实时处理要求最高、与机器智能结合性最强的一次"双 11"，阿里云提供了大数据算力和实时处理能力。其中，大数据计算平台 MaxCompute 批处理单日计算数据量达 1.7EB，实时计算 Flink 峰值 40 亿条 / 秒，约合 7TB/ 秒，MaxCompute 交互式分析峰值实时写入 5.96 亿条记录 / 秒。

阿里巴巴用到的几种技术，其中非常典型的就是 MaxCompute，可以承载 EB 级别的数据存储能力、百 PB 级的单日计算能力，它已覆盖了多个行业，轻松处理海量数据。

此前，阿里巴巴拥有非常大的 Oracle 集群，计算规模达百 TB 级别，但是按照淘宝用户量的增长速度，Oracle 集群很快将无法支撑业务发展，核心问题就是算力不足。后来，阿里巴巴将数据迁移到更大规模的 Greenplum，但增加到百台机器规模时，就遇到瓶颈。Hadoop 之类的开源技术，又面临可靠性与安全性问题。王坚加入阿里巴巴之后，着手解决大规模算力瓶颈的问题，他认为无论是 Oracle 还是 Greenplum、Hadoop，都不是大规模数据计算的最优解，必须研究一套自己的大数据处理平台。

到 2013 年，由王坚带队研发的大数据计算平台 MaxCompute 取得重大突破，突破了同一个集群内 5000 台服务器同时计算的局限。MaxCompute 采用 Datalake

技术，把不同的数据源用类似的方式存储，用统一的方法计算，提供一套标准化语言，快速实现不同类型数据的计算。同时采用"交互式查询"来解决海量数据查询慢的瓶颈，可以预判用户将会做哪些查询，提前准备，明显降低大规模数据查询的时间。

随后的时间里，MaxCompute 能力不断提升：单日数据处理量从 2015 年的 100PB，到 2016 年的 180PB，到 2017 年的 320PB，再到 2018 年的单日处理超过 600PB，帮助数万企业用更低成本、更高效率计算海量数据。

而且 MaxCompute 还在为第三方输出算力服务，比如给墨迹天气提供支持，每天的用户查询超过 5 亿次；应用于交通领域，城市大脑在杭州实时指挥 1300 个红绿灯路口、200 多名交警，进而有效治理拥堵；在工业领域，帮助企业寻找上千个参数的最优搭配，提升制造的良品率。

阿里巴巴的 Hologres 是一款交互式分析产品，兼容 PostgreSQL 11 协议，与大数据生态无缝连接，支持高并发和低时延地分析处理 PB 级数据。它致力于低成本和高性能地大规模计算型存储和强大的查询能力，如图 5-5 所示，对整个机制做了梳理呈现。

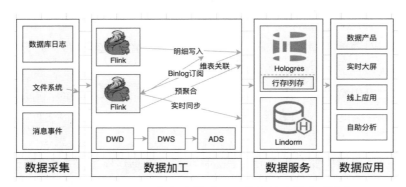

图 5-5　Hologres 如何支撑"双 11"智能客服实时数仓

来源：阿里云 Hologres

在天猫"双 11"活动里，活动直播、预售、加购、流量监控等核心模块，选择了 Hologres 的实时点查能力；而面对复杂多变的营销玩法场景，选用了 Hologres 的 OLAP 即时查询能力。据阿里云介绍，天猫营销活动分析分别建了 dt-camp 和 dt-camp-olap 库，其中，dt-camp 点查库需要将活动期间的历史数据长期存放，用来做活动的对比，整体数据量近 40TB；面向营销玩法的 dt-camp-olap 库中，存放营销玩法的明细数据，整体数据量近百 TB，"双 11"期间，Hologres 的点查场景写入峰值达每秒几十万条，服务能力每秒几百万条，OLAP 写入峰值达 400w/s，服务能力达 500w/s。

京东同样搭建了极强的算力结构，以"618"活动为例，需要承受海量数据的流量洪峰，从订单系统、搜索系统到支付系统，再到订单智能分发系统、运力调控系统、顾客与商家双向数据的实时同步运算，都在云上完成，对京东云的算力、带宽、高并发处理能力带来了严峻的挑战。

以 2021 年为例，6 月 1 日，京东云发布的首份战报显示，当日凌晨，京东云每秒用户访问峰值较去年同期提升 223%；访问带宽增长 140%，实时数据分析累计达 3 万亿条，应对瞬间的下单支付高峰。

据京东集团副总裁曹鹏介绍，2021 年，京东云通过混合云操作系统云舰（JDOS）统一计算资源底座，实现对 1000 万核计算资源的弹性调度与管理，部署更快，弹性更好。在备战"618"期间，资源扩容 135%，还可以实现有限的计算资源在不同任务间无缝切换，交付效率提升了 1.5 倍，更从容地应对流量洪峰。

在 2017 年的谷歌创始人信中，谢尔盖·布林提到，计算解决重要问题的能力和潜力从未如此强大。在谷歌成立的第一年使用的 Pentium Ⅱ，每秒大约执行 1 亿次浮点运算。今天使用的 GPU 执行约 20 万亿次这样的计算（相差约 200000 倍），而我们自己的 TPU 现在能够每秒进行 180 万亿次浮点运算。如果量子计算可以实现，对于特殊问题，量子计算机将以指数方式解决它们。

谷歌云支持 K80、P100、P4、V100、T4 等多种 GPU，同时也支持通过 Nvlink、PClex16 等提升分布式机器学习的算力。不过，谷歌对算力的需求远超出用 GPU 所能达到的程度，所以自主研发了张量处理器（TPU），而且在单个 TPU 强大算力之上，再把 1024 个 TPU 通过高速互联组成 TPU Pod，帮助用户做分布式机器学习运算。在这种组合下，用 GPU 训练需要一个星期才能完成的任务，而 TPU Pod 只需要 76 秒就能完成。

而且谷歌一直在迭代自己的芯片，比如 2021 年 5 月，推出 ASIC 芯片 TPU V4，运算效能是上一代产品的两倍以上。由 4096 个 TPU V4 单芯片组成的 Pod 运算集群，可释放高达 1EFlops（每秒 10^{18} 浮点运算次数）的算力，超过了绝大多数超级计算机。而且从 2015 年起，谷歌基于 TPU 逐步完善从云到端的布局。在面向云服务的 TPU 和 TPU Pod 之外，还推出了为端到端、端到边提供 AI 算力的 Edge TPU，赋能预见性维护、故障检测、机器视觉、机器人、声音识别等场景。

亚马逊在算力布局上更是耀眼，建立了全球领先级的数据中心，配置几百万台服务器，面向平台运营与众多企业提供算力支持，不断展开多种算力方面的创新，比如发布量子计算服务 Amazon Braket；重塑超级计算机，低成本使用超级计算机，定制网络交换机芯片与软硬件，研发 Nitro Hypervisor 控制器，提升计算虚拟化、存储加速和管理能力；发布基于 ARM 架构的 AWS Graviton2 服务器芯片，以及针对机器学习推理的专用芯片 AWS Inferentia，突破机器学习推理算力瓶颈；和运营商合作，为客户提供 5G 边缘算力 AWS Wavelength，客户直接就近调用服务即可，在更接近数据源头的位置处理数据，非常适合低延迟的场景。

5.4　算力 + 制造：从工业 4.0 出发

中国制造业的发展主要经历了 4 个阶段：机器化时代、电气化时代、信息化时代、智能化时代。目前正处于智能化的关键时期，通过机器换人，采用人工智能技术，并借助算力的提升，进一步提高生产效率，提升产品质量。

在智能化转型过程中，普遍存在的痛点是海量数据、多样化的数据格式、不同种类的设备等，那么这些数据如何完成清洗、收集，并通过算法算力把它们用起来，已是当前需要解决的问题。制造企业场景的多样化、需求的多元化，也使得智能化进程充满挑战，比如良率控制、精准排产等。

从"数据 + 算力 + 算法"为核心的技术体系入手，不断提升能力，从需求洞察、研发、采购、生产、营销和售后等环节入手，对制造业进行重构，找到更多有价值的解决方案。在智能制造体系里，消费者洞察从间接到直接，研发环节由串行到并行，采购环节实现自动化、低库存化和社会化，生产环节全面智能化，全链条能力大幅度升级。以天猫新品中心的 C2B 创新工厂为例，传统产品研发周期 18 个月，而借助数据驱动则可进一步缩短时间，产品研发周期将降为 9 个月，市场洞察只需要 7 天，概念甄选 10 天，潜力预估 8 天，生产制造 8 个月。借助数据驱动，将进一步提升产品研发的成功率与效率。

数据：工业数据的收集和分析，早在传统工业信息时代就已经赢得了比较大的发展，大量数据来自研发端、生产制造、服务等环节。受益于物联网、MEMS 传感器和大数据等技术支持，实现了数据的融合，将工业化数据与自动化领域数据叠加，纳入更多来自产业链上下游以及跨界的数据。

再者，对各种类型的数据采集与分析会有新的进步，比如波形数据、时域数据、频率数据、生产数据、设备数据、实验数据、图像数据、音频数据等。

IDC 预测，2023 年 65% 的全球制造商将在非结构化数据集中的物联网和机器学习的应用中使用数字孪生技术，节省至少 10% 的运营开支。

算力：通过两种方式为海量数据的处理提供保障，一是算力的集中化，二是算力的边缘化。前者是以云计算为代表的集中式计算模式，通过 IT 基础设施的云化给产业界带来了深刻的变革，减少了企业投资建设、运营维护的成本。后者主要以边缘计算为代表，物联网技术的发展催生了大量智能终端，这些终端自身就可以收集与分析数据，完成部分任务，并不需要把所有数据都传到计算中心，节省了大量的计算、传输与存储成本，使计算更高效。据浪潮信息联合 IDC 发布的报告，到 2021 年底，70% 的制造企业展开边缘计算试验，提高产品和资产的质量和创新能力。

在制造业的算力布局上，边缘计算的重要程度不断提升。工厂里、身边的智能终端不断产生巨量数据，越来越复杂，协同程度也越来越难，就近处理这些数据、进行云边协同，进而提升生产效率，这是边缘计算在解决的问题。

从工业机器人在制造行业的应用情况来看，据 IFR 发布的数据，2021 年全球装机量再创新高，达到了 48.7 万台。据工业和信息化部数据，中国工业机器人市场已连续多年稳居全球第一，2020 年装机量占全球总量的 44%。加之海量的工业现场摄像头，都将产生巨量的数据，要想将这些数据完全传输到云端，不仅占用带宽，也很难满足实时性（毫秒级）的业务需求，这就要靠边缘计算来完成。

边缘计算在靠近数据源头的边缘侧提供计算及存储服务，能够有效缓解网络带宽与数据中心的压力，增强服务的响应能力并对隐私数据进行保护，提升数据和生产的安全性。但是，每个企业、每条生产线的智能制造需求都可能存在差异，需要个性化定制，这就需要个性化设计的边缘计算方案。

边缘计算与人工智能技术的融合，也是智能制造探索的一个方向，它能够解决很多问题。比如一些电子设备的质检工，每天要完成 1 万多个零件的检测，平均每分钟检测十几个产品。如此庞大的工作量，往往需要质检工人高负荷工作十多个小时，导致工人精力跟不上，出现一些失误，影响整体的质量。基于边缘工业智能质检解决方案，通过产线工业相机实时采集产品表面图片，对缺陷进行快速推理、定位，实时给出缺陷类型、大小和处理建议。同时，这些数据缺陷问题还会反馈到云端数据中心，进一步优化 AI 质检模型算法，帮助企业进行更加精确、高效的生产。

工业机器人的"智能体检"也需要算力提供支持，因为工厂内智能机器人数量与日俱增，海量机器设备需要统一运维与管理。"智能体检模型"能够实时监控智能工厂内机器人各项参数，快速发现问题，进而提前更换设备，避免机器人非计划停机导致全自动化产线"断档"。

算法：在智能制造的各个环节都有广泛的应用，是制造业实现智能化升级的一大关键。

算力在制造业的应用，中间有个桥梁是人工智能，比如一辆车固定按 5000 或 10000 公里做一次保养，是经过大量的实践统计数据分析得出来的。但是按固定里程保养，就是最好的保养策略吗？不一定，人工智能可以进一步优化措施，比如车上安装传感设备，获得数据，让 AI 感知到车辆的详细工况，通过算法给出建议，帮助决策该不该保养或哪些设备需要保养。

以手机行业的智能制造为例，手机屏幕划痕会有很多不同的特征，比如位置、长度、深度等，衡量单位往往是零点几毫米。很多工厂只能靠人工完成，容易受到操作者疲劳程度、责任心、经验等因素的影响，存在比较高的误判率。具有学习能力的图像识别系统上马之后，不仅能精准定位缺陷位置，还能通过对大量图片的深度学习，形成自主分析的能力，帮助使用者留存生产数据、回溯出现问题的原因，不断改进工艺。

在制造业中，各种智能机器人得以广泛应用，比如分拣/拣选机器人，能够自动识别并抓取不规则的物体；协作机器人，能够理解并对周围环境做出反应；自动跟随物料小车，能够通过人脸识别实现自动跟随；自主移动机器人，可以利用自身携带的传感器，识别未知环境中的特征标志。无人驾驶技术在定位、环境感知、路径规划、行为决策与控制方面，综合应用了多种人工智能技术与算法。

总的来看，目前制造企业中的人工智能技术，主要应用在智能语音交互产品、人脸识别、图像识别、图像搜索、声纹识别、文字识别、机器翻译、机器学习、大数据计算、数据可视化等方面。这些都需要大量算力提供支持，才能实现应用的流畅。

场景一：智能分拣

制造业里有很多需要分拣的作业，以前是靠人工，速度慢、成本高、有一定的出错率，而且需要提供适宜的工作环境。现在用工业机器人进行智能分拣，可以大幅降低成本，提高速度。

场景二：设备健康管理

基于对设备运行数据的实时监测，利用特征分析和机器学习技术，一方面可以在事故发生前进行设备的故障预测，减少非计划性停机。另一方面，面对设备的突发故障，能够迅速进行故障诊断，定位故障原因，并提供相应的解决方案。

以数控机床为例，借助机器学习算法模型、智能传感器等技术手段，监测加工过程中切削刀、主轴和进给电机的功率、电流、电压等信息，辨识出刀具的受力、磨损、破损状态及机床加工的稳定性状态，并根据这些状态实时调整加工参数（主轴转速、进给速度）和加工指令，预判何时需要换刀，以提高加工精度、缩短产线停工时间，并提高设备运行的安全性。

场景三：表面缺陷检测

基于机器视觉的表面缺陷检测应用，在制造业较为常见。利用机器视觉可以在环境频繁变化的条件下，快速识别出产品表面更微小、更复杂的缺陷，并进行分类，如检测产品表面是否有污染物、损伤、裂缝等。目前已有企业将深度学习与 3D 显微镜结合，将缺陷检测精度提高到纳米级。对于检测出缺陷的产品，系统可以自动做可修复判定，并规划修复路径及方法，再由设备执行修复动作。

以 PVC 管材为例，在生产包装过程中 PVC 管材容易存在表面划伤、凹坑、水纹、麻面等缺陷，人力检测比较麻烦。采用了表面缺陷视觉自动检测后，通过面积、尺寸最小值、最大值设定，自动检测管材表面杂质，检出率往往高达 99%。

场景四：产品质量检测与故障判断

利用声纹识别技术实现异音的自动检测，发现不良品，并比对声纹数据库进行故障判断，比如佛吉亚（无锡）工厂将 AI 技术应用到调角器异音检测中，实现从信号采集、数据存储、数据分析到自我学习全过程的自动化，检测效率及准确性远超传统人工检测。

场景五：智能决策

制造企业在产品质量、运营管理、能耗管理和刀具管理等方面，可以应用机器学习等人工智能技术，结合大数据分析，优化调度方式，提升企业决策能力。通过将历史调度决策过程数据、调度执行后的实际生产性能指标作为训练数据集，采用神经网络算法，对调度决策评价算法的参数进行调优，保证调度决策符合生产实际需求。

场景六：创成式设计

创成式设计是一个人机交互、自我创新的过程。工程师在进行产品设计时，只需要在系统的指引下，设置期望的参数及性能等约束条件，如材料、重量、体积等，结合人工智能算法，就能根据设计者的意图自动生成大量可行性方案，然后自动进行综合对比，筛选出最优的设计方案，推送给设计者进行最后的决策。

场景七：需求预测

以人工智能技术为基础，建立精准的需求预测模型，实现企业的销量预测、维修备料预测，做出以需求为导向的决策。同时，通过对外部数据的分析，基于需求预测，制定库存补货策略以及供应商评估、零部件选型等。

所以，在智能制造领域，人工智能已部署到生产、质检、物流、供应链等多个环节，形成了庞大的市场。据 IDC 与浪潮联合发布的《2020—2021 中国人工智能计算力发展评估报告》，2020 年，中国人工智能计算力约占全球的 30%，超过90% 的国内企业正在或计划在未来三年内使用人工智能，74.5% 的企业期望采用人工智能公共算力基础设施。

5.5 算力 + 金融

受益于金融数字化技术的成熟与应用，电子商务、新零售等数字化产业赢得了飞速发展，进而促成生产、生活发生了质的改变。

金融数字化离不开算力的支持，比如处理业务的时候，绝对不能出错，而且要快速响应，减少客户等待的时间，对数据的安全性、稳定性等有着极高的要求，这些都需要依靠算力在背后提供支撑。

此前，算力的供应主要依靠集中计算性能很强的小型或者大型计算机进行处理，但也面临挑战，毕竟遍布各地的网点以及手机端的庞大业务请求，对计算能力提出了非常高的要求。随着业务的发展，各大金融机构逐步将业务从大型机、小型机向高性能服务器集群迁移。

云计算的出现，一定程度上解决了这些问题。从目前来看，云计算在金融领域的应用越来越普遍，技术已相当成熟，形成了公有云、私有云、混合云等 3种部署方式，以及基础设施即服务（IaaS）、平台即服务（PaaS）和软件即服务（SaaS）等 3 种服务方式。

其中，大部分金融机构采用私有云部署模式，其中又形成了两种模式，比如在自有数据中心建立内部私有云，以及云服务商为企业提供基础设施和储存中心，并向用户提供数据应用托管服务，用户间不共享服务器。金融机构可以自己搭建数据中心，建立运维团队，投入软硬件设施费用，也可以租赁公有云，按用量付费。

从现实情况看，金融机构一般将核心业务和重要敏感数据保留在私有云上，保留 IT 资源、设备、业务数据的绝对控制权；将非敏感业务（如营销、渠道等）部署到公有云上，减轻自建数据中心的运行负担，同时提升其他业务的运行效率。比如将营销业务部署在公有云上，可利用公有云服务商提供的大数据分析、智能营销等功能，实现对潜在客户的理解与追踪，提高获客能力。

在云计算的基础上，金融数字化继续寻找更广阔的提升之道，以便从数字化中挖掘到更大的价值。毕竟数据资产像水电煤一样，是金融机构的核心资产，不能仅把数据存储起来，还要用更多智能化的方法，把数据背后的价值挖掘出来，让数据对业务、对产品的研发方面产生助力。

在金融数字化的主要应用里，供应链金融场景成为主流，它基于大数据分析，审核企业的资质并评估还款能力，从而提高放款速度，并提升风险控制能力。借助算力的提升，供应链金融将有更大的提升空间，未来可利用人工智能、机器学习等技术，配合物联网设备，进一步丰富动态数据，定制自动更新客户情况，主动调整客户的授信额度，并做出风险评估预警。

金融业务量激增，数据交易高峰期频频出现，原本按年计算的云数据中心建设周期已无法满足单位业务发展需求，一些公司在探索新的办法，比如神州鲲泰在某大型国有支付平台项目中，使用神州鲲泰 KunTai R722 和 R522 服务器及分布式存储软件来搭建存储资源池，提供不同数据类型的接口，构建虚拟化存储池、数据库存储池和裸设备存储池等分布式架构。

在提升算力水平方面，部分企业从软硬件入手寻找突破口，比如 2020 年，基于飞腾新一代高性能服务器 CPU 腾云 S2500 打造的同方双路服务器 – 超强 F628、同方四路服务器 – 超强 F828、宝德四路服务器 BD–40242F3 正式发布。腾云 S2500 是飞腾公司的新一代高可扩展多路服务器芯片，可为金融企业提供更强大的算力支撑。

多样性算力时代的到来，给金融产业数字化转型带来新的发展机遇。一些金融机构，从基础硬件测试、软硬件匹配等方面入手，逐渐开始对新型算力架构进行尝试。国泰君安曾透露，上线新一代核心交易系统创新节点，从曾经的"大型机＋数据库＋集中存储"的模式，向"标准服务器＋高速网络＋消息总线"的分布式转型，系统的交易速度加快 100 倍，处理能力提高 10 倍，可靠性实现秒级切换、数据零丢失。这一套证券交易系统部署在神州鲲泰系列服务器上，承受大并发冲击依然表现稳定。

据 IDC 的数据，金融是全球算力投资的第三大行业，也是对人工智能算力投资最大的传统行业。以 2020 年为例，全球 AI 算力支出的 24.9% 来自金融行业，AI 技术的广泛应用，将有效帮助金融企业降本增效和提高客户体验。

预计到 2024 年，区块链和量子计算技术将在金融和会计领域普遍应用。这些新兴技术的使用奠定了金融行业在未来几年算力投资稳定增长的基础。

5.6　算力 + 能源：智慧能源体系的加速度

人类文明的每一次重大进步，都伴随新型能源的发现与应用，以及新旧能源的更替。第一次工业革命，以煤炭为主要能源；第二次工业革命时，石油、电力崛起，与煤炭共同扮演核心能源的角色。

在最近数十年的发展中，全球能源继续发生变化，并形成了当前以电力为中心的消费格局，同时，石油、天然气、煤、清洁煤以及可再生能源共存。以电力来讲，来源已非常丰富，包括火电、水电、风电、光伏发电、核电、生物质发电等。

作为化石能源，煤炭、石油等传统能源正面临严峻挑战，能源供应结构的清洁化成为大趋势。在建立更具可持续性的能源结构上，全球已探索出几条核心路径：一是提升可再生能源电力的比例，采用更清洁的方式生产电力，继续减少化石能源的消耗；二是提升能效管理水平，其中就需要配备数字化能源解决方案，比如微电网；三是推动工业 4.0 的落地，实现生产制造的智能化，减少机器设备所需的能耗，进而降低能耗。

5.6.1　传统能源面临的困境

能源是人类社会赖以生存和发展的重要物质基础，是社会进步的底层支撑。机器、轮船、列车、汽车、飞机、计算机等，都离不开能源的驱动。对能源的发现利用，无论是煤炭还是石油、电力等，都影响到世界社会经济发展的进程。不过，传统能源正面临严重问题。

工业革命以来，人类对能源的需求呈现几何级数的增长。援引《BP 世界能源统计年鉴》的数据，到 2018 年，全球的能源消费总量是 138.65 亿吨标准油，这个

规模是 1965 年消费总量的 3.72 倍。在 2018 年消耗的能源中，化石能源占 117.44
亿吨，在终端能源消费总量中的占比是 84.7%。

据《BP 世界能源统计年鉴 2021》的数据，2020 年全球能源消费量较上一年
下降 4.5%，这也是自二战结束以来的最大降幅。原因在于全球各地为控制疫情的
传播，采取不同程度的封锁措施，导致与运输相关的能源需求锐减。石油消费量
的下降约占能源需求下降总量的 3/4。尽管石油消费量同比大幅下降，但石油消
费量在全球能源消费结构中的占比仍达到 31.2%；煤炭占比为 27.2%，天然气为
24.7%，水能为 6.9%，可再生能源为 5.7%，核能为 4.3%，如图 5-6 所示。总的来
看，化石能源仍是能源消费领域的霸主，占比高达 83.1%。

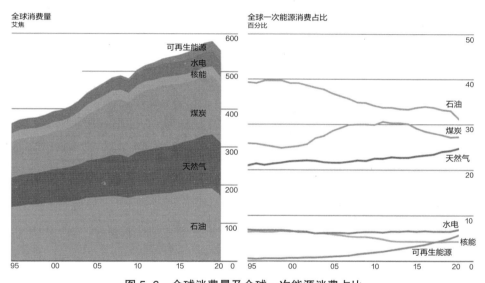

图 5-6　全球消费量及全球一次能源消费占比

来源：《BP 世界能源统计年鉴 2021》

据国家统计局能源统计司发布的数据，经初步核算，2020 年我国能源消费总
量比上年增长 2.2%。而 2019 年我国能源消费总量为 48.6 亿吨标准煤，按此增幅
计算，2020 年能源消费总量数据约为 49.7 亿吨标准煤。"十三五"期间，全国能
源消费年均增速为 2.8%，比"十二五"期间降低 1 个百分点。从 2015 年到 2020
年，能源消费量的增速经历高增长后，逐步平稳，然后增速放缓，如表 5-1 所示。

对化石能源的严重依赖，对地球生态环境造成严重破坏，将对人类的生存和
发展带来严峻挑战。

其一，化石能源的储量是有限的，终究会被消耗完，如果不能找到合适的替代能源，按照当前的消费速度，数十年后，大部分化石能源就有可能被完全消耗掉，人类接下来又该用什么能源？

表 5-1　2015—2020 年能源消费总量及同比增速

项目	年份					
	2015	2016	2017	2018	2019	2020
能源消费量（亿吨标准煤）	43	43.6	44.9	46.4	48.6	49.7
同比增速	1.0%	1.4%	2.9%	3.3%	3.3%	2.2%

来源：国家统计局

其二，大规模开发利用化石能源已造成严重的环境污染，其中以直接燃烧的方式利用化石能源，导致硫、氮等排放到大气中，形成酸雨等腐蚀性污染物，还有排放的烟尘等污染物，对局部地区水土造成破坏。

其三，化石能源燃烧过程中会排放二氧化碳气体，大幅增加大气中二氧化碳的含量，使得地球温度升高，形成温室效应。

就碳排放量来看，21 世纪是人类历史上二氧化碳排放增长速度最快的时期。据国际能源署发布的报告，2018 年，全球与能源相关的二氧化碳排放量达到 330 亿吨，是 2013 年以来增长速度最快的一年。非常糟糕的是，虽然太阳能的增幅高达 31%，风力发电也呈现两位数增长，但无法满足高增长的电力需求。

2019 年，全球能源相关的二氧化碳排放量保持在 330 亿吨左右，与 2018 年相当，发达经济体（欧盟、美国、日本）的碳排放量占全球总排放的 1/3；碳排放量前 30 位国家的排放总量占到全球的 87%。

虽说 2020 年受疫情影响，全球碳排放量减少近 20 亿吨，但是，其中约 10 亿吨来源于公路运输和航空业对石油使用的减少，并不是因为新型能源的使用降低了碳排放量。

国际能源署于 2021 年发布报告称，全球碳排放量已出现强劲反弹迹象，预计将进一步上升，到 2023 年创下历史新高，仍然没有看到碳排放峰值即将到来的迹象。其中，电力需求猛增，是导致碳排放量增加的一大原因。2020 年全球电力需求下降约 1%。尽管可再生能源发电量保持增加，但赶不上电力需求增长的步伐，基于化石燃料的发电量仍然是满足电力需求的主力军。

人类已意识到能源问题带来的挑战，一直在努力寻求未来能源供应的解决途径，比如水电能、核能、风能、太阳能和海洋能等，取得了很大的发展，但这几种能源的消费总量占整体消费量的比重不到 20%。即使是水电，占比也不到 10%。这就意味着，还没有一种新的能源可以替代化石能源。

而且在新型能源的开发与利用中，还存在一些需要解决的问题。其一，新能源开发环节受环境影响比较大，比如太阳能、水电能、风电能等，在特定的环境下才能增加开发，目前尚无法满足强劲的能源需求。其二，新型能源具有间歇性和不确定性等特点，有必要发展配套的能源技术，比如大容量的能源储存技术，以解决间歇性问题，让新型能源的供应变得更稳定、可靠。

在这种情况下，我们或许只能多管齐下，想办法破解难题。越来越多的国家加入应对气候变化的行列，以绿色低碳为特征的技术革命和产业革命已经发生。部分国家在想办法关闭小型燃煤电厂，通过集约化的电厂提高煤炭使用效率，并配套环保措施。在中国，电力央企正在减少煤电，全力向清洁能源转型。同时，研究先进技术手段提高能源转换的效率，比如提高太阳能光伏转换的效率；改变风电的技术路线等。

5.6.2　新能源发展现状及走势

新能源是相对常规能源而言的，指的是在新技术基础上加以开发利用的可再生能源，包括太阳能、生物质能、风能、地热能、波浪能、洋流能和潮汐能，以及海洋表面与深层之间的热循环等；此外，还有氢能、沼气、酒精、甲醇等。而广泛利用的煤炭、石油、天然气、水能等能源，被称为常规能源。

不过，目前形成产业的新能源，一般包括水能、风能、生物质能、太阳能、地热能等，是可循环利用的清洁能源。近十多年，我国新能源产业发展迅猛，以年均 30% 的速度高增长，并且风电和光伏发电是全球规模最大、发展最快的。从发展趋势来看，新能源还在继续寻找突破点，尤其是对风电、光伏等投入较高。

2020 年 12 月 12 日，习近平总书记在气候雄心峰会上表示，到 2030 年，中国单位国内生产总值二氧化碳排放将比 2005 年下降 65% 以上，非化石能源占一次能源消费比重将达到 25% 左右；同时，风电、太阳能发电总装机容量将达到 12 亿千瓦以上。碳达峰、碳中和等目标，既体现了中国作为一个负责任大国的担当，也为能源发展指明了方向。

要实现上述目标，必须在新能源发展上继续增加投入，结合国网能源研究院、清华大学、国家发展改革委能源研究所等机构对碳中和背景下新能源转型的

预测，预计 2020—2030 年，风电、光伏累计装机容量的复合年均增长率分别为
9%、15%；2020—2050 年，风电、光伏累计装机容量的复合年均增长率分别为 6%、
9%。

那么，在新型能源发展上的实际情况又如何？

国家统计局发布的《2019 年国民经济和社会发展统计公报》显示，2019 年
天然气、水电、核电、风电等清洁能源消费量占比为 23.4%，煤炭消费量占比为
57.7%。2020 年清洁能源消费占比已升至 24.5%，煤炭消费占比降至 56.7%，实现
了《能源发展"十三五"规划》制定的"煤炭消费比重降低到 58% 以下"的目标，
推动了能源结构的持续优化。

截至 2020 年底，我国可再生能源发电装机总规模达到 9.3 亿千瓦，占总装机
的比重达到 42.4%，其中：水电 3.7 亿千瓦、风电 2.8 亿千瓦、光伏发电 2.5 亿千瓦、
生物质发电 2952 万千瓦。同时，我国可再生能源发电量达到 2.2 万亿千瓦时，占
全社会用电量的比重达到 29.5%，较 2012 年增长 9.5 个百分点，非化石能源占一
次能源消费比重达 15.9%。2020 年，我国风电、光伏发电新增装机接近 1.2 亿千瓦，
约占全国新增发电装机的 62.8%。从 2011 年到 2020 年，电力装机结构里，水电、
太阳能发电、风电持续增长，而火电在下降，如图 5-7 所示。这些都表明我国新
能源电能替代作用不断增强，有力支撑了能源转型。

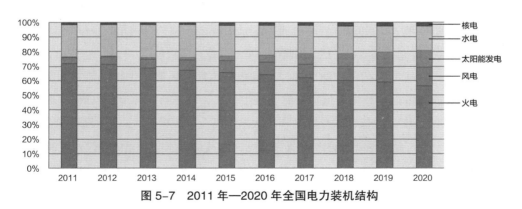

图 5-7　2011 年—2020 年全国电力装机结构

来源：中电传媒能源情报研究中心

就具体企业的布局来看，各大主力能源企业正在全力推进新型能源的布局，
比如 2022 年，南方电网公司经营区域内，消纳新能源电量 1022 亿千瓦时，同
比增长 27%，新能源利用率为 99.8%，基本实现了全额消纳，水能利用率达到

99.5%。其中，新能源市场化交易电量为 96 亿千瓦时，占新能源发电量的 17.3%。同时，南方电网于 2021 年 5 月发布《南方电网公司建设新型电力系统行动方案（2021—2030 年）白皮书》，其中提出，预计 2030 年前基本建成新型电力系统，在实现碳达峰、碳中和目标的过程中，确保新能源高效消纳和电力可靠供应。通过数字电网建设，到 2025 年，南方电网将具备新型电力系统"绿色高效、柔性开放、数字赋能"的基本特征，支撑南方五省区新能源装机新增 1 亿千瓦以上，非化石能源占比达到 60% 以上。到 2030 年，基本建成新型电力系统，支撑新能源装机再新增 1 亿千瓦以上，非化石能源占比达到 65% 以上。其中，新能源装机达到 2.5 亿千瓦以上。按照计划，到 2025 年，南方电网可实现新增 2400 万千瓦以上陆上风电、2000 万千瓦以上海上风电、5600 万千瓦以上光伏接入。

2020 年，国家电网公司经营区域内，新能源市场化交易电量为 1577 亿千瓦时，占新能源发电量的 21.7%。其中，新能源跨省跨区交易电量为 920 亿千瓦时，新能源与大用户直接交易、发电权交易等省内新能源交易电量为 657 亿千瓦时。

除了风电、光伏发电等新能源产业需要继续提速，储能产业也是一大抓手。国家发展改革委、国家能源局发布的《关于推进电力源网荷储一体化和多能互补发展的指导意见》提出，将在符合电力项目相关投资政策和管理办法基础上，鼓励社会资本等各类投资主体投资各类电源、储能及增量配电网项目，或通过资本合作等方式建立联合体，参与项目投资开发建设。

光大证券指出，随着新能源成为主力能源，逐步增量替代火电，电网的稳定性亟须大量储能，配置比例和备电时长将提升。特别是在碳达峰后，储能或在电网侧存量替代火电，承担主力电网调峰调频职责。青海、山西、山东、内蒙古等多地已经陆续出台"新能源＋储能"相关方案，储能产业正临近商业爆发拐点，即从示范性应用转向运营性应用。

据中关村储能产业技术联盟数据（CNESA）发布数据，截至 2020 年三季度，全球储能累计装机总功率为 186GW，中国为 33GW。据光大证券测算，2025 年储能投资市场空间约 0.45 万亿元，2020 年至 2025 年的累计市场空间为 1.6 万亿元；2030 年市场投资可达 1.3 万亿元，累计规模达 6 万亿元。

按照能量存储形式，储能可分为电储能、热储能、氢储能等，产业链上分布着大量公司，比如各种原材料商、零部件提供商、设备提供商、储能系统集成商、安装商，以及电网公司、通信运营商等终端用户。庞大的体量及增量需要科学智能的管理，也为数字化、智能化的第三方服务商提供了机会，如华为、阿里等加深参与度，共同构建能源互联网。

放到世界范围来看，据英国石油公司发布的《BP 世界能源统计年鉴 2021》，2020 年全球可再生能源消费量（包括生物燃料，但不包括水能）同比增长了 9.7%，其中，太阳能发电创纪录地同比增加了 1.3 艾焦，增幅为 20%；风电同比增加了 1.5 艾焦，对可再生能源消费的增长贡献最大。

2020 年，太阳能装机容量同比增加了 127 吉瓦，风能装机容量同比增加了 111 吉瓦。中国是可再生能源消费量增长的最大贡献者，同比增加了 1 艾焦，而美国同比增加了 0.4 艾焦，欧洲作为一个整体，同比增加了 0.7 艾焦。

2020 年，全球水电消费量同比增长了 1%，中国再次领衔，同比增加了 0.4 艾焦。全球核电消费量同比下降了 4.1%，其中法国同比减少了 0.4 艾焦，美国和日本同比都减少了 0.2 艾焦。全球发电量同比减少了 0.9%，而此前的 2009 年曾是 BP 有相关数据记录以来，全球发电量唯一出现同比下降的年份。可再生能源发电在电力结构中的占比从 2019 年的 10.3% 上升到 2020 年的 11.7%，而燃煤发电的占比则下降了 1.3 个百分点，至 35.1%，这也是 BP 有记录以来燃煤发电在发电结构中占比最低的一个年份。

国际能源署认为，如果要实现《巴黎协定》控温 1.5 摄氏度的目标，到 2050 年，地球上人为产生的二氧化碳排放量必须降至零，但全球投向清洁能源和低碳技术的资金仍然有限，仅占所有投资的一小部分。该机构对全球 50 多个国家的 800 多项政策措施进行分析并估算出，截至 2021 年第二季度，全球总计 16 万亿美元的疫后经济复苏资金中，只有 3800 亿美元分配给了与能源相关的可持续和绿色复苏措施，仅占 2.3%。据国际货币基金组织估计，要实现全球 2050 年净零排放的目标，至少需要投入 1 万亿美元。

另外，联合国环境规划署指出，从现在起到 2050 年，全球对自然界的投资总额需达到 8.1 万亿美元，才能有效应对气候变化、生物多样性和土地退化这三大相互关联的环境危机。这意味着截至 2050 年，每年的年度投资额需达到 5360 亿美元，而目前，全球每年的相关投资额仅为 1330 亿美元。

5.6.3 算力经济时代的新能源体系探索

在信息通信技术的推动下，新能源体系与数字技术有可能实现更高程度的融合，以数据作为关键生产要素，以现代能源网络和信息网络为主要载体，以算力作为引擎，进一步加快能源的智慧化转型，正不断提高能源行业全要素生产率，推动能源实现高质量发展。

数字化的能源系统可准确判断谁需要能源，并在合适的时间与地点，以尽可能低的成本提供能源。这是算力经济时代能源行业的道路选择。

根据国际能源署《数字化和能源》预测，数字技术的大规模应用将使油气生产成本减少 10%~20%，使全球油气技术可采储量提高 5%。仅在欧盟，增加存储和数字化需求响应就可以在 2040 年将太阳能光伏发电和风力发电的削减率从 7% 降至 1.6%，从而到 2040 年减少 3000 万吨二氧化碳排放。

随着物联网、大数据挖掘、高效计算、区块链、智能控制等技术介入智慧能源体系的程度继续加深，从能源勘探、生产、运输、销售和服务等各环节都将与数字平台深度融合，借助云、边、端等一体化强大的算力驱动，促进能源降本增效，实现能源行业的加速转型。

此外，随着算力的发展，全球发电量将有更大的比例用于计算能力的消耗，比如用于数据中心的运营，预计到 2030 年可能提高到 15% 以上。这就意味着，计算产业的用电量占比将与工业等耗能大户相提并论。那么，电力将成为计算产业的主要成本之一，同时，计算产业的节能变得非常重要。

值得注意的是，新能源占比要提升，就必须确保电网能够广泛接入新能源，需要在电网的数字化方面下功夫，比如搭建"跨省区主干电网 + 中小型区域电网 + 配网及微网"的柔性互联形态，并采用数字化调控技术，使得电网更加灵活，进而方便接入新能源。电力的分布式生产、消费与远距离大规模输送等，同步加载算力资源，实现资源的优化，重构新型能源基础设施。同时，统筹利用风电、光伏、生物质等区域分布式能源资源，因地制宜建设交直流混合配电网和智能微电网，持续加强配电网数字化和柔性化水平，提升对分布式电源的承载力，这些都离不开数字化技术以及强大算力的驱动。

现在很多能源企业正在推进算力与能源的融合，比如国家电网推动电网智能化升级和公司数字化转型，无论是新能源大规模高比例并网、分布式电源和微电网接入，还是大力加强需求侧管理，都需要运用数字技术，提升电网全息感知、灵活控制、系统平衡能力，推动电网向能源互联网升级。同时，国家电网计划拓展云边计算数据中心站建设运营规模，打造"国网算力"品牌；推进省级能源大数据中心建设，研究探索公司级能源大数据中心建设；实现电网建设全过程数字化管控和设备运维检修智能化作业等。

2021 年 4 月，国家电网"新能源云"上线运行，将新一代信息技术与新能源全产业链、全价值链、全生态圈的业务深度融合，聚集全数据要素，提高整体资源配置能力，助力构建以新能源为主体的新型电力系统；设计了环境承载、资源分布、电网服务等 15 个子平台，重点提供信息分析和咨询、全景规划布局和建站选址、全流程一站式接网、全域消纳能力计算和发布、全过程补贴申报管理等 5 个方面服务，以流程驱动、数字驱动方式实现新能源管理数字化转型；新能源云可提供全国范围内"3 千米 × 3 千米"的风能、太阳能全时域资源数据，以及未来 3 天电力气象预报信息，辅助开展不同地区风光资源开发潜力研究，提出开发规模和布局的建议；可实现线上新能源消纳能力计算和评估，滚动计算分区域、分省新能源消纳能力，预测季度、年度及中长期新能源发电量、利用率、新增消纳空间等指标。上线时，"新能源云"已接入新能源场站超过 200 万座，装机 4.59 亿千瓦，注册用户超过 25 万个，入驻企业超过 1 万家。

2019 年，南方电网公司研究提出数字电网建设的战略部署，以云计算、大数据、物联网、移动互联网、人工智能、区块链等新一代数字技术为核心驱动力，以数据为关键生产要素，以现代电力能源网络与新一代信息网络为基础，通过数字技术与能源企业业务、管理深度融合，不断提高数字化、网络化、智能化水平，从而形成新型能源生态系统。

南方电网将依托强大的电力与算力，通过海量信息数据分析和高性能计算技术，透过数据关系发现电网运行规律和潜在风险，实现电力系统安全稳定运行和资源大范围优化配置，使电网具备超强感知能力、智慧决策能力和快速执行能力。

2021 年，南方电网公司提出应用新一代数字技术进行数字化改造，加快建设数字电网，打造承载新型电力系统的最佳形态。依托数字技术，数字电网让电力系统拥有更加敏锐的"感官"和更加聪明的"大脑"，支持新能源机组作为主力电源参与电力系统调控过程。提升数字技术平台支撑能力和数字电网运营能力，选择新能源接入比例较高的区域电网打造数字电网承载新型电力系统先行示范区，全面建设安全、可靠、绿色、高效、智能的现代化电网，构建以新能源为主体的新型电力系统，在实现碳达峰、碳中和目标过程中确保电网安全稳定和电力可靠供应。

据新华网的报道，中国华能新能源公司的生产运维中心打造了千万点秒级国产实时数据平台，实现华能新能源产业全区域、全机型、全数据覆盖。在新能源运维平台控制中心，大屏幕上闪动着华能在全国的新能源数据，机组数量和运行状态、功率、发电量均已实时呈现。每一个风场，针对每一台机组的发电信息、运行情况，甚至风电机组内部齿轮箱温度等部件运行参数，都可以随时调取查看。

在整个新能源运维生态中，华能是数据的"生产端"，又连接着设备商、电网、用户等上下游不同主体，可以更好地汇聚资源、集成数据，实现设计、制造、施工、供应链等方面的精准对接和高效协同。比如设备制造，能够通过获取设备使用中的实时数据，进行问题诊断、检修，并优化设计和改进制造工艺。而传统的集控方式难以应对成千上万台风机的数据传递、分析和智能运维，需要基于工业互联网打造智能化运维大平台，建立高效率、高质量、集约化、智能化的运营一体化管理体系。

接下来的发展方向将如何？由广东省能源局指导，华为数字能源技术有限公司和广东省能源研究会主办的"零碳中国行 2021·广州"活动中，华为数字能源技术有限公司总裁侯金龙分享了华为数字能源持续创新的 6 个方向，其中 5 点或将体现算力经济时代的新能源体系建设趋势。

1. 持续推动先进的能源技术与数字化技术相结合，将能量流与信息流融合，借助算力提升，推动能源数字化转型，建立能源数字经济形态。

2. 构建以风光储为主力的清洁能源发电系统，打造以新能源为主体的新型电力系统，将"新能源、电网、用能、储能"以及多能互补结合起来，使新能源从增量主力发电走向整网存量主力发电，从而驱动化石能源走向清洁能源。

3. 随着数字世界的快速发展，ICT 基础设施将面临更高的能耗挑战。据预测，全球数据中心能耗到 2025 年可达 9500 亿度电，约占全球总用电量的 3%；围绕碳中和站点、碳中和数据中心，打造零碳、高效、智慧的绿色 ICT 基础设施解决方案。

4. 以新能源为主体的新型电力系统中，储能将分布在"新能源、电网、用能"的各种场景，起到"蓄水池"和"电网调节器、稳定器"的作用，打造可靠的智能储能系统。

5. 构建能源云，提供"新能源、电网、使用荷载、储能"以及多能互补的综合智慧能源服务平台，实现"风光发电、储能、充电、工业与建筑节能、站点与数据中心节能、配电网"等场景的智能管理，将能源数据全链条打通，智能调控，推动算力经济市场的发展。

5.7 传统产业的 AI 化：新物种丛生

人工智能技术和传统产业之间正以前所未有的速度加速融合，从技术能力到全领域解决方案落地，人工智能都在赋能产业，激活新产品、新业态的出现，释放出新的活力。医疗、交通、制造、安防等多个传统行业，都因人工智能的加入而变得更加精彩，为企业与个人创造新的发展机会。《科学》杂志曾预测，到 2045 年，全球平均会有一半的劳动岗位被人工智能技术替代。

驱动人工智能发展的动力主要来自 4 个方面：一是数据，即以大数据、物联网、云计算等技术提供的数据基础；二是取得重大突破的机器学习算法；三是以图形处理器（GPU）为代表的强大的计算能力；四是得益于全社会对人工智能技术的接受和认同。在这些因素的驱动下，近几年人工智能技术的应用才得以快速发展。

从人工智能的应用来看，语音识别、自然语言处理等场景，包括智慧城市、智能车辆交通等应用，相对比较成熟。智能制造、智能电信、智能零售等，正在快速地 AI 化。

其中，模式识别是人工智能领域非常重要的方向，也是迄今为止应用比较成功的方向。模式识别在视频监控、身份识别、行为监控、交通监控、航空遥感图像、医学图像等领域都有非常广泛的应用。随着性能和精度越来越高，在可解释性、理解能力、自适应性等方面都会越来越强。

从整体市场规模来看，据 IDC 的测算，全球人工智能市场 2021 年支出达到 850 亿美元，并将在 2025 年增加到 2000 亿美元，5 年复合年均增长率约为 24.5%。2025 年，全球约 8% 的 AI 相关支出将来自中国市场。2021 年至 2025 年，中国市场 AI 相关支出总量将以 22% 左右的复合年均增长率增长，有望在 2025 年超过 160 亿美元，如图 5-8 所示。

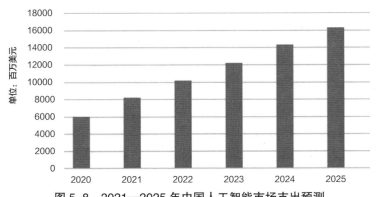

图 5-8   2021—2025 年中国人工智能市场支出预测

来源：IDC

其中，政府、金融、制造、通信四大行业的支出规模合计将占市场总量的 59% 以上，此外，通信、交通、公用事业、医疗保健等行业的 AI 支出潜力巨大。这些数据，反映出中国各个行业对人工智能的热情。

1. 人工智能 + 金融

人工智能正在对金融产品、服务渠道、服务方式、风险管理、授信融资、投资决策等带来新一轮的变革，其场景集中在智能支付、智能理赔、智能投顾、智能客服、智能营销、智能投研、智能风控等方面。

（1）AI 客服

通过机器人回答用户咨询，交互准确率在 95% 以上，能听会说，能思考会判断，比如中国建行的小 i 机器人，其服务能力相当于 9000 个人工座席的工作量；交通银行上线了人工智能服务机器人"娇娇"；平安银行 2016 年用 AI 技术替代人工服务用户，为客户匹配智能的 AI 客户经理以及 7×24 小时在线的 AI 客服，截至 2020 年末，平安银行 AI 客服队伍占比超过 90%。

（2）智能投顾

智能投顾也叫机器人顾问，是一种在线财富管理服务，结合个人投资者的风险偏好与理财目标，通过后台算法与用户友好型界面相结合，利用交易所上市基金（ETF）组建投资证券组合，并持续跟踪市场变化，即时做出调整，已成为众多金融机构的标配型服务，比如招商银行的"摩羯智投"、陆金所香港的 Lucy 等。还出现了大量垂直类的智能投顾公司，比如理财魔方、比财、弘量研究等，基于人工智能技术为中小投资者提供标准化资产财富管理服务。

在智能投顾领域，非常著名的案例要数著名数学家詹姆斯·西蒙斯创立的大奖章对冲基金，该基金以计算机运算为主导，用量化策略从庞大的市场中筛选数据，寻找统计上的关系，找到预测商品、货币及股市价格波动的模型，最终做出短线交易的决策。从 1989 年到 2007 年，大奖章基金的平均年收益率高达 35%。

（3）AI 营销

通过人工智能技术实现精准营销，以平安银行为例，2020 年，通过 AI 外呼、AI 在线方式主动触达、服务和经营客户；AI 客户经理月均服务客户数较 2019 年月均水平提升 693.1%，理财经理通过精准营销工具人均产能同比提升 22.3%，并推出 AI 私募直通平台，实现私募产品 7×24 小时全线上化自主交易，已支持本行超 96% 的私募产品认购；推出 AI 银保系统，通过线上获客经营的投保规模占比已达 80%。

（4）AI 风控

根据履约记录、社交行为、行为偏好、身份信息和设备安全等多方面行为，对用户进行风险评估，侧重大数据、算法和计算能力，强调数据间的关联。AI 在风控环节的应用体现在：①计算机视觉和生物特征的识别，即利用人脸识别、指纹识别等活体识别来确认用户身份；②反欺诈识别，利用多维度、多特征的数据预示和反映用户欺诈的意愿和倾向；③正常用户的还款意愿和能力的评估判断。其中涉及交易、社交、居住环境的稳定性等行为数据，采用先进的机器学习算法进行加工处理。

在算力强大的情况下，AI 风控的效率会非常高，审核速度快，时间跨度以分、秒来计算，为用户带来更好的服务体验；如果用户行为数据收集正确，可实现精准的评估。在信用贷、消费贷等需求个性化、规模化的小额贷款场景下，AI 风控具备充分的优势，但在房产贷款、大型企业的供应链金融等涉及资产评估的大额贷款上，传统风控依然不可替代。

（5）AI 信贷

以人工智能为核心，对小微信贷业务流程进行改造，在整个审批授信过程中，人工智能技术可以通过设备指纹记录和人脸识别，判断用户的真实性；同时与银联系统、土地资源管理系统、工商税务系统等联网查询，校验提交材料是否属实；还可以从电信服务商、社交平台、公共出行平台、征集平台等渠道调取借款人的家庭情况、风险偏好、性格问题等非财务信息，进行量化评估，给出信贷审批意见。

以往中小企业若申请贷款，哪怕是几万元的贷款，也需要提交很多材料来证明其信用。而现在采用人工智能技术后，一笔小额信贷可能几秒钟就能完成，比如陆金所控股旗下小微信贷服务机构平安普惠，推出 AI 智能贷款解决方案"行云"，将小微客户借款申请流程断点减少 47%，申请流程平均耗时降低 44%。

在相关政策里，也提出了推动人工智能技术应用于金融行业的要求，比如《新一代人工智能发展规划》中，就提出通过智能金融加快推进金融业智能化升级；通过建立金融大数据系统，提升金融多媒体数据处理与理解能力；创新智能金融产品和服务，发展金融新业态；鼓励金融行业应用智能客服、智能监控等技术和装备，建立金融风险智能预警与防控系统。

2. 人工智能 + 农业

在传统的农业领域，人工智能正在彻底改变着千百年来靠天吃饭的农耕模式，通过传感器传递出的各种信息数据，生产者可以坐在办公室里监控农业生产状况，

AI 可以在合适的时间给农作物提供合适的光照、水分等。

并且人工智能选种正在出现，通过扫描种子的 DNA 序列，再分析得出种子的情况，测试种子的表型，确保使用更好的种子，还能找出种子发芽的最佳条件等。其他应用还有很多，比如借助人工智能传感器，用图像传感技术来检测植物叶片的病害特征。

作物监测：农作物监控软件有望利用人工智能的预测能力，告知农民以及农业供应商到底需要多少肥料、撒多少种子，以及哪些种子和土地带来最高的产量。

食品可追溯性：人工智能、区块链技术结合，追踪整个种植与加工、流通过程，助力农产品的安全保障。

相关政策对此提出了明确路径：鼓励研制农业智能传感与控制系统、智能化农业装备、农机田间作业自主系统等。建立完善天空地一体化的智能农业信息遥感监测网络。建立典型农业大数据智能决策分析系统，开展智能农场、智能化植物工厂、智能牧场、智能渔场、智能果园、农产品加工智能车间、农产品绿色智能供应链等集成应用示范。

目前出现了一些用 AI 收集分析农业数据的公司，比如以色列的 Prospera 公司，曾获得 1500 万美元 B 轮投资，主要业务就是用计算机视觉和人工智能来帮助农民分析收集来的农业数据。它的设备安装在温室和田间，比如太阳能电池板，摄像机还有温度、湿度和光线传感器。摄像机和云服务可以收集分析农民需要的信息，帮助农民预测产量；可以看到植物生长情况以及是否有害虫，并及时应对。

3. 人工智能 + 教育

目前人工智能教育行业仍处在发展阶段，尚未成熟，形成了多种形态，比如人机对话、双师课堂、语音测评、智能语言处理、智适应学习等。

以智适应学习技术为例，可以搜集学生学习行为数据，根据对学生当前能力的了解，来规划学生的最优学习路径，并自动推送线上教学视频等学习内容，重点是根据学生学习过程中的数据分析，提供个性化学习体验。另外还有教育辅助，比如线上布置作业、智能批改等，并收集学习数据，个性化推送试题。

目前，有些学校正利用知识图谱等先进技术，为学生进行数字画像，经过分析后，给不同孩子推送不同的作业，并且合理测算每个孩子的作业量，提高教与学的效果。以前教师对学生的指导依赖于日常观察，借助大数据与人工智能技术后，教师对学生的特长、能力与发展方向的判断等将更加科学。

例如，微软与华东师范大学合作研发了中文写作智能辅导系统，能够提供自动化评阅、个性化辅导功能，对文章进行打分，诊断出字、词、句与篇章里的亮点、缺点，再做出智能化辅导，告诉学生如何拓展与加强，提供练习资源。还能建立中文学习的知识图谱，对学生的写作内容进行多维度分析，帮助学生提高写作能力。

除了帮助学生成长，人工智能技术还有助于改变教师的工作方式，通过分析教与学的过程化数据，发现优秀教师的教学方法和优秀学生的学习路径，通过建模使老师提升课堂容量，降低学生的学业负担。手写识别技术、自动评分和批改技术，可以帮助老师完成大量简单、重复性的作业批改工作。

从发展方向来看，人工智能正在影响学、教、管、评的每一个细节，我们必须主动参与，用好人工智能技术，寻求人机的最佳合作，借助人工智能，推动教育的发展。

4. 人工智能 + 制造

2016 年，国务院印发《"十三五"国家科技创新规划》，其中提出"面向 2030 年，再选择一批体现国家战略意图的重大科技项目"。人工智能与智能制造和机器人均被纳入其中。

近几年里，人工智能技术持续应用于制造业，它的关键点在于，机器能够自动反馈与调整，具体表现为工业机器人、传感器技术、物联网、大数据及商业分析、故障预测算法、机器视觉、机器学习、分布式控制系统、制造执行系统等。

人工智能技术在制造业的逐渐落地，催生了一些新的关键性技术。

其一，建设多源跨媒体异构数据库，异构集成产品、使用环境、解决方案和生产工艺数据库，将客户数据、设计数据、虚拟制造数据、生产数据构建在云端，成为神经网络、深度学习等算法运行的基础。

其二，基于大数据的产品设计，采集客户来源信息、基本信息、需求信息等，与异构数据库进行匹配，利用机器学习算法、深度学习模型、产品使用环境模型匹配等智能分析技术，实现深度数据挖掘，实现智能解决方案推荐、智能优化产品设计以及智能原材料采购等。

其三，虚拟体验系统及虚拟制造，采用虚拟现实技术、云渲染平台、VR 互动体验技术等，快速实现设计方案的虚拟仿真，实现设计阶段的客户体验。同时，将不同材质、不同类型的定制产品订单快速拆分，再合理组织成批次，在虚拟制造系统中实现订单管理和智能排产。

以研发设计为例，借助超级计算机 + 独家算法，基于海量数据建模分析，学习已有的数据库，数字化模拟产品研发过程，发掘新的思路，并做出测试与评估，可以将原本不确定、高成本的实物研发，转变为低成本高效率的数字化自动研发。

以鞋类产品的生产制造为例，人工智能技术可针对消费者个性化需求数据，提高生产的柔性，比如 3D 打印＋机器人＋计算机针织等技术组合，依靠云端收集顾客足型与运动数据，按照顾客喜好选择配料和设计，并在机器人、计算机针织与人工辅助的共同协作下完成定制。

国际咨询机构埃森哲预计，2035 年制造业应用人工智能，其增加值增速可提高约两个百分点，是所有产业部门中提高幅度最大的。

在 AI 技术引领下，制造模式呈现如下的变化。

第一，刚性生产系统转向可重构的柔性生产系统，客户需求管理能力的重要性不断提升，制造业从以产品为中心转向以用户为核心。

第二，规模化定制生产：设计和生产"柔性化"，形成柔性的、满足个性化需求的高效能、大批量生产模式，大规模生产转向规模化定制生产（服务），高效准确交付成重点，满足消费者个性化需求成为企业的重要竞争策略。

第三，通过信息物理系统（CPS）实现工厂 / 车间的设备传感和控制层的数据与企业信息系统融合，使得生产大数据传到云计算数据中心进行存储、分析，形成决策并指导生产。

第四，企业内部组织结构扁平化，数据要素的附加值提高。从提供单一产品到提供一体化的解决方案，企业通过减少组织结构层级来减少决策时间，对数据要素的搜集整理、研究分析以及相应评估预测越来越重视；实现基于消费者数据完成所有定制、服务的全过程。

第五，社会化制造：工厂制造转向社会化制造，部分行业产能呈现出分散化的趋势。"社会化制造"显现，整合社会产能服务于某一款产品的制造，通过在线的方式完成交流。

第六，网络协同制造：基于先进的网络技术、制造技术及其他相关技术，构建面向特定需求的基于网络的制造系统，实现企业各环节"纵向集成"和供应链上下游"横向集成"的协同制造。

第七，远程运维服务：运用传感、通信、大数据分析等技术手段，通过设备远程运维平台，对生产过程、生产设备的关键参数进行实时监测，对故障及时报警。

我国相关政策已明确提出：围绕制造强国重大需求，推进智能制造关键技术装备、核心支撑软件、工业互联网等系统集成应用，研发智能产品及智能互联产品、智能制造使能工具与系统、智能制造云服务平台，推广流程智能制造、离散智能制造、网络化协同制造、远程诊断与运维服务等新型制造模式，建立智能制造标准体系，推进制造全生命周期活动智能化。

5. 人工智能 + 物流

人工智能在物流中的应用逐渐提速，正在提升物流行业的效率，一是以 AI 技术赋能，智能设备替代人工，比如无人卡车、无人配送车、无人机、客服机器人等；二是通过计算机视觉、机器学习、运筹优化等技术或算法驱动，提高效率，比如车队管理系统、仓储现场管理、设备调度系统、订单分配系统等。受技术水平影响，部分人工智能应用落地条件不太成熟，需要较长时间的培育。

具体来看，在物流行业实现应用的人工智能技术主要以深度学习、计算机视觉、自动驾驶及自然语言理解为主。深度学习应用于运输路径规划、运力资源优化、配送智能调度等场景；计算机视觉的应用很广，比如智能仓储机器人、无人配送车、无人配送机等，还能实现运单识别、体积测量、装载率测定、分拣行为检测等。自动驾驶技术在小范围内有所应用，比如无人卡车在特定路段进行实地路测和试运行，在部分港区、园区等相对封闭的场景中已经可以看到，如图 5-9 所示。自然语言理解重点应用于快递快运企业的智能客服系统，降低人工成本。

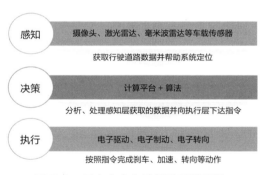

图 5-9   无人卡车自动驾驶系统架构

来源：艾瑞咨询研究院

以车队的智能管理系统为例，采用摄像头监测车内司机的驾驶行为，比如闭眼频率及时长、低头频率及时长、驾驶中抽烟打电话等危险行为；还有摄像头监测外部行驶环境信息，比如急加速与刹车、车道偏离、与前车距离过近、道路能见度降低等；再由车载终端识别与分析信息，并向系统平台报送；由系统分析风险后，对司机行为进行干预警报，包括设备预警、终端语音提醒、电话警告等。

人工智能在物流配送中发挥了比较大的作用，比如通过基于机器学习与运筹优化算法的订单分配系统，合理匹配运力与需求，提升配送效率。工作原理是以大数据平台收集的骑手轨迹、配送业务、实时环境等内容作为基础数据，通过机器学习算法得到预计交付时间、预计未来订单、预计路径耗时等预测数据，最后基于基础数据和预测数据，利用运筹优化模型与算法进行系统派单、路径规划、自动改派等决策行为。以美团配送为例，将原有智能调度升级为全域柔性调度，"美团超脑"在高峰时期每小时执行路径规划算法约 29 亿次；研发了多级分布式计算引擎架构，实现万人万单的全城秒级匹配。

相关政策明确提出：加强智能化装卸搬运、分拣包装、加工配送等智能物流装备研发和推广应用，建设深度感知智能仓储系统，提升仓储运营管理水平和效率。完善智能物流公共信息平台和指挥系统、产品质量认证及追溯系统、智能配货调度体系等。

6. 智能家居

人工智能对家居行业的影响非常深入，形成了智能家居这样的庞大产业，它是以住宅为平台，利用网络通信、智能控制、音视频等技术，将家居生活有关设施集成，为用户提供智能化服务。

就目前来看，不少实力企业跳出了智能单品的研发局限，发力构建基于物联网和人工智能技术的生态圈，根据客户需求，打造可以自主感知用户需求、提供智能化服务的全屋智能解决方案。在人工智能技术的加持下，终端设备互联互通得以实现，算力迅速提升，并具备自主学习能力，使得服务更加贴合用户需求。

单是智能家居产业，仅中国市场，就正在形成一条万亿规模级的赛道。经历多年的发展，整个产业已形成图 5-10 的格局，而且预计会有更多传统制造型公司转身入场智能家居，实现产品的智能化，寻求又一次增长机会。

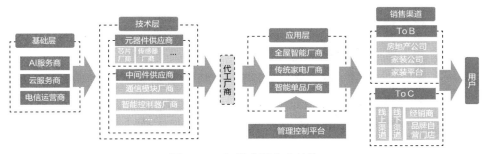

图 5-10　智能家居产业结构

来源：亿欧智库《2020 中国智能家居行业研究报告》

据 IDC 的报告，2020 年，中国智能家居设备出货量 2 亿台，2021 年超过 2.2 亿台，预计 2025 年将超过 5 亿台，市场规模突破 8000 亿元人民币。其中部分品类卖得相当不错，2020 年，家庭温控设备同比增长超 250%；智能照明设备增长 71.4%；家庭安防监控设备增长 14.4%。

放眼全球市场，2020 年智能家居设备出货量超过 8 亿台，2021 年超过 8.95 亿台，预计到 2025 年会超过 14 亿台，5 年复合年均增长率超过 12%。以智能音箱单品来看，据 Strategy Analytics 的数据，2020 全球出货量达到 1.5 亿台。家庭安全监控设备卖得也不错，2020 年第四季度就做到了 817 万台，同比增长 24.9%；全年则同比增长 14.4%。另外，家庭温控设备、智能照明设备的销售情况同样不错，2020 年同比增长 250.1%、71.4%。

经过数年的技术提升、产品打造与市场培育，智能家居产业已有多个品类进入快速增长期，比如智能手机、智能音箱、智能机器人、可穿戴设备、智能电视、智能门锁等。中国智能家居从业者最看好的入口产品情况，大概如图 5–11 所示。

智能马桶的崛起非常抢眼，据京东大数据研究院发布的《2021 智能马桶线上消费趋势报告》，从 2017 年到 2020 年，智能马桶盖销量实现翻倍，智能马桶一体机的销量足足翻了 10 倍。奥维云网的线上推总数据显示，2020 年智能一体机零售额为 33.7 亿元，同比增长 40.6%；零售量为 104.6 万台，同比提升 54.8%。另外，智能马桶盖零售额为 15.2 亿元，同比提升 3.1%；零售量为 100 万台，同比提升 26.8%。

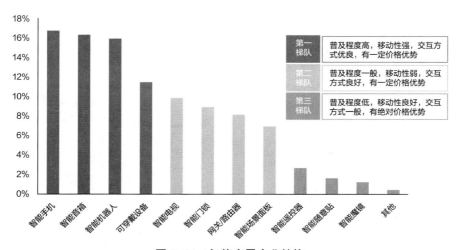

图 5–11　智能家居产业结构

来源：亿欧智库

扫地机器人近年都保持坚挺的增长，据奥维云网全渠道推总数据，2020 年扫地机器人全渠道零售量达 654 万台，零售额达 94 亿元。另据 Euromonitor 和 IFR 的测算，2019 年，全球扫地机器人规模约 33 亿美元，比 2018 年增长 32%。

2021 年 4 月，住建部等 16 部委联合印发了《住房和城乡建设部等部门关于加快发展数字家庭 提高居住品质的指导意见》，吹响了家庭数字化发展的号角。其中对数字家庭给出明确定义，它是以住宅为载体，利用物联网、云计算、大数据、移动通信、人工智能等新一代信息技术，实现系统平台、家居产品的互联互通，满足用户信息获取和使用的数字化家庭生活服务系统。

该指导意见在"完善数字家庭系统"措施中明确提出：推进智能家居产品跨企业互联互通和质量保障，规范智能家居系统平台架构、网络接口、组网要求、应用场景，推动智能家居设备产品、用户、数据跨企业跨终端互联互通，打破不同企业智能家居产品连接壁垒，提升智能家居系统平台、设备产品、应用等对IPv6 的支持能力，提高设备兼容性。鼓励符合条件的检测认证机构开展产品检测和认证，保障产品质量。

这份文件对智能家居在家庭的应用制定了明确目标：到 2022 年底，数字家庭相关政策制度和标准基本健全，基础条件较好的省（区、市）至少有一个城市或市辖区开展数字家庭建设，基本形成可复制、可推广的经验和生活服务模式。到2025 年底，构建比较完备的数字家庭标准体系；新建全装修住宅和社区配套设施，全面具备通信连接能力，拥有必要的智能产品；既有住宅和社区配套设施，拥有一定的智能产品，数字化改造初见成效；初步形成房地产开发、产品研发生产、运营服务等有序发展的数字家庭产业生态。

7. 人工智能 + 医疗

从应用场景来看，人工智能在医疗健康领域的应用涉及虚拟助理、医学影像、药物挖掘、营养学、生物技术、急救室 / 医院管理、健康管理、精神健康、可穿戴设备、风险管理等。

医疗 AI 方面，主要面向 C 端和 B 端，C 端以个人用户为主，包括智能问诊和健康管理等，实现简单的自诊自查，一般满足轻症慢病患者的寻医问药，并不能解决重症急病的治疗。B 端以医院和药企为主，对医院来讲，AI 主要应用于医院管理、医学研究、虚拟助手和医疗影像等方面，其中医疗 AI 影像产业发展最为突出，原因在于影像科医生的供需缺口较大，阅片成为医疗领域的痛点，再者，医疗 AI 影像技术较成熟，基本能满足需求。而且医疗 AI 影像辅助系统可以帮助医生展开病灶筛查、靶区勾画、三维成像、病历分析等工作。与传统人工阅片相比，人工智能阅片不仅能快速高效地实施大规模筛查，提升影像科工作效率，而且影像检测准确率也比较高，减少误诊、漏诊现象。

同时，AI技术正助力药物研发，运用AI技术，对现有化合物数据库信息进行整合和数据提取、机器学习，提取大量关于化合物不同属性的关键信息，大幅提高化合物筛选的成功率；随着自然语言处理技术和AI文献信息提取技术发展，AI能自动处理海量非结构化的专利与文献数据，从中提取关键信息，构建知识图谱和认知图谱，自动发现药物靶点和药物分子，减少药物研发过程中大规模筛选的成本。一些公司正在研究对应的工具，比如北京英飞智药将AI技术与资深药物研发专家的经验结合，开发出药物设计AI研发平台"智药大脑"；由盖茨基金会与北京市政府及清华大学合作创办的"全球健康药物研发中心"，打造了高通量、高精度人工智能药物筛选计算平台"人工智能药物研发平台"。

相关政策已明确提出推动人工智能在医疗健康领域的应用，包括：推广应用人工智能治疗新模式新手段，建立快速精准的智能医疗体系。探索智慧医院建设，开发人机协同的手术机器人、智能诊疗助手，研发柔性可穿戴、生物兼容的生理监测系统，研发人机协同临床智能诊疗方案，实现智能影像识别、病理分型和智能多学科会诊。基于人工智能开展大规模基因组识别、蛋白组学、代谢组学等研究和新药研发，推进医药监管智能化。加强流行病智能监测和防控。

8. 人工智能 + 养老

养老服务正在拥抱人工智能，不断满足老年人多样化、个性化的养老需求，涉及吃、穿、住、养、医、行、乐等多个方面。目前具体的成果主要是：智能看护机器人、可穿戴设备、智能家居、智能健康管理等。

比如机器人，可以跟老人一起下棋，也可以看护老年人，协助去卫生间、做体检、帮助拿取物品、观察老人有无异常情况等，还可以根据老人的不同情况，制定照看计划；通过可穿戴设备，实时监控血压、体温等，针对异常发出预警；在家居环境里布置智能设备，如呼叫牌、智能床垫等，方便老人发送需求，或者监测老人身体，降低照护风险。

国务院印发的《新一代人工智能发展规划》提出：加强群体智能健康管理，突破健康大数据分析、物联网等关键技术，研发健康管理可穿戴设备和家庭智能健康检测监测设备，推动健康管理实现从点状监测向连续监测、从短流程管理向长流程管理转变。建设智能养老社区和机构，构建安全便捷的智能化养老基础设施体系。加强老年人产品智能化和智能产品适老化，开发视听辅助设备、物理辅助设备等智能家居养老设备，拓展老年人的活动空间。开发面向老年人的移动社交和服务平台、情感陪护助手，提升老年人的生活质量。

9. 人工智能 + 法务

近几年里，深度学习神经网络的算法在法律文本分类、法律文本自动生成、自然语言案例检索等方面都有相当不错的表现。同时，司法公开力度加大、裁判文书的数量急剧增长，推动了人工智能 + 法律的实现。目前公布的裁判文书也是众多法律人工智能的研发、服务机构数据库的重要组成部分。据《法治日报》的报道，2020 年 8 月 30 日 18 时，中国裁判文书网文书总量突破 1 亿篇，访问总量近 480 亿次。

人工智能应用于法律科技，有助于减少法律工作所需的时间，提高效率。对于法律诉讼，自然语言处理技术能在几分钟时间里总结数千页的法律文件，仅依靠人工，估计得花几天的时间才能完成。

欧洲的品诚梅森律师事务所表示，采用了 TermFrame 的人工智能技术，帮助处理了 7000 起事务，包括纠纷解决以及合同审阅等。一些专注法律科技的人工智能创业公司完成了融资，比如加州帕洛阿尔托的 Casetest 获得 1200 万美元的 B 轮投资；以色列的 LawGeex 公司，完成了 700 万美元的 A 轮融资，该公司研究人工智能技术自动评估商业合同。

政策上也有布局，2017 年，最高人民法院印发《最高人民法院关于加快建设智慧法院的意见》。智慧法院是人民法院充分利用先进信息化系统，实现公正司法、司法为民的组织、建设和运行形态。国务院印发的《新一代人工智能发展规划》中，力挺智慧法庭建设，提出促进人工智能在证据收集、案例分析、法律文件阅读与分析中的应用，实现法院审判体系和审判能力智能化。

10. 人工智能 + 交通

交通摄像头等各类终端积累了大量的数据，但利用率普遍偏低，在人工智能技术的支持下，通过精准的智能视频分析、强大的数据处理能力，实现交通治理整体解决方案、机动车非现场执法检测、非机动车治理、交通事件检测、交通参数检测、违规施工检测、特种车辆违法检测、异常事件预警等。

共享单车乱停放侵占道路怎么办？智能视觉交互系统可以实时识别、智能判断并管理所在区域的共享单车，如果区域内的车辆停放达到预警阈值，系统可向管理部门与企业实时发出调度信息，提高运维效率。

通过人工智能技术，实时监控分析道路车流量，依据动态的交通数据，自动切换和调配信号灯时间，甚至在车流巨大的路段，全程绿灯不停车。而驾驶者也可以看到数据，选择车流量较少的道路行驶。

国务院印发的《新一代人工智能发展规划》里提到了智能交通建设和自主无人驾驶技术平台等，包括研究建立营运车辆自动驾驶与车路协同的技术体系。研发复杂场景下的多维交通信息综合大数据应用平台，实现智能化交通疏导和综合运行协调指挥，建成覆盖地面、轨道、低空和海上的智能交通监控、管理和服务系统。

11. 人工智能 + 工厂

近几年里，人工智能开始走进工厂，机器开始学习了解工业生产的日常活动；工厂里安装了大量传感器，收集数据，并实现互联互通，基于数据的生产变得更加智能。人工智能的加持，不仅能够降低运营成本，还将提高生产效率，扩大整体产能。

这样的案例非常多，比如中力电动叉车推出了能够在工厂、仓库自主运行的无人叉车，并且无须对运行环境进行改造，就能实现自动驾驶级别的搬运。生命科学智能自动化公司镁伽科技有限公司，与实验室、制药公司、高校等机构合作，基于 AI+ 机器人技术的积累，用自动化解决方案执行实验室中劳动密集、重复性高，但需要高度精确的任务和流程，同时机器人作业也将降低实验过程中的感染风险。美的工厂部署昇腾智造解决方案后，AI 智检员上岗，通过扫描条码确认冰柜的型号，然后将拍摄图像与正确安装图像进行比对，就能快速知道底脚的数量或者型号是否正确，而且检测准确率超过 99%。此外，AI 还能智能发现环保标签、产品商标的安装差错，使得原来的人工操作员从重复单一的工作中解脱出来，而且检测准确率得到了大幅提高。

德国人工智能研究中心与欧洲空中客车公司等企业合作，2 名工人和 6 台机器人组成的团队，共同为飞机机体和机翼焊接铆钉，而且为日本日立公司开发了一套基于人工智能技术的劳动管理系统，工人穿上装有 30 多个传感器的可穿戴设备，完成日常工业操作；系统能根据预录好的标准动作，提醒工人操作的不规范处。讯能集思公司通过步态分析技术，将生产现场视频数据交给人工智能分析中枢，实时分析操作员是否未按标准流程作业。

从发展方向来看，有实力引进人工智能技术的企业，都在加强智能工厂关键技术和体系方法的应用示范，重点推广生产线重构与动态智能调度、生产装备智能物联与云化数据采集、多维人机物协同与互操作等技术，并投入建设工厂大数据系统、网络化分布式生产设施等，实现生产设备网络化、生产数据可视化、生产过程透明化、生产现场无人化，提升工厂运营管理智能化水平。

在人工智能的驱动下，工厂的变化变得明显起来，以麦肯锡与世界经济论坛携手发布的 2021 年《全球灯塔网络：重构运营模式，促进企业发展》中文版为例，其聚焦各行各业的先进制造业领军者——灯塔企业，解读它们如何通过第四次工业革命创新技术，实现生产力提升、市场份额增加、客户为中心理念升级以及环保可持续等多赢。全球灯塔网络包括 69 家灯塔工厂，涉及消费品行业里的阿里巴巴、汉高、宝洁、青岛啤酒、联合利华、宝钢、MODEC、爱科、宝马、博世、爱立信、富士康、雷诺、惠普、美光、诺基亚、施耐德、西门子、美的、日立、拜耳、强生、葛兰素史克、强生、诺和诺德等。其中，2021 年 15 家新增灯塔企业里，有 5 家来自中国，包括博世（苏州）、富士康（成都）、美的（顺德）、青岛啤酒（青岛）、纬创（昆山）。

这些灯塔工厂在引进人工智能技术方面，重点部署数字化装配与加工、数字设备维护、数字质量管理、供应链网络连接性、端到端产品开发、端到端交付等应用，取得了丰硕的成果与明显的进步。

从技术层面看，人工智能本质上是机器通过大量的数据训练作出智能决策的能力。基于传统的计算方式，机器只能按照预先编写的程序处理信息，一旦出现没有预设的情况，机器就无能为力了。而人工智能赋予机器具备有理解力的"大脑"，让机器能够解读文字与数据，进而做出判断，它主要包括机器学习、深度学习、自然语言处理、知识图谱等底层核心技术。

同时，人工智能应用的落地有 4 个要素，分别是算法、大数据、算力和场景，离不开技术能力的成熟和计算能力的提升，更离不开市场应用的增多。足够的算力，才能更好地处理越来越庞大的数据和复杂的算法。

5.8　算力 + 汽车：智能驾驶、智能车联的驱动力

随着汽车的科技化趋势不断升级，智能驾驶、智能座舱与智能车联网等功能不断增加，智能化水平成为影响汽车的关键因素。而这种智能技术又对算力提出了更高的需求。

尤其是智能电动汽车，由于重点发力自动驾驶，使得算力成为关键驱动力。背后的原因在于：其一，智能汽车所搭载的传感器数量与类型进一步增多，需要实时采集海量传感器数据并进行融合处理，再做出合理决策与路径规划，将决策实时传送到执行部件，自动驾驶系统的海量数据处理以及超低时延需求之下，计算量激增，算力需求呈现指数级增长；其二，智能座舱与智能车联要想实现更好的体验，比如增加一些软件丰富服务内容，也对算力提出了更高的要求。

当前汽车算力主要来源于车载计算平台，车载算力的上限，决定了汽车能够承载的软件服务上限。主机厂往往通过采用新的硬件，实现算力的提升，比如不断提升芯片的算力、在软件上做功课等。

据了解，随着智能座舱和自动驾驶的落地，汽车所涉及的软件代码量出现了指数级增长，2010 年，主流车型的软件代码行数约为 1000 万行；到 2016 年达到了 1.5 亿行左右。预测认为，自动驾驶汽车的软件代码行数将达到 3 亿~5 亿行。

另据恩智浦半导体公司（NXP）预测，2015—2025 年汽车中的代码量将会呈现指数级增长，其年均复合增速为 21%。过去汽车的数据速度大约是每秒 150 千字节，现在则是每秒千兆字节。这就意味着，算力需要进一步提升。

一般来讲，自动驾驶的级别越高，所需要的传感器越多，捕获的数据量越大、精度越高，也就越依赖更高的算力支撑。算力的单位是 TOPS，全称为 Tera Operations Per Second。在自动驾驶的场景下，TOPS 是指每秒能识别多少帧（指摄像头数据）、处理多少点云（指雷达数据）。目前的算力普遍在数百 TOPS，正在向千级的 TOPS 升级。

为了提升算力，部分车企投入大量高性能硬件，以蔚来 ET7 为例，其超感系统 Aquila 配备了 33 个高性能感知硬件，其中包括 11 个高清摄像头、5 个毫米波雷达和 12 个超声波雷达，每秒可产生 8GB 图像数据。同时，蔚来超算平台 Adam 配备了 4 颗英伟达 Drive Orin 芯片，算力高达 1016TOPS。蔚来创始人李斌表示，"拼马力，更要拼算力"。"马力 + 算力"是定义高端智能电动汽车的新标准。

小鹏 P7 通过 14 个摄像头、5 个毫米波雷达和 12 个超声波传感器，360 度双重感知融合系统，准确识别并观察外部环境；并搭载英伟达 Xavier 计算平台，实现每秒 30 万亿次运算。另外，小鹏 P7 还布局了两套计算平台：XPILOT3.0 计算平台和 XPILOT2.0 计算平台，硬件上完全独立，互为冗余。该车还搭载了全新一代 Xmart OS 2.0 车载智能系统，支持全场景语音智能交互，支持唤醒词及指令自定义；可以持续倾听，不需重复唤醒；可以随时打断，进行下一个步骤。

2020 年，理想汽车曾宣布，理想 X01 将使用英伟达 Orin 系列中运算能力最强的芯片，单片运算能力可达到每秒 200TOPS（每秒 200 万亿次运算），是上一代 Xavier 芯片的 7 倍左右。英伟达 Orin 系统级芯片发布于 2019 年，英伟达计划于 2022 年将其纳入量产名录。

现代起亚纯电动汽车搭载了英伟达的 Drive AGX Pegasus 计算平台，集成了 2 颗 Xavier SoC 芯片，算力达到 320TOPS。

在已经上路的车型中，特斯拉自主研发的 Hardware3.0 版本集成了 2 颗 FSD 芯片，总算力达 144TOPS。其 Hardware4.0 版本，预计于 2022 年推出，性能将是 HW3.0 的 3 倍，能达到 432TOPS，可用于控制和支持高级驾驶辅助系统、电动汽车动力传动系统、汽车娱乐系统及汽车车身电子等车用电子四大应用领域。

2021 年 4 月，英伟达 CEO 黄仁勋发布了一套针对 L5 级别的自动驾驶 SoC 芯片 DRIVE Atlan，将目前单颗芯片的算力上限提升到了 1000TOPS（每秒 1000 万亿次运算），他认为 TOPS 就是新的马力，更高的算力意味着更加智能化。

地平线公司 CEO 余凯曾在公开场合指出，自动驾驶每提高一级，所需要芯片算力就增加一个数量级。L2 级别大概需要 2 个 TOPS 的算力，L3 需要 24 个 TOPS，L4 需要 320TOPS，L5 需要 4000+TOPS。

企鹅解码根据公开资料整理，制作了一份不同新能源汽车的算力方面的表格，大概情况如表 5-2 所示。

表 5-2　不同新能源汽车的算力情况

品牌	车型	芯片	总算力	制程工艺	满足级别
蔚来	ET7	英伟达 Orin 芯片	1016TOPS	7nm	L3
特斯拉	Model3	FSD 芯片	144TOPS	14nm	L2
特斯拉	ModelY	FSD 芯片	144TOPS	14nm	L2
特斯拉	ModelS	FSD 芯片	144TOPS	14nm	L2
小鹏	P7	英伟达 XavierSoC	30TOPS	12nm	L3
小鹏	P5	英伟达 XavierSoC	30TOPS	12nm	L4
蔚来	ES8	骁龙 820A	2.5TOPS	14nm	L2
蔚来	ES6	骁龙 820A	2.5TOPS	14nm	L2
蔚来	EC6	Mobileye EyeQ4	2.5TOPS	28nm	L2
小鹏	G3	骁龙 820A	2.5TOPS	14nm	L2.5
理想	理想 ONE	骁龙 820A	2.5TOPS	14nm	L2
威马	EX5	Mobileye EyeQ4	2.5TOPS	28nm	L2

来源：企鹅解码

为什么车企都要拼算力？具体来讲，算力的价值体现在以下几个方面。

其一，随着自动驾驶的安全性、精准性要求越来越高，摄像头的像素要求也越来越高，从当下 200 万~300 万进化到 700 万~800 万，甚至更高；另外，传感器数量越多、捕获的数据越多，自然对算力的要求越高。

其二，决策算法更复杂，目前嵌入高级别自动驾驶的感知算法超过 20 个，它们对算力的要求更高。

其三，域控制器越来越集中，从 5 个（自动驾驶域、智能座舱域、车身域、底盘域、整车控制器）变成 3 个，最后融合为中央集中式处理器，这意味着需要更强的感知数据融合能力以及控制执行能力，也需要更强的算力。

其四，预埋算力做 OTA（Over-The-Airtechnology，即空中下载技术）。其实目前动辄几百上千 TOPS 的算力不一定都用得上，预埋高算力，为未来的可扩展性做准备，可以通过 OTA 持续升级软件。

算力真的越高越好吗？更高算力往往伴随着更高功耗。特别是电动汽车需要考虑续航的情况下，对于芯片的功耗更是一种考验。比如英伟达发布的 DRIVE Pegasus Robotaxi 自动驾驶平台，算力提升到 2000TOPS，功耗也相应达到 800W。

另外，算力的 TOPS 数值只是一个理论上限，真正的利用率取决于跟软件算法的配合。只有更好的软件算法，研发出更开放的硬件架构，更好地适配汽车硬件产品，才能更好地发挥出芯片的算力能力。

在汽车的算力布局上，要想实现高实时、高可靠、动态调配、可拓展的算力结构，有可能需要借助"云—网—边—端"一体化的泛在计算，车载中央计算单元成为车端计算核心，满足智能驾驶、智能座舱、智能车联的核心计算需求。而云计算提供非实时、长周期数据的分析，提供决策依据，并为整车提供存储、计算和分析服务。边缘计算则聚焦实时、短周期数据的分析，能更好地支撑本地业务的实时智能化处理与执行。

第 6 章

有争议的算力产物：
数字货币

在算力经济的发展中，数字货币是绕不开的，比如加密币、稳定币、中央银行数字货币（CBDC）等。数字货币是一种比较特殊的产物，它可能对我们的经济发展、个人财富与资产形式都会形成新的冲击。所以，笔者在这里专门用一章来解读算力经济的这种产物。

在漫长的历史发展中，货币形态的演变相对缓慢，不过，从 2008 年中本聪创造比特币之后的十几年里，情况发生了一些变化，尤其是从 2014 年开始，市场上陆续出现了大量数字加密货币，高峰时期多达几千种，以各种概念在互联网上传播，比如数字货币、加密货币、稳定币、密码代币、通证、空气币、传销币等。

这里面的概念很多，但总的来看，主要分成三类：私营加密数字货币、民间稳定币、中央银行数字货币。

私营加密数字货币是通过特定的算法产生的，基于区块链加密技术而创建发行，如比特币、以太坊、莱特币、狗狗币等。当然，还有一些很虚假的加密数字货币，就属于空气币、传销币了，它们的特征是刚刚面世一段时间，很快就消失了。即使是比特币等长期存在的加密货币，其价值波动很大，风险也大，在大多数国家还未得到认可。

稳定币由民间组织发行，通过与法定货币、主流数字货币、大宗商品等资产锚定，或通过第三方主体调控货币供应量的方式，实现货币价格相对稳定，本质上仍属私营加密数字货币范畴。

中央银行数字货币是基于国家信用并且由一国央行直接发行的数字货币。国际清算银行在关于中央银行数字货币的报告中，将法定数字货币定义为中央银行货币的数字形式。它不一定基于区块链发行，也可以基于中央银行集中式账户体系发行。

另外，国际清算银行将法定数字货币划分为零售型和批发型。其中，零售型CBDC又可分为基于账户型和基于通证（可流通的加密数字证明）型两类，面向所有个体和公司发行，广泛用于小额零售交易，本质是数字现金；批发型CBDC则基于通证、面向银行等大型金融机构，用于金融机构之间的大额交易结算，是一种创新型的支付清算模式。

6.1　算力经济与意想不到的数字货币

数字货币的发展，跟算力经济密切相关；或者说，算力经济的发展过程中，培育了数字货币的土壤，促成了数字货币的产生。

6.1.1　数字金融的大环境培育数字货币的土壤

在数字经济高速发展的环境下，数字金融迎来了繁荣时代。数字金融是技术驱动的金融创新，通过互联网、大数据、人工智能、云计算等技术的应用，创新商业模式与金融产品，改进业务流程，提升运营效率。随着5G、区块链、云计算等技术的发展，以及算力水平的提升，数字金融正迎来更广阔的前景。

数字金融的具体业务分为五大类：一是基础设施，包括智能合约、大数据、云计算、数字身份识别等；二是支付清算，包括移动支付、数字货币；三是融资筹资，包括众筹、网络贷款等；四是投资管理，如余额宝、智能投顾等；五是保险，指数字化的保险产品。

经过数年的发展，中国市场出现了市场规模非常庞大的数字金融业务，包括移动支付、互联网银行等。一些核心平台高速崛起，以支付宝为例，2004年，支付宝用户 5000 万；2008 年突破 1 亿；到 2019 年 6 月底，支付宝及其本地钱包合作伙伴已服务超 12 亿的全球用户。每 10 个中国支付宝用户中，就有 8 个使用了蚂蚁金服至少 3 种服务，4 个使用了 5 种服务，包括支付、财富管理、小微信贷、保险和信用服务。就处理速度来看，2017 年"双 11"时，支付宝的数据库处理峰值 4200 万次 / 秒，相当于在支付峰值产生的那一秒里，数据库 OceanBase 平稳处理了 4200 万次请求数。到 2019 年"双 11"时，支付宝自主研发的分布式数据库 OceanBase 每秒处理峰值达到 6100 万次。

尤其是随着信息通信技术的发达、智能手机的普及、交易活动的高度活跃，加上网络购物、移动支付等习惯的成熟，人们越来越倾向于使用电子支付，而不是携带纸币或银行卡。带一部智能手机，就能完成信息查询、下单与支付等日常生活所需行为。

据中国互联网络信息中心（CNNIC）发布的第 47 次《中国互联网络发展状况统计报告》，截至 2020 年 12 月底，我国网络支付用户规模达 8.54 亿，占网民整体的 86.4%。手机网络支付用户规模达到 8.53 亿，占手机网民总数的 86.5%。近几年里，网络支付用户保持高速增长，如图 6-1 所示。

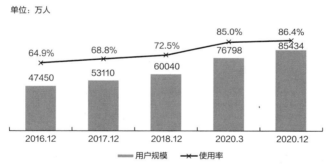

图 6-1 2016.12—2020.12 网络支付用户规模及使用率

来源：CNNIC

央行发布的《2021 年第一季度支付体系运行总体情况》显示，全国银行共办理非现金支付业务 873.46 亿笔，金额为 1065.59 万亿元，同比分别增长 38.48% 和 20.65%。非银行支付机构处理网络支付业务 2206.25 亿笔，金额为 86.47 万亿元，同比分别增长 54.06% 和 41.99%。全国银行共处理移动支付业务 326.17 亿笔，金额为 130.14 万亿元，同比分别增长 44.94% 和 43.3%。

从全球市场来看，据 Statista 发布的 *FinTech Report 2021–Digital Payments* 显

示，2020 年全球数字支付市场规模为 54746 亿美元，其中数字商业支付市场规模达 34666 亿美元；移动 POS 机支付市场规模达 20080 亿美元。

其中，2020 年全球最大的数字支付市场是中国，数字支付规模达 24965 亿美元，占比 45.6%；其次为美国，数字支付市场规模为 10354 亿美元，占比 18.9%；2020 年欧洲数字支付市场规模为 9198 亿美元，占比 16.8%。

移动支付平台方面，中国占有明显优势。截至 2020 年底，微信支付（WeChat Pay）拥有 11.51 亿年度活跃用户；截至 2020 年 6 月，支付宝拥有超过 7.29 亿的年度活跃用户，而服务的全球用户量超 12 亿。苹果手机用户中，Apple Pay 用户数量的迅速增长，以 4.41 亿用户位列第三；后面还有 PayPal，拥有 3.05 亿用户；三星的 Samsung Pay 拥有 5100 万用户；Amazon Pay 和 Google Pay 也分别拥有 5000 万和 3900 万的用户。

据 Statista 预测，到 2025 年，全球数字支付将达到 105202 亿美元，其中数字商务支付达 58697 亿美元，移动 POS 机支付规模达 46506 亿美元。

在数字金融发展过程中，除了互联网公司是主力军之外，银行也是核心力量。自 1993 年实施金卡工程以来，数字化变革就没有停止过前进的步伐，从早期的电子银行、网络银行、互联网银行、直销银行、开放银行、智慧银行等，到现在的 5G 银行、物联网银行，充分借助金融科技创新推动数字金融的发展，实现降本增效、提升金融供给能力的目标。

数字化金融的版图由多方面构成，包括基础设施的数字化、金融产品的数字化、服务流程的数字化、营销获客的数字化等。

基础设施的数字化： 从传统网点柜台、自助设备，到互联网、移动互联网（APP、公众号等）与物联网，目前正在探索人工智能、物联网与银行业务的融合。

金融产品的数字化： 以前主要靠线下人工办理，逐渐升级为智能服务，比如智能信贷，更多的个人和小微企业贷款通过人工智能技术的支持，实现贷款的自动化审批与发放，而银行借助智能化贷后管理解决方案来优化不良率。

服务流程的数字化： 线上业务流程实现数字化改造，配合线上服务，同时推行线上全渠道服务，具体来讲，比如交易渠道数字化，目前商业银行交易离柜率已超过 90% 的水平；用户可通过银行电子社保卡购药等。

营销获客的数字化： 多元化的线上获客，比如通过直播、短视频、私域流量运营、线上平台广告投放等，实现客群的覆盖，并且借助大数据分析与精准定位，实现更精确的营销。

在数字金融的发展过程中，IT 基础设施变得强大，也就是金融科技的能力提升，这使得金融机构积极探索线上、线下的无缝对接，推动决策更加智能。对 IT 技术来讲，金融级的要求一般涉及：（1）资金安全、交易强一致、数据强一致、准实时交易、资金核对、异常熔断、快速恢复；（2）高可用性和异地多活容灾能力达到 99.99% 以上；（3）安全，多层检测、感知与防御各类安全攻击；（4）性能，包括响应时间、并发能力、快速调集资源等；全链路数据质量管理与治理能力等。

为了实现上述要求，并保障金融业务的稳定可靠运行，就要依靠计算性能很强、很稳定的计算机来处理，对服务器、存储、网络、服务器操作系统、分布式数据库、分布式存储等提出了非常高的要求。

再者，消费者习惯了"无现金支付"，不需要寻找 ATM 机或银行提取实物现金，就能满足各种结算需要，生活很便利，这给数字货币的产生提供了充分的条件。所以说，数字金融的持续繁荣，为数字货币的产生提供了一定的基础条件，并反过来促进数字金融的发展。

在 2020 年瞭望智库、《财经国家周刊》主办的"2020 第五届新金融论坛"上，中国银行首席科学家郭为民发表了演讲，他认为数字货币是未来数字金融核心的基础设施。目前的数字货币主要用于支付，在未来，数字货币不仅用于支付，还可能成为融资的工具。这个变化是革命性的。

从历史的进程来看，货币的载体由贝类、贵重金属等形式演变为纸币，再到现代社会流行的第三方移动支付的大规模应用，本质都是追求交易的便捷性与低成本，而数字货币无疑符合这种趋势的变化。

6.1.2 央行数字货币与算力

央行数字货币（Central Bank Digital Currency，简称 CBDC）的探索正如火如荼，国际清算银行 2021 年初对中央银行的一项调查发现，全球范围内有 86% 的央行正在积极研究 CBDC 的潜力，60% 的央行正在试验这项技术，14% 的央行正在部署相关试点项目。

中国已经推出数字货币，在多个城市试点，2021 年 6 月 30 日的数据显示，数字人民币试点场景超 132 万个，累计交易笔数 7075 万余笔、金额约 345 亿元。美国、英国、法国、加拿大、瑞典、日本、俄罗斯、韩国、新加坡等国央行，近年来以各种形式公布了关于数字货币的考虑及计划，有的已完成了初步测试。各国央行开展中央银行数字货币的情况如图 6-2 所示。

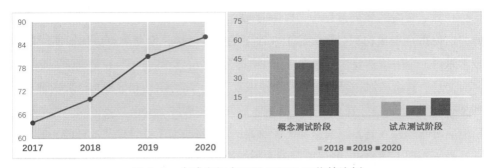

图 6-2　全球央行中开展 CBDC 工作的比例

来源：国际清算银行

　　央行数字货币跟算力最直接的关系在于，它必须建立在强大的 IT 平台基础上，能够处理高并发的需求，而这种需求的满足离不开算力的支撑。照目前的设计，央行数字货币主要应用于小额零售高频场景，交易系统的性能要求在数十万笔 / 秒以上的水平。再往后面发展，对性能的要求会更高。再者，通过法定数字货币的使用，可以产生大量数据，再挖掘分析这些数据，让数据产生价值，降低融资成本，同时扩大融资服务的可得性，满足实体经济的需要。

　　接下来，我们来看一些国家央行对数字货币的设计，以我国的数字人民币为主。

　　从 2014 年开始，中国人民银行就启动了对数字人民币（e-CNY）的研究，成立法定数字货币研究小组，开始对发行框架、关键技术、发行流通环境及相关国际经验等进行专项研究。2016 年，成立数字货币研究所，完成法定数字货币第一代原型系统搭建。2017 年末，经国务院批准，中国人民银行开始组织商业机构共同开展法定数字货币研发试验。2019 年底，数字人民币相继在深圳、苏州、雄安新区、成都及未来的冬奥场景启动试点测试，到 2020 年 10 月又增加上海、海南、长沙、西安、青岛、大连 6 个试点测试地区，实现了不同场景的真实用户试点测试和分批次大规模集中测试，验证了数字人民币业务技术设计及系统稳定性、产品易用性和场景适用性，增进了社会公众对数字人民币设计理念的理解。

　　而且，数字货币的使用方式不断丰富，包括数字人民币红包、满减优惠、扫码支付、离线钱包支付体验等，覆盖了生活缴费、餐饮服务、交通出行、购物消费、政务服务等多个领域。

　　2021 年 7 月，中国人民银行发布《中国数字人民币的研发进展》白皮书，其中提到，截至 2021 年 6 月 30 日，数字人民币试点场景已超 132 万个，覆盖生活缴费、餐饮服务、交通出行、购物消费、政务服务等领域。开立个人钱包 2087 万余个、对公钱包 351 万余个，累计交易笔数 7075 万余笔、金额约 345 亿元。而且中国人民银行将按照"十四五"规划部署，继续稳妥推进数字人民币研发试点。

据《中国数字人民币的研发进展》白皮书的解读，数字人民币主要具备几个特性，包括兼具账户和价值特征；不计付利息；低成本；支付即结算；匿名性（可控匿名）；安全性；可编程性。以可编程性为例，数字人民币通过加载不影响货币功能的智能合约实现可编程性，使数字人民币在确保安全与合规的前提下，可根据交易双方商定的条件、规则进行自动支付交易，促进业务模式创新。

同时，数字人民币实行可控匿名，在保证公民合法私有财产不受侵犯的同时，当发生违法犯罪事件时，数字货币的来源可追溯。因此，能够有效打击洗钱、逃漏税等违法行为，提升经济交易活动的透明度。

从结构上看，央行数字货币体系的核心要素包括：一币、两库、三中心。"一币"是指由央行担保并签名发行的代表具体金额的加密数字串；"两库"指数字货币发行库和数字货币商业银行库；"三中心"指认证中心、登记中心和大数据中心。

据前央行数字货币研究所所长姚前在《中国法定数字货币原型构想》中的阐述，数字货币系统模块里包括了央行数字货币私有云，这个是用于支撑央行数字货币运行的底层基础设施；大数据分析中心，主要用来反洗钱、分析支付行为、分析监管调控指标等；登记中心负责记录发行、转移和回笼全过程的登记；认证中心负责对用户的身份进行集中管理。

要实现数字货币的运转，需要一套交易、安全、可信保障等技术体系提供支持，如图 6-3 所示。

图 6-3　数字货币技术体系

来源：《中国法定数字货币原型构想》、国泰君安证券研究等

要把这套技术体系跑通，并支持海量的交易需求，不可能离开强大稳定的算力。

瑞典央行（Riksbank）在 2021 年 4 月表示，未来一年将让银行测试央行提议推出的数字货币 e-krona，观察该货币在应用于商业和零售支付时的表现。瑞典央行发布的 e-krona 试点项目第一阶段测试报告中称，分布式账本技术（DLT）和区块链技术为 e-krona 提供了新的可能性，但在满足央行数字货币所需安全水平和规模量级的零售支付方面，其能力仍然有待研究。

以色列央行于 2021 年 5 月草拟了法定货币（以色列新谢克尔）的数字化版本模型，允许在支付中使用数字谢克尔甚至能实现离线支付。俄罗斯央行计划在 2021 年 12 月前搭建数字卢布平台，明年第一季度启动测试。

央行为什么要研究探索数字货币？其动机有多种，比如减少对美元的依赖、应对美国经济制裁，以维护国内经济平稳；探索通过新的措施维护金融科技发展，改善现有金融体系，维护现有货币体系的稳定；降低现金货币的运行成本等。

从发展历史来看，法定数字货币是货币体系演进的结果，最早经历了物物交换、金银本位制，后来又出现了信用货币，比如纸币就是典型代表，以国家信用作为背书，发行成本低，克服了贵金属货币携带不便等难题，极大地促进了近现代贸易发展。

纸币实现了信用货币从具体物品到抽象符号的一次飞跃，而数字货币的出现，建立在区块链、人工智能、云计算和大数据等基础上，实现了信用货币从纸质形式向无纸化发展的新一轮跨越。数字货币并没有改变货币背后的信用背书，而是改变了货币的存在形式。对比纸币，法定的数字货币意味着成本可以做到更低，使用更安全、高效。

以中国为例，在现金支付为主流手段的时代，中国人民银行及银行业金融机构等主体，每年按照最严格的保密物资来运作现金，产生了非常大的现金货币运行成本，包括印钞企业的生产成本、银行存储成本、运输成本、社会上的流通成本、销毁成本等，按华西证券测算，传统人民币现金的运行成本约为 2767 亿元 / 年。通过发行数字货币，将其转为基于可控的算法（密码学及部分区块链算法）、通过网络发行和流通的一串加密数字符号，由此带来巨大成本替代效应。

目前全球的跨境交易，对美国的 SWIFT 和 CHIPS 依赖度极高。SWIFT 的全称是"环球同业银行金融电信协会"，英文全名是 Society for Worldwide Interbank Financial Telecommunications，是世界各地银行用来发送和接收金融交易信息的网络，也是支撑美元在国际贸易和投资中锚定作用的基础设施之一。它把全球金融机构连接在一起，建立金融通信，然后通过各个资金清算系统，包括美元的 CHIPS 系统、欧元的 TARGET2 系统、人民币的 CIPS 系统等，完成交易。据 SWIFT 官网、中信证券研究部的数据，2020 年 5 月，在 SWIFT 结算货币中，美元、欧元、英镑合计占比超过 80%（人民币只占 1.7%，港币占 1.3%）。无论是在管理层面还是货币层面，美国对 SWIFT 的掌控力都很强。

如果各国政府能够利用大数据平台和区块链技术，构建一个新的清算网络，持有数字货币的用户之间可以直接交易，也许有可能绕开美元主导的清算系统。

不过，对于央行数字货币的价值与安全性，还存在一些争议，比如数字货币所依赖的互联网技术与算力，能否支持大额、高频支付，仍需实践验证；个人账户的安全性如何保障；数字货币的实用性如何等。

6.1.3　数字加密货币与算力

2014 年，自比特币问世以来，市场上出现了各种加密货币。据不完全统计，截至 2021 年 7 月 15 日，有影响力的加密货币已达 1 万余种，总市值超 1.3 万亿美元。

那么，这些加密货币是如何产生的呢？主要是通过竞争记账权获取新的加密货币，这个过程被形象地称为"挖矿"。要想竞争成功，就要看谁的算力更强。尤其是比特币、以太坊等加密货币，比拼的就是算力。以比特币为例，2009 年，靠普通计算机就能获取比特币，但随着越来越多的人加入竞争，一般的计算机已经很难挖到比特币。

比特币通过特定算法的大量计算产生，这种计算需要使用特定的"矿机"，求解哈希函数，进而争夺区块的播报权。获得播报权的矿工可以获得比特币作为奖励。比特币网络每隔一定的时间会产生一道数学问题，交给参与处理区块的计算机（即"矿机"）去解答，最早解出答案的"矿机"将获得一定数量的比特币作为奖励。

就比特币的"挖矿"来讲，经历了从 CPU 挖矿到 GPU 挖矿，再到 FPGA 挖矿，最终上升为专业的 ASIC 矿机挖矿。ASIC 矿机研制出来以后，挖矿"军备竞赛"的序幕正式拉开。尤其是随着比特币的升温，挖矿形成了一个庞大的产业链。从上游的矿机芯片制造到中游的矿机生产，最后落实到矿场、矿池的"挖矿"行为。矿场是挖矿硬件的集合，矿池是矿机产出算力的集合。矿工将自己的矿机接入某个矿池，贡献算力到该矿池，共同挖矿以获取收益，收益按算力贡献进行分配。

而且挖矿装备不断升级，比特币的全网算力也在不断攀升。比特大陆、嘉楠耘智和亿邦国际三大矿商成为助推算力提升主力军，发布了多种可挖加密数字货币的矿机。以比特大陆为例，2019 年曾发布蚂蚁矿机新品 S17e 和 T17e，支持 SHA256 算法，可挖比特币、比特币现金等加密数字货币。S17e 的标准算力为 64TH/s，能效比为 45J/T，T17e 的标准算力为 53TH/s，能效比为 55J/T。2021 年，比特大陆公布了专用于以太坊（ETH）的矿机 Antminer E9，它的 ETH 哈希率可达 3GH/s，相当于 32 张 NVIDIA RTX 3080。

嘉楠耘智成功在美国纳斯达克上市，据分析机构 Frost&Sullivan 的数据，截至 2019 年上半年，嘉楠耘智是全球第二大比特币矿机的设计者和制造商，出售的比特币矿机算力占全球的 21.9%。这家公司曾在 2011 年制造了中国第一台比特币矿机"阿瓦隆"一代，当时是世界上算力最强的矿机。到 2018 年，该公司发布了阿瓦隆 A9 系列，推出 7nm 技术 ASIC 芯片矿机。

2015 年起，嘉楠耘智开始研发人工智能芯片，并且发布了人工智能边缘计算芯片 KPU、K210 等。但是，矿机销售依然是主要收入。

这家公司除了研制矿机，还发力芯片产品，比如 2019 年第四季度，嘉楠耘智发布了基于三星 8nm 制程的第一代产品；和台积电建立 5nm 芯片研发的合作等。

据 2021 年第一季度的信息，受比特币价格上涨影响，嘉楠科技销售总算力为 198 万 TH/s，比特币矿机销售订单增大，尤其是海外市场的收入贡献非常大，客户包括 Integrated VenturesInc 和 Core Scientific 等，并在业绩电话会议上提到，跟 Mawson 和 Genesis Digital Assets Limited 建立了超过 1 万台矿机期货订单的合作。并且截至 2021 年 5 月 31 日，嘉楠科技未完结总订单 14.9 万台，预收款 1.9 亿美元。

到 2021 年 7 月，在 2021 世界人工智能大会上，嘉楠科技宣布发布人工智能（AI）芯片勘智 K510，可用于无人机高清航拍、高清全景视频会议、机器人、STEAM 教育、驾驶辅助场景以及工业和专业相机。

综合《华夏时报》等媒体的信息，一些大型企业通过购买大量先进矿机，提升算力，比如据 Coindesk 的消息，纳斯达克上市挖矿公司 Marathon Patent Group，与比特大陆签署了 10500 台 Antminer S–19 矿机的购买协议，总成本为 2300 万美元。新订单将使其采矿能力增加 4 倍，占比特币网络总算力的 1.2%。美股上市矿企 Riot Blockchain 宣布从比特大陆以 1.385 亿美元的价格购买 4.2 万台 S19j 蚂蚁矿机。S19j 算力高达 90TH/s，整机功耗 3100W，能效比低至 34.5J/T，预计作业可达 5 年以上。在购买矿机的公告中，Riot Blockchain 表示，在 2022 年全面部署后，公司将拥有约 81150 台蚂蚁矿机，其中，95% 将为新一代 S19 系列机型，总算力将达到 7.7 EH/s。

美股上市企业 500.COM 则走另一条路布局加密矿业，入股蜜蜂计算，自己制造矿机。蜜蜂计算是数字货币芯片设计和矿机制造商，包含比特币、以太坊和莱特币矿机的研发制造。该公司在数字货币芯片和矿机的研发方面投入了大量资金，自行生产搭载 7nm 芯片的比特币矿机。在 500.COM 的收购公告中提到，将持续量产一定规模的 7nm ASIC 比特币矿机、以太坊 ASIC 矿机、莱特币 ASIC 矿机。

据《华夏时报》报道，2021 年以来，多家美股上市公司宣布进军算力市场。国盛证券最新报告中提到，截至 2021 年 2 月，约 17 家上市公司披露曾购买过比特币矿机，披露的矿机算力接近 21E，超过同期比特币全网算力 16%。全球主要的挖矿算力地区，排名前三的是中国、美国、俄罗斯，接下来是伊朗、马来西亚及哈萨克斯坦等国家。

不过，对加密货币的挖矿行为，不少国家并不鼓励，一大关键原因在于，获取加密数字货币的过程中，需要大量的运算，消耗大量的电力能源和算力。而且这里面存在区别的是，1 台计算机和 100 台计算机都参加"挖矿"，前者一次性只能计算一串随机代码，而后者一次性算 100 串，肯定是后者挖到的比特币更多。参与者们为了获得比特币，就会购买大量矿机进行"挖矿"，部署得越多，产生的能源消费就越大。

国际能源署的数据显示，2019 年，比特币"挖矿"消耗 50~70 兆瓦时，据剑桥大学的统计，剑桥比特币电力消费指数实时数据显示，截至 2021 年 5 月 17 日，比特币总能源消耗在 43.89~482.43 太瓦时（TWh）之间，统计均值约为 140.25 太瓦时，这个数字超过了瑞典 2019 年全年的耗电量（131.8 太瓦时）。

此前，中国拥有大量矿机，分布在内蒙古、四川、云南和新疆等地，因为这些地方资源丰富，电价较低。即使如此，在推行绿色经济、可持续发展的当下，高耗能的挖矿行为，自然得不到支持，甚至被监管取缔。

一个插曲是，国际知名期刊《自然–通讯》刊登了题为《比特币的运营可持续性与碳排放政策评估》的研究论文，其中提到，在没有任何政策干预的情况下，中国比特币区块链的年能耗将在 2024 年达到峰值 296.59 太瓦时，产生 1.305 亿吨碳排放。

"挖矿"不仅产生大量能耗，而且可能抵消我们致力于"碳达峰、碳中和"进程上的努力，显然不符合我国力争 2030 年前实现碳达峰、2060 年前实现碳中和这一目标。

2021 年来，中国对比特币挖矿直接进行了严厉打击，新疆、内蒙古、云南、四川等地都在关停比特币矿场，设立虚拟货币"挖矿"企业举报平台，严打挖矿。

以内蒙古为例，内蒙古发改委发布《关于确保完成"十四五"能耗双控目标任务若干保障措施（征求意见稿）》，其中明确提出，全面清理关停虚拟货币挖矿项目，2021 年 4 月底前全部退出。2021 年 5 月，内蒙古自治区能耗双控应急指挥部办公室发布《关于设立虚拟货币"挖矿"企业举报平台的公告》，全面受理关于虚拟货币"挖矿"企业问题信访举报。紧接着，内蒙古自治区发改委又起草了《内蒙古自治区发展和改革委员会关于坚决打击惩戒虚拟货币"挖矿"行为八项措施（征求意见稿）》，包括对存在虚拟货币"挖矿"行为的相关企业及有关人员，按有关规定纳入失信黑名单等。

在政策的影响下，比特币矿场面临着严峻的生存危机，迫使大部分"矿工"做出不同形式的调整与应对，比如挖矿能源类型的更改、矿场的关停迁移等，也有矿工表示计划将矿机运输到海外继续挖矿。一方面，火币、人人矿场、薄荷矿业等宣布停止提供比特币算力或矿机托管相关服务；同时，部分中国企业宣布海外矿场投资计划。2021 年 5 月 26 日，深圳矿业公司 Bit Mining 投资 933 万美元在哈萨克斯坦建设矿场，6 月 5 日，第九城市宣布收购加拿大矿场 Montcrypto 并投资另一矿场 Skychain。

受此影响，用于比特尔等加密货币"挖矿"的算力开始出现紧张状况，下滑非常明显。据区块链数据服务商 QKL123 的统计，2021 年 6 月，比特币全网平均算力 129.52EH/s，相比历史最高点 197.61EH/s（5 月 13 日），跌了约 34%。AntPool、Poolin、Huobi Pool 等比特币矿池算力急剧下降，下降幅度普遍在两位数。中国的比特币"矿场"与"矿工"数量将持续缩水，整个算力在全球的占比也将持续下跌。

随着中国对比特币等数字加密货币"矿场"的进一步打击，以及矿工出海运动的兴起，位于中国的算力份额势必还会进一步减少，加之其他国家"矿企"加大投入，比特币算力的去中心化很可能间接得以实现。

从全球范围看，部分从事比特币等加密币"挖矿"的公司，也在调整措施应对变化，据智通财经的信息，2021 年，在马斯克与迈克尔·塞勒组织下，Hive Blockchain、Hut 8 Mining、Marathon Digital 和 Riot Blockchain 等多家北美的主要比特币矿企组建了比特币挖矿委员会，并同意在全球范围内提高能源使用的透明度，加快可持续发展计划。

还有"矿企"尝试使用水能、太阳能、风能等可再生能源挖矿，知名矿企 Argo Blockchain 宣布启动纯清洁能源驱动的比特币矿池 Terra Pool，Neptune

Digital Assets 和 Link Global 宣布将在加拿大启动由太阳能、风能和天然气驱动的比特币矿池。不过，采取更加环保的"挖矿"方式，是否能够被主流社会认可，还是很难预料的事情。

6.2　比特币的进攻：起源与获取、影响力、未来发展

在目前出现的加密数字币里，比特币的影响力无疑是最大的。尤其是它近年来大起大落的价格波动，格外引人瞩目。比特币于 2009 年诞生，2010 年的价格才0.0025 美元，并不值钱。到 2020 年 12 月，涨幅已高达 762 万倍，意味着当初投资 1 元人民币，可买到 61.3 个比特币，持仓价值涨到最高约 762 万元人民币。

2021 年 2 月初，比特币的价格一直徘徊在 3 万美元 / 枚左右，但随着马斯克宣布特斯拉买入比特币并频繁喊单，市场情绪又被带动起来，带动比特币单价直接涨到 6 万美元左右。但在"5·19"前夕，马斯克又频繁发表对比特币不利的言论，包括特斯拉停止接受比特币支付，动摇了市场的信心。

6.2.1　比特币是如何获取的

比特币不依靠特定货币机构发行，而是由网络节点的计算生成，谁都有可能参与制造比特币。它借助众多节点构成的分布式数据库，来确认并记录所有的交易行为，并通过密码学的设计，确保货币流通各个环节的安全性。

比特币网络是一个任何节点都可自由加入、不记名的区块链网络，由许多台计算机连接而成，每位参与者在自己的计算机上安装了比特币客户端，就连上了这个网络。它要求网络中的节点付出一定量的算力，竞争记录区块的权利（即记账权）。在 POW 共识机制的基础上，节点通过投入算力来争夺记账权。争夺到记账权后，可以获取比特币奖励。POW 共识机制的全称是 Proof of Work，即工作量证明，按劳分配，谁的工作量多，谁拿的就多。

比特币总量恒定为 2100 万枚，到 2020 年上半年，一共约有 1800 万枚比特币被"挖"了出来。按比特币的网络协议，"挖矿"获得的区块奖励每生成 21 万个区块（大约需四年），会减半一次，最初生成每个区块奖励 50 个比特币，经过两次减半后，到 2020 上半年已降至每个区块奖励 12.5 个比特币。

那么，又如何确定一个比特币的合法主人是谁呢？比特币网络中，每个参与

者都可以拥有几个"钱包"，钱包是不记名的，使用电子签名来识别。电子签名分为两部分，一部分是公钥，一部分是私钥。公钥就是钱包，而私钥是花钱时用来证明身份的东西。每次交易，都会用公钥和私钥一起进行计算。

电子货币只是一个虚拟的数字，自然不能随便修改，区块链就可以防止凭空造钱，也能防止一笔钱花两次或多次。它的做法是，所有交易串起来构成一个集中账本，这个账本包含了从第一笔交易开始的所有账目，相当于一个交易链。这个账本是去中心化的，原则上每一个参与者都有一套账本的拷贝。

当新的交易发生时，这笔交易会广播给其他参与者，同时核对账本，把新交易计入账本拷贝里。如果有人伪造账本，但是和其他参与者的账本作对比，就会发现不一样，伪造便暴露无遗。不过，现实中很难做到，确认操作只能由一部分参与者来完成，导致给伪造者创造了机会。

那么，如何防止伪造？方法就是哈希算法，它能将任意原始数据，不管是图片还是文字，对应到特定的数字，这个数字称为哈希值。要是数据被篡改，算出来的哈希值就会改变，因此识别伪造和防止伪造的问题都能解决了。

哈希算法的缺点是要产生不容易伪造的哈希值，需要消耗很多计算机资源。比特币网络采取奖励货币的方式，鼓励一些玩家来计算哈希值，他们被称为"矿工"。几笔时间接近的交易会被合在一起，组成区块链的一个区块来计算哈希值，保证账本难以篡改。

当然，只要恶意矿工的算力超过一半的矿工，他仍旧可能伪造账本，然后重新计算所有账目的哈希值，让其他矿工复制他的账本。只是随着"矿工"越来越多，竞争越激烈，这种事情发生的可能性会越来越小。

另外，比特币还存在一些弱点，比如攻击电子签名算法，偷别人钱包里的钱；攻击区块链，增加其他矿工的成本，让矿工变少，进而让自己获得更多奖励；或者尝试控制绝大多数矿工，从而能恶意修改账本。

这些攻击会通过多种手段实现，比如量子计算，因为量子计算机比传统计算机算得更快，有可能攻破公钥的加密算法，偷别人的钱，目前一些签名算法增加了抵抗量子攻击的技术。还有一些矿工力图通过占有更多的计算资源、更大的网络带宽等，创造更多的比特币。

6.2.2　比特币的"挖矿"变革

在中本聪的最初愿景里，构建一个非中心化网络，人人都可以使用自有算力

（个人计算机 CPU 算力）参与到比特币的获取中。但是，在 POW 的共识机制里，节点获得记账权的概率与该节点拥有算力的比例相关，这意味着单个节点的算力越大，获得比特币区块奖励的概率越大。

所以，为了获得更强的算力，很多参与"挖矿"的人与公司通过配备更先进的设备以提升算力，不断升级，以装备来讲，经历了从 CPU 到 GPU，再到 FPGA 的过程，后来又升级为专业的 ASIC 矿机。

其中，2011 年前后，GPU 开始取代 CPU 进行挖矿，和 CPU 相比，GPU 的算力提高了数十倍。接着是 FPGA 矿机，它的算力性能与 GPU 矿机持平，功耗较低，但 FPGA 芯片产量不及 CPU 和 GPU，且设备维护管理成本较高，需要专门编写"挖矿"程序。

所以，后来 ASIC 矿机很快取代了 FPGA 矿机。2012 年，专业的 ASIC 芯片矿机量产，当年，比特币全网算力翻了一倍。到 2019 年，比特币挖矿算力达到 105 EH/s。其中主力的矿机品牌包括亿邦国际、比特大陆、嘉楠耘智和比特微，旗下主推产品分别是翼比特、蚂蚁矿机、阿瓦隆、神马矿机。

矿场是什么呢？矿场由大量矿机组成，是比特币"挖矿"硬件的集合，比如几千台或几万台矿机放到一起，组成一个矿场。这些矿场往往选择电力丰富、成本比较低的地方，比如水电站附近、荒漠地区燃煤发电厂附近等。在人烟稀少电力丰富的地方，曾经有成千上万台矿机同时运转，可能产出几十几百枚比特币。矿场背后，既可能由大型企业运营，也可能是无数看好比特币挖矿收益的中小矿工。

矿池又是什么？也就是多人合作挖矿，获得的比特币奖励由多人根据贡献大小分配。它产生的大背景是，比特币全网的算力水平不断呈指数级上涨，单个设备或少量的算力都无法在比特币网络上获取到区块奖励。过低的奖励获取概率，促使一些用户探索出将少量算力整合，再联合挖矿的方法，通过这种方式建立的平台便被称作"矿池"。

矿工将自己的矿机接入某个矿池，贡献算力到该矿池，共同挖矿以获取收益，收益按算力贡献进行分配。在发展过程中，出现了一些算力较大的矿池，比如 Poolin、BTC.com、Poolin、Slush pool、F2Pool 和 AntPool 等。其中，BTC.com 和 AntPool 为比特大陆旗下的矿池。

在比特币发展的过程中，出现了云挖矿，就是矿工直接向机构或个人购买云算力挖矿的方式，比如 NiceHash 平台上的用户，可以购买算力参与到比特币、以太坊等多个通证的挖矿中；比特小鹿（Bitdeer）通过打包矿机购买、物流、矿场选择、机器维护、矿池接入等环节，为客户提供一站式"挖矿"服务。

在比特币"挖矿"的过程中，大量计算设备投入运行，消耗大量能源，矿工数量越多、记账竞争越激烈，能耗与碳排放也就越高，受到社会大量批评，同时面临政府的严格监管。一些从业者正在想办法使用新能源，降低比特币"挖矿"的能耗。同时，选择充分利用弃用能源。据国家能源局发布的信息，2018 年，全年弃水电量约 691 亿千瓦时、弃风电量约 277 亿千瓦时、弃光电量约 54.9 亿千瓦时。将这些弃光电量、弃水电量利用起来，也是部分"挖矿"企业正在考虑的。

6.3　大胆地摸索：解读全球主要数字加密货币

在比特币之外，还有一些比较主流的数字加密货币，整个市场的币种可能高达上万种，但超过 90% 的加密币缺乏关注，并没有价值，只有少数比较受关注的加密币，交易比较活跃，比如以太坊（ETH）、比特币现金（BCH）、以太经典（ETC）、莱特币（LTC）、瑞波币（XRP）、波场币（TRX）等，在市场上有一定的影响力。

6.3.1　以太坊（ETH）

2013 年，以太坊产生，它是基于以太坊技术衍生出的一种虚拟加密货币，包括了图灵完备的编程语言（Solidity），并提供以太坊虚拟机（EVM）的代码运行环境，允许开发人员构建和部署去中心化应用程序，与交易记录一起存储在区块链上。

从交易活跃度与市值来看，以太坊是目前仅次于比特币的加密货币。以太坊以区块链为基础，跟比特币类似，但技术不同，是具有开源智能合约（Smart Contract）功能的公共区块链平台，双方达成合约条款就能执行。

从诞生到现在，数年时间里，以太坊的价格存在很大的波动，但整体是一路上涨。2016 年 1 月，以太坊才 1 美元，随后 2 个月时间，就涨到了 15 美元，市值第一次超过 10 亿美元。之后又有多次波动，到 2021 年 4 月，总市值升至 2910 亿美元。

在整个发展过程中，以太坊经历了多次事件，进而影响它的市场表现，比如2017 年 5 月，以太坊被添加到了 AVATRADE 交易平台中，而且很多项目都选择以太坊作为代币销售期间的结算方式，进一步刺激其价格冲向新的高度，总市值占整个加密货币市场总市值的 31.5%。

就单价来看，2018 年初，以太坊曾创下一个纪录，涨到 1448 美元；其间又有多轮波动，2021 年 1 月，以太坊价格再次逼近历史高点，最高达 1439 美元；到 2021 年 7 月 1 日，以太坊的价格涨到了 2200 美元 / 枚。

在后来的监管之下，以太坊价格又出现了较长时间的下跌，回落到 150 美元左右。

2020 年 3 月，以太坊创始人维塔利克·巴特林（Vitalik Buterin）公布以太坊 2.0 发展线路图；到 2021 年，以太坊 2.0 核心开发者将发展图进行了细化。以太坊 1.0 与以太坊 2.0 的主要区别在于前者采用的是 POW 机制，后者采用的是 POS 机制。

而且以太坊一直在硬分叉，比如 2021 年 4 月，完成"柏林"升级，主要涉及以太坊交易的 Gas 成本计算。到 2021 年 8 月时，伦敦分叉完成升级，主要激活了 5 个 EIP 提案，分别是影响以太坊销毁机制、减少通货膨胀的 EIP-1559；延迟难度炸弹的 EIP-3554；改善智能合约用户体验的 EIP-3198；减少无影响退款的 EIP-3529；使得以太坊主网代码更新更容易的 EIP-3541 等。据欧科云链链上大师数据，截至伦敦升级激活 EIP-1559 生效 60 小时，总销毁量为 11989.53 ETH；以太坊报价 3110.29 美元，生效至今累计涨幅超过 18%，也就说已经有超过 3700 万美元的以太坊消失。

6.3.2 以太经典（ETC）

ETC 是 Ethereum Classic 的简称，中文名称是以太经典。2016 年，"The DAO"事件发生，The DAO 计划基于以太坊智能合约建立一个去中心化的自治社区，但智能合约出现漏洞，被黑客利用，导致募集的 360 多万枚 ETH 被盗。

经过商讨后，以太坊基金会选择了硬分叉方案，通过修改以太坊软件代码，强行硬分叉，索回资金，此举引发社区激烈讨论，坚持去中心化和不可篡改精神的部分用户，坚持在原链上挖矿，进而形成了两条链，一条为原链（ETC），一条为新的分叉链（ETH）。

以太经典和以太坊相比，两者存在多种区别。

1. ETH 的特征是，假如大部分人同意修改链条，那么就可以修改区块链记录和合约。而 ETC 是不允许修改区块链记录和合约的。

2. 交易速度方面，ETC 保持在平均 14 秒，而 ETH 为平均 25 秒。

3. ETC 的区块容量还有很大的空间，而 ETH 的区块容易日渐饱和。ETH 可能会更改区块奖励的规则，但它的供应稳步增长，总量不断增发，存在一定的通货膨胀，而 ETC 会进行减产，每 2 年减产 20%，预计总量不超过 2.1 亿个。

2016 年以来，以太坊经历过多次硬分叉升级，从发展来看，以太坊主网发展路线已经历 4 个阶段，分别是前沿（2015 年 7 月）、家园（2016 年 3 月）、大都会（2017 年 10 月）和宁静（待定）阶段。前三个阶段采用 POW 机制，宁静阶段采用的是 POS 机制。

6.3.3 莱特币（LTC）

莱特币由一名曾任职于谷歌的程序员李启威设计并编程实现，2011 年 11 月发行，是一种基于点对点技术的加密货币。它的创造和转让基于一种开源的加密协议，在技术上与比特币具有相同的实现原理，同时又做了一定的改进，比如莱特币网络每 2.5 分钟就可以处理一个区块，实现更快的交易确认；预期产出 8400 万个莱特币；在工作量证明机制中采用 Scrypt 加密算法，在普通计算机上就能挖到莱特币，使得运算能力难以集中，难以形成像比特币那样的大型矿池。

莱特币需要通过"矿工挖矿"产生，如果计算到"报块"的值，则系统会一次性奖励 25 个莱特币，从诞生开始，莱特币的算力增长很快，现在通过几台计算机已很难挖到莱特币。

2013 年底，莱特币的市值已超过 3000 多万美元，排在比特币之后。其后的时间里，莱特币的表现起起伏伏，价格遭遇腰斩，但又能逆袭上扬。在 2017 年之前，每枚莱特币的价格大约在几十到几百元人民币。2017 年底，莱特币再次暴涨，达到了 360 美元左右。2018 年又进入熊市，回到 400 多元。在整个过程中，涨跌幅度都非常大，比如跌幅曾高达 90%。

一些大型企业也曾加入莱特币的挖矿中，比如亿邦国际 2021 年宣布，计划推出莱特币和狗狗币的挖矿业务，利用自产矿机、从其他厂商购买的矿机，以及向其他矿场租赁算力等方式。

6.3.4 Facebook 的 Libra

Libra 是社交媒体巨头 Facebook 主导的加密货币项目。2019 年 6 月，Libra 白皮书正式发布。据白皮书介绍，Libra 的使命是建立一套简单的、无国界的货币以及为数十亿人服务的金融基础设施。Libra 由区块链、资产储备和 Libra 协会 3 个部分组成，创造一个更加普惠的金融体系。

与其他加密币有所不同，Libra 由真实资产储备提供支持。对于每个新创建的 Libra 加密货币，在 Libra 储备中都有相对应价值的一篮子银行存款和短期政府债券。当时加入 Libra 协会的机构包括：支付业巨头 Mastercard、PayPal、Visa，技术和交易平台 eBay，区块链业的 Coinbase，非营利组织 Womens World Banking 等。

由于以一篮子银行存款和短期政府债券为储备资产，为 Libra 稳定币增信，力图最大限度地降低币值波动风险。按 2019 年的规划，其中，一篮子货币中美元占 50%，欧元占 18%，日元、英镑和新加坡元分别占 14%、11% 和 7%，但是没有人民币。

不过，市场对于 Libra 项目质疑不断，比如美国金融界要求 Facebook 应当停止 Libra 的开发计划。另外，PayPal 宣布退出 Facebook 管理的加密货币项目（Libra 协会）。后来，eBay、Stripe、Mastercard 和 Visa 都宣布退出。

2020 年，Facebook 发布了 Libra 更新版白皮书，其中表示，与世界各地的主管部门合作，以确定将区块链技术与公认的监管框架相结合的最佳方法，并进行了一系列更改：除了提供锚定一篮子法币的币种外，还将提供锚定单一法币的稳定币，支持多种版本的数字货币；通过强大的合规性框架，提高 Libra 支付系统的安全性；为 Libra 的资产储备建立强大的保护措施等。

据 Facebook 发布的 2021 财年第一季度未经审计财报，截至 2021 年 3 月 31 日，Facebook 月度活跃用户人数为 28.5 亿人；每日活跃用户人数平均值为 18.8 亿人。而 Facebook 服务"家族"（其中包括 Facebook、Instagram、WhatsApp 和 Messenger 等服务），月度全活跃用户人数为 34.5 亿人，每日活跃用户人数的平均值为 27.2 亿人。可想而知，一旦 Libra 成功应用，它的影响力极大，因此对其提出质疑、听证，甚至采取预先监管等措施，就在情理之中了。

6.3.5 狗狗币

从 2021 年初开始，狗狗币异军突起，此前，这个原本只是程序员玩笑的小币种的价格一直都没有大幅波动。

2021 年 2 月初，特斯拉创始人埃隆·马斯克多次在社交媒体发文力挺狗狗币，带动狗狗币价格暴涨 60%。随后，狗狗币价格屡创新高，在几个月内涨幅超过 200 多倍，市值也一度达到约 920 亿美元。

狗狗币的猛涨刺激了更多币圈人的"创新"，"柴犬币""猪猪币""皮卡丘币""乌龟币"等币种也开始出现，币圈俨然要变成"虚拟动物园"。

6.4   数字加密货币的交易与监管

伴随数字加密货币的数量增加、交易活跃度的提升、币价过山车般暴涨暴跌，以及投机、洗钱等多种问题的出现，各国的监管力度正在收紧。中国、德国、美国、英国、泰国、日本、新加坡、加拿大、英国等多个国家，都在不断推出严厉的监管措施。

6.4.1   加密数字货币引发的担忧

以比特币、以太坊、莱特币等为主的数字加密货币，近年来持续吸引了大量资金参与购买和交易，以比特币为例，据川财证券的分析报告，截至 2020 年 4 月，比特币流通市值约为 1256 亿美元，占加密货币市场的绝大部分份额。援引界面新闻的报道，数字资产管理公司 CoinShares 的数据显示，截至 2021 年 11 月，流入比特币产品和基金的资金规模达到创纪录的 64 亿美元。2020 年，ETH 的市值一度达到 519 亿美元，24 小时的交易量达 315 亿美元，流动性也是非常高的。

不过，部分加密币的交易波幅非常高，以比特币为例，2020 年的日均价格波动达到 3.8%，而 ETH 达到 5.27%。从 2018 年到 2020 年，比特币的日均波幅大概是 3.9%，ETH 日均波幅是 6.5%，股票的波幅远远少于这个数字。到 2021 年 4 月，大概有 7168 万个钱包持有比特币，以太坊有 1.48 亿个，币安智能链超过 6500 万个。

据伦敦数字货币研究机构 CryptoCompare 发布的研究报告，由于价格下跌和市场波动，2021 年 6 月，在 Coinbase、Kraken、Binance 和 Bitstamp 等主要数字交易平台，全球加密货币交易量下降 42.7%，至 2.7 万亿美元。其中，2021 年 6 月单日成交量最大的一天是 6 月 22 日，为 1382 亿美元，但比 5 月的高点大幅下降 42.3%。单从比特币的价值来看，最高曾涨到 6.5 万美元的高峰，而到 2021 年 6 月，一度跌至 28908 美元。

一个出人意料的消息是，界面新闻援引美国消费者新闻与商业频道（CNBC）的报道，一项"CNBC 百万富翁调查"显示，CNBC 对 750 名可投资资产至少为 100 万美元的投资者进行调查后发现，受访的千禧一代百万富翁中，约 47% 的人有超过 25% 的财富是加密货币，超过 1/3 的人至少有一半财富是加密货币。

伴随着数字加密货币交易量的增长、价格波动幅度的加大等，风险也在逐渐暴露，比如黑客组织要求以加密货币来支付赎金；洗钱问题突出，比如英国在一次反洗钱调查行动中，查获价值 1.8 亿英镑的加密货币；围绕加密币的诈骗案有所增加，涉及的诈骗金额逐渐庞大，引发了不少社会问题。据《2020 年区块链安全态势感知报告》，2020 年区块链领域发生的安全事件数量达 555 起，相比 2019 年增长了近 240%，主要包括诈骗 / 钓鱼事件 204 起、勒索软件事件 143 起、交易平台安全事件 31 起，所造成的经济损失高达 179 亿美元，较 2019 年增长 130%。

另据中国人民银行发布的《中国数字人民币的研发进展白皮书》分析，截至 2021 年 7 月 15 日，有影响力的加密货币已达 1 万余种，总市值超 1.3 万亿美元。这些加密货币宣称"去中心化""完全匿名"，但缺乏价值支撑、价格波动剧烈、交易效率低下、能源消耗巨大，导致其难以在日常经济活动中发挥货币职能，而多数用于投机，存在威胁金融安全和社会稳定的潜在风险，并成为洗钱等非法经济活动的支付工具。

该白皮书同时对"稳定币"提出了批评，认为这种加密货币将给国际货币体系、支付清算体系、货币政策、跨境资本流动管理等带来诸多风险和挑战。

马斯克及知名企业为部分加密币发声带货，使得整个市场充满浮躁气息，加上疯狂的行情，促使一些人滋生出暴富的妄想，试图将炒币当成赚快钱的手段。事实上，一些投资者在虚拟货币的价格波动中赔得倾家荡产外，还成了圈钱诈骗的重灾区，不少人都在高收益的诱惑之下，掉进了别人精心布局的陷阱。一些"山寨币"大行其道，不少虚拟币公司打着"虚拟货币能发横财"的旗号，发行各种虚拟货币，根本没有价值支撑，圈到钱之后，发行方就"跑路"了。

严重的是，比特币、以太坊等数字加密币的挖矿行为，促使大量矿场开在电力充足且电费便宜的地方，导致非常大的能源消耗，加剧了二氧化碳的排放。尤其是火电能耗大，与碳达峰、碳中和等国家政策相违背。如果不加以调控，情况或许更加严峻。

6.4.2 一连串监管政策启动

近年来，针对虚拟货币的监管和整顿从未停止。早在 2013 年，中国人民银行等五部门发布《关于防范比特币风险的通知》。再到 2017 年，中国人民银行等七部门联合发布《关于防范代币发行融资风险的公告》。

2021 年以来，在中国市场，针对数字加密货币的监管政策陆续出台。

3月，内蒙古自治区发改委发布《关于确保完成"十四五"能耗双控目标任务若干保障措施（征求意见稿）》，要求全区全面清理关停虚拟货币挖矿项目，2021年4月底前全部退出。

4月底，北京市经济和信息化局发布《关于摸排我市数据中心涉及等加密货币挖矿业务情况的紧急通知》，通知要求对北京市数据中心承载业务中涉及比特币等加密货币挖矿的相关情况进行梳理，要求涉及相关业务的单位反馈近一年挖矿业务耗电量及总能耗比例等相关信息。

5月18日，内蒙古发改委官网公布设立了虚拟货币"挖矿"企业举报平台的公告。同月，内蒙古自治区发改委公布《关于坚决打击惩戒虚拟货币"挖矿"行为八项措施（征求意见稿）》，对工业园区、数据中心、自备电厂等主体为虚拟货币"挖矿"企业提供场地、电力支持的，核减能耗预算指标；对存在故意隐瞒不报、清退关停不及时、审批监管不力的，依据有关法律法规和党内法规严肃追责问责。

同样是5月，中国互联网金融协会、中国银行业协会以及中国支付清算协会联合发布《关于防范虚拟货币交易炒作风险的公告》，公告指出，虚拟货币是一种特定的虚拟商品，不由货币当局发行，不具有法偿性与强制性等货币属性，不是真正的货币，不应且不能作为货币在市场上流通使用。

5月底，国务院金融稳定发展委员会召开第五十一次会议，明确打击比特币挖矿和交易行为，坚决防范个体风险向社会领域传递。金融委发声3小时内，比特币价格直线下挫4000美元，失守36000美元关口。同一时间，其他加密货币也集体崩盘，以太坊一度跌破2200美元。打击比特币挖矿和交易行为，目的在于防范比特币短期剧烈波动损害投资者，防范个体风险向社会领域传递，同时防范比特币剧烈波动风险对国内股、债等市场产生负面外溢效应。

6月21日，中国人民银行发布消息称，近日中国人民银行有关部门就银行和支付机构为虚拟货币交易炒作提供服务问题，约谈了工商银行、农业银行、建设银行、邮储银行、兴业银行和支付宝（中国）网络技术有限公司等部分银行和支付机构。

中国人民银行有关部门介绍，虚拟货币交易炒作活动扰乱经济金融正常秩序，滋生非法跨境转移资产、洗钱等违法犯罪活动风险，严重侵害人民群众财产安全；要求银行和支付机构必须严格落实《关于防范比特币风险的通知》《关于防范代币发行融资风险的公告》等监管规定，切实履行客户身份识别义务，不得为相关活动提供账户开立、登记、交易、清算、结算等产品或服务。各机构要全面排查虚拟货币交易所及场外交易商资金账户，及时切断交易资金支付链路；要分析虚拟货币交易炒作活动的资金交易特征，加大技术投入，完善异常交易监控模型，切实提高监测识别能力。

被央行约谈后，相关机构纷纷发布公告，与虚拟货币划清界限。

中国建设银行表示，坚决不开展、不参与任何与虚拟货币相关的业务活动，坚决不为虚拟货币提供账户开立、登记、交易、清算、结算等任何金融产品和服务；工商银行重申，任何机构和个人不得利用我行账户、产品、服务、渠道进行代币发行融资和虚拟货币交易。

支付宝回应称，将从继续严密监控排查涉及虚拟货币的交易行为，对重点网站和账户建立巡察制度等四方面进一步加大对相关交易的打击力度；同时发布了《关于禁止使用我公司服务开展比特币等虚拟货币交易的声明》，内容包括：为进一步贯彻国务院金融委会议精神，严格落实《关于防范比特币风险的通知》《关于防范代币发行融资风险的公告》的规定。根据人民银行有关部门监管指导要求，支付宝将持续开展对虚拟货币交易的全面排查和打击治理，从四个方面进一步加大打击力度，包括，继续严密监控排查涉及虚拟货币的交易情况、加强支付交易环节风险监测、加强商户管理以及加强虚拟货币风险提示。

7月，中国人民银行营业管理部发布防范虚拟货币交易活动的风险提示：郑重警告辖内相关机构，不得为虚拟货币相关业务活动提供经营场所、商业展示、营销宣传、付费导流等服务。辖内金融机构、支付机构不得直接或间接为客户提供虚拟货币相关服务。

中国人民银行还公开了整治典型：北京市地方金融监督管理局联合中国人民银行营业管理部、怀柔区政府相关部门，对涉嫌为虚拟货币交易提供软件服务的北京取道文化发展有限公司予以清理整顿，责令该公司注销，官方网站已停用。

7月8日，中国人民银行副行长范一飞在国务院政策例行吹风会上，将数字货币发行主体总结为私人数字货币以及央行数字货币。私人数字货币的典型代表是比特币等虚拟货币，也包括各种所谓的"稳定币"。一些商业机构所谓的"稳定币"，特别是全球性的"稳定币"，有可能会给国际货币体系、支付清算体系等带来风险和挑战。范一飞指出，虚拟货币本身已经成为一个投机性工具，存在威胁金融安全和社会稳定的潜在风险。同时，也成为一些洗钱和非法经济活动的支付工具。

2021年9月，中国人民银行等十部委发布《关于进一步防范和处置虚拟货币交易炒作风险的通知》，其中指出，明确虚拟货币和相关业务活动本质属性，首次明确相关业务属于非法金融活动。

同时，国家发展改革委等 11 部门发布《关于整治虚拟货币"挖矿"活动的通知》，明确严禁投资建设增量项目，禁止以任何名义发展虚拟货币"挖矿"项目，宣布虚拟货币"挖矿"活动将被正式列为淘汰类产业。

放到全球范围来看，多个国家都开展了对虚拟货币的监管，有些国家以禁止为主，有些国家主要是完善交易方面的条款。以美国为例，美国财政部称，计划跟踪虚拟货币钱包所有者及交易人员，并且认为虚拟货币可能已被非法滥用，政府需审查、限制其使用方式。

据中国经济网的报道，2021 年 5 月，美国财政部表示，加密货币为包括逃税在内的非法活动提供便利，为政府机关侦查非法行为带来重大威胁。为解决加密资产增长带来的负面问题，财政部制定了新的金融账户报告制度。未来，加密货币和加密资产交易账户以及接受加密货币的支付服务账户将纳入政府监测范畴，市值 1 万美元以上的加密资产相关交易需向美国国税局报备。

据新华社客户端的报道，从 2013 年 7 月至 2020 年底，美国证券交易委员会（SEC）对虚拟货币交易参与方提出 75 项执法行动和 19 项暂停交易令，但仍有大量交易游离于监管体系和法律框架之外。

2020 年，德国金融监管机构联邦金融监管局（BaFin）将数字资产归类为金融工具，并更新了现有的反洗钱（AML）法规，要求提供加密货币业务的公司申请许可。该监管机构认为，虚拟货币是"没有任何中央银行或公共机构发行或担保的价值的数字表现，不一定与法定货币挂钩且不具有货币或金钱的法律地位，其被自然人或法人视为交易媒介，可以电子方式进行传输、存储和交易"。

韩国相关部门表示，将加强对虚拟货币企业运营商的管理，以提高交易透明度，并认为虚拟货币"不可被识别为货币或金融产品"。2021 年 6 月，韩国国民议会上还讨论了虚拟货币投资者保护立法等措施。

新加坡以比较开放的姿态拥抱区块链技术，并展开稳健监管，集中在虚拟货币交易和 ICO 领域，此前曾发布指导性案例作为参考，涉及功能性代币、证券型代币、集合投资计划型代币、债权型代币和仅面向海外投资者发行的代币、不受《证券和期货条法》监管的代币。2017 年，新加坡金融管理局曾发布《虚拟货币发行指引》，允许首次虚拟货币众筹，不过纳入不同的监管措施。同时，新加坡金管局不断提醒投资加密货币的风险，认为不适合散户投资，将继续关注加密货币空间的发展，并将定期审查自身规章的充分性和适当性。

不过，也有国家推动使用比特币，据澎湃新闻报道，2021 年 6 月，萨尔瓦多立法议会以绝对多数票通过《比特币法》，赋予了比特币萨尔瓦多官方货币的地位，成为世界上第一个实施此举措的国家。在此之前，美元是萨尔瓦多的官方货币。为了普及比特币，萨尔瓦多推出了与其他加密货币钱包兼容的比特币钱包 Chivo，政府将向任何注册了该钱包的公民直接充值 30 美元的比特币。萨尔瓦多总统纳伊布·布克莱（Nayib Bukele）在 2021 年 6 月的演讲中提到，使用比特币将有助于萨尔瓦多吸引投资、促进消费，并降低数百万在国外工作的国民的汇款成本。

6.4.3　对稳定币的监管

尽管比特币和其他加密货币没有发展成为主权货币的替代品，但对稳定币提出了新的挑战，这种稳定币用于网络购物、小额支付等场景，而且许多稳定币采用与现实世界货币相同的机制，如一篮子货币、与美元等法币挂钩，或者锚定其他价值稳定的资产，与其保持相同的价值，进而为加密币市场带来了难得的稳定性。

为了保持价格稳定，稳定币可以由链下资产做抵押（即抵押稳定币），或采用某种算法在某个时间点调节供需关系（即算法稳定币）。

目前存在两种类型的稳定币，包括中心化的稳定币和去中心化的稳定币。中心化稳定币使用法币做抵押，将法币抵押在链下银行账户中，作为链上通证的储备金。这种做法，需要对托管方有较强的信任。另外，中心化稳定币还可以用链上加密货币进行超额抵押，并需要保证充足的抵押率（比如要求用户的抵押资产价值超过贷款总值的 150%）。

再看去中心化稳定币，比如 DAI，它是在 MakerDAO 以太坊智能合约平台上产生的，采用数字货币 ETH 抵押，相对美元 1∶1 保持稳定。在任何时间，用户都可以查看有多少 ETH 代币支持贷款，100% 透明。其中的系统 MakerDAO 相当于银行，而抵押的数字货币 ETH 相当于从银行贷款需要提供的抵押物。根据 DAI 智能合约的要求，至少需要抵押 150% 价值的 ETH 才能贷款。

不过，像 DAI 这种去中心化的稳定币，也存在一定的风险，为了维持 DAI 与美元 1∶1 的关系，MakerDAO 智能合约会自动调节利率，促使借款人还清债务或借入更多稳定币。而 ETH 的价格波动很大，如果 ETH 价格上涨，没有太大影响，则意味着 DAI 拥有更足够的抵押。相反，如果 ETH 的价格跌幅过大，一旦抵押的 ETH 价值低于 1000DAI 时，就容易导致被清算。也就是说，ETH 会被智能合约强制卖出。

还有一种稳定币指数 DeFiDollar（DUSD）项目，2020 年曾完成 120 万美元的融资，旨在成为一个稳定币聚合器，帮助用户分散风险，它包含 DAI、USDC、USDT 和 sUSD 等多个稳定币，以保持与美元同步。例如，其中一种储备稳定币（如 USDT）的价格超过了 1 美元，而 DUSD 的指数价格低于 1 美元，那么智能合约将会将 USDT 卖出换成 DUSD，以将 DUSD 价格重新拉回 1 美元。

Ampleforth（AMPL）是去中心化的算法稳定币，锚定当前的消费价格指数（CPI），采用弹性供应机制。AMPL 的总发行量每天都会调节，分成通胀、通缩和平衡 3 种状态。那么，它的发行量具体是如何调节的？这里面涉及价格预言机，提供 AMPL/USD 的当前汇率以及 CPI（消费者价格指数）值，通过 CPI 来建立目标价格，也就是 1 AMPL 的价格。目标价格与当前价格一起，决定了 AMPL 的总供应量是否应该变化。

Facebook 也想发布稳定币 Libra，在 Libra2.0 版本里，具备 3 层体系：第一层是两种不同类型的稳定币，包括新增锚定美元、欧元、英镑、新加坡元等 4 种单一法币的稳定币；同时调整多币种稳定币"LBR"的发行机制，新办法采取了以上 4 种单币种稳定币的固定权重组合；第二层是 Libra 区块链，涉及支付系统服务提供商（PSP）和电子钱包提供商；第三层中，单货币稳定币和 LBR 可供其他客户和钱包使用。

Libra 稳定币的价值支持分为两层：第一层是 Libra 储备金，一种基于资产的单货币稳定币价值担保；第二层是基于 DLT 的智能合约的全球稳定币 LBR，托管银行使用其数字签名，在公共 Libra 区块链中对担保进行加密签名。

值得关注的是，"稳定币"是加密货币交易所的一个关键流动性来源。在衍生品和去中心化金融市场，"稳定币"被用作抵押品，并且许多合同采用稳定币进行支付。

因为比特币等加密货币，跟美元或其他法币相比，波动很大，没有广泛用作支付手段。而"稳定币"的价值相对稳定，所以一些投资者将其用作现金替代品。

从市场反应来看，随着加密货币交易兴起，"稳定币"也出现爆炸性增长，Tether、USD Coin 和 Binance USD 三种影响力较大的稳定币，2020 年的估值最高达到 1000 亿美元左右。

"稳定币"的风险已经在全球范围内引发了关注。英国央行认为，"稳定币"应该受到与商业银行资金相同的监管，应设有同等的资本和流动性规则，并提供存款保险。美国财政部也在关注"稳定币"对终端用户、金融体系和国家安全的潜在风险。中国人民银行表示，"稳定币"等私人数字币已经成为一个投机性工具，存在威胁金融安全和社会稳定的潜在风险。同时，也成为一些洗钱和非法经济活动的支付工具。

如今，随着各种挑战者与新形态的出现，从比特币到 Libra，以及传统主权数字货币的出现，技术不仅在改变金融，也在改变金钱。

第 7 章

CHAPTER 7

新战场：元宇宙的底层力量

2021 年 3 月，Roblox 的上市使元宇宙闯入大众视野。后来，Facebook 创始人扎克伯格宣布在五年内将 Facebook 打造成"元宇宙公司"，更是将元宇宙推上舆论焦点。

不论是 Roblox UGC 3D 虚拟世界的新内容的呈现方式、Fortnite（《堡垒之夜》）中举办的线上演唱会，还是《动物之森》和 VR 社交平台 Horizon 带来的虚拟社交，虚拟与现实碰撞，推开了元宇宙的大门。

此外，还有更多公司正切入元宇宙赛道，包括腾讯、字节跳动、微软、百度等知名企业，比如百度于 2021 年末发布了元宇宙产品"希壤"；微软提出了要建立"企业元宇宙"的解决方案等。

在对未来的畅想与规划上，元宇宙被寄予厚望。我们倾向于认为，其发展的第一阶段将是"社交 + 娱乐"的舞台，提供沉浸式的内容体验与社交互动；第二阶段将深入商业应用与社会治理，改变人们生活与工作的方式。

与历次变革一样，元宇宙由无数技术与应用构成，涉及硬件、系统、软件、经济系统、5G、人工智能、物联网、边缘计算等。其中的硬件包括 XR、智能手机等，软件可能是虚拟人、数字孪生等，经济系统则可能是区块链、NFT 等。借助这些技术，最终构建一个始终在线并保持运行的 3D 互联网世界，将现实和虚拟连接在一起。

要想保持这套体系的运行，无疑对算力提出了极高的要求。

7.1 充满想象力的新舞台：元宇宙

要理解算力对元宇宙的价值与作用机理，必须先了解清楚元宇宙是什么，它是如何运行的，算力又扮演怎样的角色。

简单来说，元宇宙就是通过数字技术构建起来的与现实世界平行的虚拟世界。它基于互联网而生，与现实世界相互打通，是现实世界的数字孪生体，现实世界的生产方式、交换方式、社会结构和文化价值都可以复制到虚拟世界。同时，元宇宙不是封闭型的宇宙，而是由无数个虚拟世界 / 数字内容组成的不断碰撞并且膨胀的数字宇宙，就如同真实的宇宙。

清华大学新闻与传播学院新媒体研究中心给元宇宙也下了一个比较完整的定义：元宇宙是整合多种新技术而产生的新型虚实相融的互联网应用和社会形态，它基于扩展现实技术提供沉浸式体验，基于数字孪生技术生成现实世界的镜像，基于区块链技术搭建经济体系，将虚拟世界与现实世界在经济系统、社交系统、身份系统上密切融合，并且允许每个用户进行内容生产和世界编辑。

元宇宙的英文名叫 Metaverse，最早出现在美国作家尼尔·斯蒂芬森于 1992 年出版的科幻小说《雪崩》中，小说描绘了一个平行于现实世界的虚拟数字世界"元界"，现实世界中的人在"元界"中都拥有虚拟分身，人们通过控制这个虚拟分身相互竞争，以提高自己的地位。《雪崩》对元宇宙的解释是：元宇宙是平行于现实世界的、始终在线的虚拟世界。在这个世界中，除了吃饭、睡觉需要在现实中完成，其余都可以在虚拟世界中实现。

到 2018 年，斯皮尔伯格导演的科幻电影《头号玩家》，也引进了元宇宙。电影中，男主角带上 VR 头盔后，就能进入另一个极其逼真的虚拟世界"绿洲"（Oasis）。绿洲里，有一套完整运行的机制，人们可以控制自己的虚拟分身参加各种活动。

由肖恩·利维执导的科幻动作喜剧电影《失控玩家》里，女主人公可以在"自由城"做任何事情，甚至是与非人类玩家（NPC）谈恋爱。

还有游戏《动物之森》，玩家可以和朋友们一起钓鱼、种地。

上述场景都存在元宇宙的影子。

现实生活，确实有很多与元宇宙相似的场景正在发生，尤其是 2020 年，就有多起跟元宇宙相关的活动，比如美国加州大学伯克利分校因疫情无法现场举行毕业典礼，学校就在游戏《我的世界》这个虚拟世界中，搭建了和真实校园高度一致的"虚拟校园"，学生们通过相应的设备，以虚拟分身进入"虚拟校园"参加毕业典礼。

备受瞩目的是，美国歌手特拉维斯·斯科特在《堡垒之夜》上举办的虚拟演唱会，吸引了 1200 多万名观众观看并展开互动，其中逼真的人物建模、游戏场景特效等，都带给玩家相当不错的沉浸式体验。

同样是 2020 年，顶级学术会议 ACAI（算法、计算和人工智能国际会议）选择在任天堂的《动物之森》上举行，演讲者在游戏中播放 PPT 并发表讲话。

连城市都加入了元宇宙的行列，韩国首尔宣布要投入 39 亿韩元（折合人民币约 2100 万元）打造"元宇宙之城"。根据首尔市政府发布的《元宇宙首尔五年计划》，他们首先要打造"金融科技实验室集合地"，为外国投资者提供虚拟替身，进行投资活动；其次首尔将在元宇宙平台上建设"元宇宙 120 中心""元宇宙市长室"以及"元宇宙智能工作平台"，让市政工作不受时间和空间的制约，并设置 AI 公务员，为市民提供服务。

国内也有一些城市提出了元宇宙相关的计划，比如张家界成立的"元宇宙研究中心"，用意在于探索旅游与元宇宙融合发展，培育旅游产业新产品和新的消费方式。深圳在蛇口打造"元宇宙创新实验室"，面积约 2000 平方米，为市民提供认识元宇宙的窗口。

事实上，此前的数年里，一些网络游戏就在构建沉浸式的虚拟环境，每个用户都可以在游戏世界里找到自己的存在。就比如被誉为"元宇宙第一股"的美国游戏公司 Roblox，就搭建了沉浸式 3D 在线游戏创作平台。Roblox 本身不创作游戏，它主要提供开发游戏的平台和工具，让玩家自己制作游戏，并且获得分成。2020 年 12 月，Roblox 还收购了数字虚拟形象初创企业 Loom.ai，通过人脸识别技术将玩家转换成虚拟形象，进一步增强用户的身份感。

作为一个 UGC 游戏平台，Roblox 实现了 UGC 游戏与平台内经济体系的搭建，先是为玩家提供游戏创作的技术支持，再通过内部的经济体系维持整个平台的运转。玩家可以用现实中的货币购买游戏中的虚拟货币，并在这个平台上进行交易；

平台上的虚拟货币，可以兑换成现实生活中的法定货币。在多种策略的驱动下，Roblox 赢得了用户的欢迎。据 2021 年第三季度财报，Roblox 平均日活跃用户为 4730 万人，同比增长 31%；用户累计在线小时数为 112 亿小时，同比增长 28%。

除了大量用户进入 Roblox 平台，一些企业与团队开始在 Roblox 上面举行活动，比如古驰（Gucci）品牌一百周年的沉浸式体验活动，玩家可以给自己的虚拟身份购买古驰商品；摇滚乐队 Twenty One Pilots 在 Roblox 上举行演唱会。

还有 Epic Games 游戏公司，打造的游戏《堡垒之夜》被誉为"初代元宇宙"，构建了一个超越游戏的虚拟世界，玩家在其中可以社交和冒险，与现实生活中的情景更加相似。尤其是受 2020 年疫情的影响，《堡垒之夜》的玩家数量暴涨，到 2020 年 5 月，注册玩家高达 3.5 亿。2021 年 4 月，Epic Games 获得 10 亿美元投资，重点布局元宇宙。

Epic Games 还在进一步探索元宇宙与游戏的结合。2021 年 11 月，Epic Games 官方宣布收购美国游戏工作室 Harmonix，后者是 VR 节奏音乐游戏 Audica、Dance Central、Rock Band VR 的开发商，此次收购预计用来提升 Epic Games 的元宇宙音乐游戏开发能力。Epic Games 还收购了 3D 内容市场平台 Sketchfab，这是一个发布、分享、发现、购买和销售 3D、VR 和 AR 内容的平台，提供了基于 WebGL 和 WebXR 技术的查看器，允许用户在网络上显示 3D 模型，以便在任何移动浏览器、桌面浏览器或 VR 设备上查看。

综合来看，游戏类企业确实热衷于向元宇宙发力，尤其是 VR 游戏的高沉浸感，以及游戏内独立完整的世界观构建、内容构建更贴近元宇宙的体验，颇受欢迎。

VR 游戏的成功也会带动硬件设备的销售，比如 Valve 于 2020 年 3 月推出 3A 级 VR 游戏《半衰期：爱莉克斯》，上线首日玩家人数最高超过 4.2 万。根据 PlayTracker 数据测算，《半衰期：爱莉克斯》的预售数量超过 30 万份，其中 11.9 万用户同时购买了配套设备。

很有代表性的游戏公司 Niantic Labs 在 2021 年也获得了投资，并提出了"现实世界元宇宙"的概念，推出 Lightship AR 开发者工具平台，这是一套免费且公开的 AR 开发工具包，任何一个开发者都能够基于该平台进行 AR 与真实世界元宇宙的开发。同时，该公司与沉浸式剧目《Sleep No More》创作者合作，打造多款沉浸式 AR 剧目。

国内也有多家跟游戏相关的公司展开元宇宙布局，比如字节跳动斥资 1 亿元投资国内手游开发商代码乾坤，通过《重启世界》发力元宇宙。《重启世界》基于代码乾坤的互动物理引擎技术系统而开发，由具备高自由度的创造平台及高参与度的年轻人社交平台两部分组成，玩家可以使用多种基础模块，或变形，或拼接制作样式各异的角色、物品及场景，而组装好的素材可以获得与真实世界相似的物理特性。

除游戏类企业之外，多家头部科技类公司也热衷于元宇宙的探索。Facebook的创始人扎克伯格表示，元宇宙将颠覆未来的人类社会，5年内，Facebook将转型成为元宇宙公司。腾讯创始人马化腾曾提出"由实入虚，帮助用户实现更真实体验的全真互联网"。在2021年11月的业绩电话会议上，马化腾再次针对元宇宙分享了自己的看法："元宇宙是个值得兴奋的话题，我相信腾讯拥有大量探索和开发元宇宙的技术和能力，例如在游戏、社交媒体和人工智能相关领域，我们都有丰富的经验。"

就具体部署动作来看，Facebook通过收购虚拟现实公司Oculus布局VR领域，推出Facebook Horizon发力VR社交平台，用户可以创建角色，和朋友聚会、娱乐，每个人都有能力发起或参与活动。Google通过Stadia布局云游戏，并借助YoutubeVR布局软件和服务。

国内市场上，腾讯通过投资Epic Games、Roblox等公司布局元宇宙赛道，同时加大对云、游戏和短视频内容领域的投入；米哈游与上海瑞金医院共同建立"瑞金医院脑病中心米哈游联合实验室"，探索脑机接口技术和临床应用等。

毫无疑问，大量线上活动与平台的运行，进一步提升了元宇宙概念的热度。更何况，近两年里，疫情、技术、互联网发展等多种因素对元宇宙的发展大有帮助：一是受疫情影响，人们在物理世界的联系被削弱，在虚拟世界的联系进一步增强，比如在线会议、在线聊天、在线视频等，人们在虚拟世界里停留、交互与活动的时间大幅增加；二是技术发展提供了条件，从最基本的在线软件到VR、AR、5G、AI等技术，有能力让人们在虚拟世界里获得更好的体验；三是互联网经济需要寻找新的增长通道，元宇宙提供了一定的想象空间。

随着元宇宙的走红及探索，元宇宙的构成与内涵越来越清晰，如表7-1所示。据Roblox公司的说法，元宇宙有8个要素：身份、朋友、沉浸感、低延迟、多元化、随地、经济系统、文明。

表 7-1 元宇宙的构成与内涵

构成要素	内涵
身份	在虚拟世界里会有独立的数字身份，可能是多个身份
朋友	自由地社交、恋爱等，无论在现实世界里是否存在交集
沉浸感	拥有在现实世界一样的真实体验，甚至让人忘记这是虚拟的世界
低延迟	在整个空间范围上进行时间统一，不能让人感受到延迟，实现同步体验
多元化	元宇宙可以提供多种场景，参与者拥有多种身份选择
随地	元宇宙的入口随时随地方便登录，不受任何限制
经济系统	像现实世界一样，元宇宙需要建立交易系统和规则
文明	创造虚拟且先进的文明

扎克伯格也有自己的观点，他认为元宇宙具备八大要素，包括身临其境感、虚拟形象、家庭空间、远距离传输、互操作性、隐私安全、虚拟物品和自然界面，融合游戏、工作、社交、教育、健身等场景。也就是说，用户通过元宇宙可以获得游戏、社交、内容、消费等场景，并能拓展线上线下一体化的生产、生活等体验。

从长远来看，元宇宙将如何发展？随着 5G、人工智能等技术的发展及算力的提升，虚拟平台的种类将继续增加，更强大的沉浸式游戏与社交平台会出现，更多的消费、会议、学习、工作、教育、医疗等行为将转移到虚拟世界。而且有一种可能是，随着数字人民币等数字货币的应用，基于 NFT 的数字资产得到发展，有可能促成虚拟世界的经济系统建立，带动虚拟平台内的贸易。

不过，在早期阶段，大量虚拟世界是独立的，难以互通，自然无法成长为真正的元宇宙。各个虚拟平台将作为子宇宙，逐渐形成一套完整的标准协议。只有实现了各个子宇宙的互联互通，才能聚合形成真正意义上的元宇宙。

7.2 算力与元宇宙的相互推动

元宇宙将是一个网络接入 100% 渗透、24 小时在线的数字化世界，它需要整合不同的新技术，如 5G、6G、人工智能、大数据等，强调虚实相融，尤其是与现实世界的连通。

元宇宙的概念想要成真，涉及的不仅是网络更全面的普及、在线画面质量的提升、虚拟世界行为速度的畅通，还要解决数千万甚至数亿的多人互动诉求，满足高实时性、高互动性和高沉浸感等要求。

　　怎么满足这些严苛的要求？要靠算力。构成元宇宙的图像内容、区块链网络、人工智能技术，以及承载的大量活动，都离不开算力的驱动。可以说，算力是元宇宙的核心基础设施，算力的增长速度，将决定元宇宙的发展速度和最终实现程度。

7.2.1　图形显示离不开算力

　　元宇宙需要高质量的图形显示，离不开成熟的显示技术作为支撑。与游戏相比，元宇宙的要求更高，它重点塑造虚拟时空的体验，满足人们在其中的社交等各项活动，游戏只是元宇宙中很小的构成部分。无论是元宇宙，还是游戏，它们所需的图形显示都来自计算机绘图，任何时候都离不开算力的支持。

　　从元宇宙目前的探索来看，往往以游戏作为呈现方式，以游戏的图形显示作为支撑。而游戏的每一次重大飞跃，都源于计算能力和图形处理技术的进步。图形显示能力的提升，将有助于元宇宙的发展。游戏里面的画面每帧都要响应玩家操作带来的变化，要做到实时渲染，对计算的速度要求非常高，这也就意味着对算力的要求很高。

　　以游戏为例，游戏产业每一次重大的飞跃，都源于计算能力和视频处理技术的进步。游戏里面的画面每帧都要响应玩家操作带来的变化，要做到实时渲染，对计算的速度要求非常高，这也就意味着对算力的要求很高。算力的强弱直接影响到制作效率与制作精度。事实上，所有的计算机绘图都是这样的做法，将模型数据渲染到画面里的每一个像素，所需的计算量都非常巨大。

　　目前被视为经典的 3A 游戏大作，往往以高质量的画面作为核心卖点，充分利用显卡的性能。游戏用户在追求高画质高体验的同时，也会追求强算力的设备，从而形成游戏与显卡发展的飞轮效应，比如《侠盗猎车手》（GTA 系列）《极品飞车》等，这类游戏高成本、高体量、高质量，对人工智能、云渲染、视频编解码与大系统工程技术及硬件平台等要求高，而且是最容易进行虚拟交互的空间场景，接近于元宇宙所需要的社交体验感。

　　其实所有用户设备里呈现出来的 3D 画面，是通过多边形组合出来的。无论是玩家的各种游戏，还是精细的 3D 模型，大部分都是通过多边形建模加以创建。这些人物在画面里的动作，都是通过计算机根据图形学的各种计算实时渲染出来。这个渲染过程需要经过顶点处理、图元处理、栅格化处理、片段处理以及像素操作等步骤，如表 7-2 所示。

表 7-2 计算机的渲染步骤

步骤	说明
顶点处理	将三维空间的模型顶点为主，转换到显示器的二维空间。建模越精细，需要转换的顶点数量就越多，计算量也就越大
图元处理	要把顶点处理完成之后的各个顶点连起来，变成多边形。其实转化后的顶点仍然是在一个三维空间里，只是第三维的 z 轴，是正对屏幕的"深度"
栅格化处理	把多边形转换成屏幕里的一个个像素点
片段处理	计算出每一个像素的颜色、不透明度等信息后，给像素点上色
像素操作	把不同的多边形的像素点"混合"到一起，调整像素信息以达到显示效果

逼真的服装、头发和肤色，还有如同现实世界的山川河流等，所有的一切都需要实时渲染，如果没有强大的算力驱动，这个渲染过程会非常慢，质量也不是很好，根本无法满足元宇宙的要求。更何况，还需要以超高带宽和极低延迟进行数据传输。

7.2.2 算力驱动元宇宙内容创作

元宇宙面临的一大挑战在于如何创建足够多的高质量内容，并且吸引更多参与者创作，进一步丰富元宇宙，提升用户黏性。而专业创作的成本很高，3A 级大作往往需要几百人的团队坚持数年，产量很少，还无法满足元宇宙的需求，而 UGC（用户生成内容）平台会面临质量难以保证的困难。

解决之道是什么？引进人工智能技术辅助人类创作，可能是下一步的发展方向。以算力为支撑的人工智能技术，可以辅助用户创作，生成更加丰富逼真的内容，而要想人工智能技术发挥最大效力，必然需要强大的算力。

在人工智能工具的帮助下，每个人都可以成为创作者，这些工具可以将高级指令转换为生产结果，完成众所周知的编码、绘图、动画等繁重工作。

整合各种内容资源也离不开算力的支撑，比如要将各种影视、文学、音乐等搬到统一的平台上，同时满足在线支付、在线会议等需求。如果缺乏足够的算力，则自然无法满足用户的需求。

再者，对于元宇宙这样庞大的体系来说，内容的丰富度将远超想象，并且内容以实时生成、实时体验、实时反馈的方式提供给用户，对于效率的要求将远超当前水平，不仅需要成熟的人工智能技术赋能内容生产，实现所想即所得，而且对算力的要求将是非常高的。

7.2.3　创建虚拟身份需要算力

元宇宙里有一个关键的构成是虚拟数字人，也就是现实中的人可以在元宇宙里创建一个虚拟身份，以前是手工绘制、计算机绘图，现在正向人工智能合成升级。例如，2018 年，新华社与搜狗联合发布的"AI 合成主播"，用户输入文本后，屏幕上就会展现虚拟数字人形象并进行新闻播报，其唇形动作能与播报声音实时同步；腾讯发布虚拟人 Siren 等。2019 年，浦发银行和百度发布数字员工"小浦"，可通过移动设备为用户提供"面对面"的银行业务服务。三星旗下的 STAR Labs 在 CES（国际消费类电子产品展览会）上推出虚拟数字人项目 NEON，这是一种由人工智能驱动的虚拟人物，拥有近似真人的形象及逼真的表情动作，具备表达情感和沟通交流的能力。

到 2021 年，虚拟数字人的生成方式形成了一定的规则，包括人物生成、人物表达、合成显示、识别感知、分析决策等模块，可生成 3D 数字人，只是需要额外使用三维建模技术生成数字形象，信息维度增加，所需的计算量更大。未来有可能出现一体化、自动化的设备，同步获取模型、身体、表情、手指运动、声音等所有数据，并赋予数字人更多智能，实现一次唤醒、多次交互的能力，使其具备看、听、说、懂等能力，应用于影视、金融、文旅等各个领域，充分发挥应用价值。

而这个过程中涉及的实时渲染、动作捕捉等技术，都离不开算力的支持。只有调配满足要求的计算资源后，并实现算法的突破，才能进一步提升数字人的质量。

7.2.4　元宇宙带动算力发展

搭建一个多维的虚拟现实场景，并且实现高逼真的体验，需要非常庞大、复杂与强劲的算力网络，这就意味着，元宇宙有可能激发人类历史上最大的算力需求，而算力的供给、可用性和发展将决定元宇宙的进程，不管能接收多少数据、接收速度有多快，如果计算能力不足，那么这些数据毫无意义。

一方面，由虚拟世界驱动的算力需求，将持续呈爆发式增长，因为构成元宇宙的虚拟数字人、虚拟内容、区块链、人工智能技术等，还有大量的实时渲染、对真实世界的捕捉、真实与虚拟元素共存的环境搭建等，都离不开强大的算力支撑；另一方面，算力的结构与建设方式将再次升级。

当前的算力设施与架构，远远不能满足元宇宙的高体验需求。事实上，世界上每一种优秀的计算资源都曾出现过供不应求的情况，比如 CPU、GPU 的计算能力都曾面临同样的处境。

基于元宇宙对算力的需求，部分公司正在想办法提升算力建设能力。2021 年，英特尔公司高级副总裁兼加速计算系统和图形事业部总经理 Raja Koduri 在一篇文章里写道：我们正处于新一轮计算革命的风口，即将迎来一个持续运行且极具沉浸感的计算体验时代。举例来说，如何让两位用户在虚拟环境中进行交流？这需要基于传感器数据来捕捉真实世界中的 3D 对象、手势、音频等信息并进行实时渲染，并且以超高带宽和极低时延进行数据传输，并维护一个持续运行的环境模型。要想数亿用户可以参与进来，而当下的计算、存储和网络基础设施不足以支撑愿景的实现。这意味着，人们对算力的需求正呈指数级增长，同时还需要以更低时延访问众多不同形态的设备。

他认为，英特尔赋能元宇宙的技术基石可以概括为三层，包括元智能层（Meta Intelligence Layer）、元操作层（Meta Ops Layer）、元计算层（Meta Compute Layer）。打造真正持续运行且极具沉浸感的计算体验，并让数十亿用户实时访问，需要现有算力的千倍级提升。而算力提升的背后，英特尔正在布局和推动从晶体管、封装、存储到互连的诸多技术创新。

此外，英特尔已宣布开发"算力共享"软件，能让笔记本电脑运用其他闲置计算机的算力共同运算。据介绍，这款软件将与所有符合产业标准的硬件通用，甚至兼容竞争对手的芯片。同时研发的 XeSS（超级采样技术）也颇具潜力，旨在运用人工智能算法，从上一帧画面和附近像素中采样，优化渲染方案，继续提升硬件性能。

中国移动也有相应的部署，2021 年 11 月中国移动全球合作伙伴大会产品创新融合发布会上，中国移动咪咕公司总经理刘昕分享了以算力网络为依托的元宇宙 MIGU 演进路线图，聚焦超高清视频、视频彩铃、云游戏、云 VR、云 AR 五大方向，以及深耕"5G+MSC""5G+ 视频彩铃""5G+ 云游戏""5G+XR"四大领域。

在算力网络的支撑下，咪咕推出了具有游戏互动特点的全新引擎游戏化交互引擎（Gamified interaction engine），通过催生全新社交方式沉浸式社交（Immersive social），促进虚拟与现实的交融，最终进入混合现实（Mixed Reality）的元宇宙。刘昕认为，元宇宙最为坚实的底座正是无所不在的算力网络：以"算"为核心，以"网"为根基，实现网、云、数、智、安、边、端、链等的深度融合，提供一体化服务。

为了夯实元宇宙的网络基础，中国移动联手华为、中兴、中信科、爱立信、诺基亚、亚信、浪潮、新华三、飞腾、小米、英特尔等企业共同发布了《算力网络白皮书》，其中提出算力网络的目标是，实现"算力泛在、算网共生、智能编排、一体服务"，逐步推动算力成为与水电一样，可"一点接入、即取即用"的社会级服务，达成"网络无所不达、算力无所不在、智能无所不及"的愿景。

元宇宙将提升云计算需求，并驱动中国云计算产业景气度提升。根据 IDC 的预测数据，中国元宇宙相关 IT 支出 2021 年到 2025 年复合年均增长率为 20.2%，在 2025 年达到 2001.12 亿美元。从占比来看，发展到 2025 年，云计算占总支出或超过 40%。到 2021 年，国内外多家实力企业正布局云平台，比如 NVIDIA Omniverse 平台，是云端图形设计与计算平台，将元宇宙的概念用于开发端；Epic Cloudgine 平台，为虚幻引擎提供面向元宇宙的海量实时交互式内容的云计算能力。

同时，元宇宙将催生新的硬件市场赢得高速增长，其中一大典型表现是，面对规模越来越大的数据处理需求，CPU 的算力已经达到瓶颈，高性能 GPU 凭借自身在并行处理和通用计算上的优势，愈发受到市场的重视，还有可能产生更强的"元宇宙芯片"。

7.3　构建适应元宇宙需求的算力平台

一项重要技术成果的成熟应用，离不开大量基础设施的提前布局与发展。就像上个世纪末，信息高速公路的建设为互联网铺平了道路。元宇宙的构建与运行，同样需要众多技术环节的长期建设，这里面包括硬件、软件、网络、应用、内容等板块。

具体来讲，硬件将涉及 XR 设备，也就是 AR（增强现实）、VR（虚拟现实）、MR（混合现实）、ER（拟真现实）、BCI（脑机接口）等设备，以及芯片、移动智能终端等。

软件则涉及云计算、人工智能、区块链等，还有各类交互式沉浸技术、图形技术、数字孪生技术。其中的数字孪生技术，能够把现实世界镜像到虚拟世界里面；区块链则用来搭建元宇宙里的经济体系。

网络则主要是指通信技术，比如 5G，通过低延迟提升沉浸感，实现元宇宙随时可获得。元宇宙是一个虚拟与现实高度融合的世界，必然需要高速移动互联网、物联网、移动智能终端来承载。

内容是指用户可以产生或编辑内容、发生行动，包括游戏、社交、各种图文与视频作品等。用户可以随时参与创作，可以在元宇宙中的规则下做自己想做的事情，比如建房子、开公司、赚钱养家等。

上述技术大部分都跟算力有关，比如数据中心或算力中心等基础设施；GPU、CPU、ASIC 等各类芯片；5G 甚至 6G 等通信网络。

7.3.1　算力硬件的发展

从功能机到智能手机，再到可穿戴设备、VR 等智能终端，硬件方面的显示及交互创新，极大地促进互动、交易与内容形式的重构。要实现虚拟世界与现实世界相融，交互设备是元宇宙必不可少的环节。行业普遍认为，XR 技术是引领人们进入元宇宙的关键技术，所谓 XR，即扩展现实（Extended Reality），是 VR、AR、MR 的技术总称，很有可能成为元宇宙虚拟世界的入口。

XR 的技术还在进步，比如让头显设备变得更小、更轻，并且拥有更长的续航时间。再者，沉浸式的 XR 体验由于视野较大，对分辨率、刷新率、用户感知、环境感知、定位技术等要求更高，要比智能手机高几个等级，因此对性能和功耗的需求也更高。这背后都涉及空间定位、环境感知等算法的迭代；更好的显示技术、显示屏幕、光学产品、电池技术等。

从市场现状来看，VR 与 AR 等设备正迎来高速发展。据国际数据公司（IDC）的预测，2022 年，全球 AR/VR 头戴设备出货量为 880 万台。预计到 2028 年底，全球 VR/AR 设备的出货量将达到 2470 万台，2023—2028 年五年复合年增长率（CAGR）为 29.2%。

台积电董事长刘德音认为，未来十年，AR 或将取代手机，VR 或将取代 PC，人们将会逐步感受真实世界与虚拟世界的结合，而元宇宙硬体需求也将持续增长。这一预测非常大胆，如果实现，社会又将发生极大的变化。

同时，更多的传感器、摄像头和物联网芯片将被集成到我们周围的物理世界中，我们的个人设备将成为我们在虚拟世界和真实世界穿梭的通行证。

元宇宙这样的沉浸式虚拟世界将产生巨大的计算需求，所涉及的各种硬件设备里，芯片扮演至关重要的角色，它的运算能力、图像处理能力等都会影响 VR、AR 等设备的品质。

在微软 HoloLens 这类 AR 产品上，内置全息处理器（HPU），可以增强设备眼部追踪、手势追踪、场景 Semmantic Labling 和音效体验等，这跟元宇宙的需求非常相关。不过，HPU 芯片还存在高发热、高功耗、损伤电池寿命等现象，需要进一步升级。

RISC-V 专属架构芯片正创造更好的体验，它的性能、发热、电池寿命等都有大幅改善，进而驱动元宇宙的发展，并有望成为继 ARM 架构、英特尔 x86 之后，第三个重要处理指令集架构。据国际市场分析机构 Semico Research 预测，到 2025 年，全球市场的 RISC-V CPU 核心数将达到 624 亿颗，2018—2025 年复合年均增长率为 146.2%。另一家市场调研机构 Tractica 则预测，RISC-V 的 IP 和软件工具市场将在 2025 年达到 10.7 亿美元。

还有一种可能是，DPU（Data Processing Unit）正在崛起，这是继承 CPU、GPU 之后，数据中心场景中重要的算力芯片，为高带宽、低延迟、数据密集的计算场景提供计算引擎。有一种比喻是，如果把一台计算机或服务器比作一个团队，CPU 相当于这个团队的"大管家"，负责思考并处理各种业务；GPU 是"美工"，专攻图像处理；DPU 则相当于"前台"，负责打包、拆包"数据包"，提升整个团队的工作效率。

从事图形显卡（GPU）开发的超威半导体（AMD）公司，2021 年也开始为元宇宙开拓者服务，公开透露 Meta（前称 Facebook）成为其业务伙伴，Meta 数据中心将使用 AMD 生产的芯片，也就是 AMD 的 EPYC 处理器。AMD 首席执行官苏姿丰公布了 AMDEYPC 服务器处理器的产品规划线路图，其中包括两款 Zen 4 架构服务器处理器。AMD 的加入，再次证明元宇宙在当下对算力的急切需求。

为什么芯片设计公司会快速登陆元宇宙的市场？英伟达 CEO 黄仁勋是这样认为的，他说："我们一直专注于运算，研究极致的快速运算。这令我们在运算、图形、人工智能等方面领先。"

7.3.2　软件技术及各种平台

元宇宙的发展，在算力能力的提升方面，离不开云计算、人工智能、区块链、数字孪生，以及各种开发平台的技术支持。英伟达推出全宇宙（Omniverse）平台，这是一个多 GPU 实时模拟的虚拟世界整合平台。各种从事 AR（增强现实）、VR（虚拟现实）、渲染的工具开发商可使用 Omniverse 平台。该平台主要包括 5 个部分，分别是 Connect、Nucleus、Kit、Simulation、RTX Render，内置完整的 Nvidia AI 用于机器人＋虚拟人开发，同时整合了图像、材料渲染、光线追踪技术、物理引擎，使创造的虚拟世界更真实。

从 2020 年 12 月推出测试版以来，Omniverse 被 700 多家公司采用，包括德国高档汽车制造商 BMW、电信设备制造商爱立信、航空航天制造商洛克希德·马丁、索尼影视动画等。

此外，英伟达针对"数字化身"，推出了专门的平台 Omniverse Avatar，集成语音 AI、计算机视觉、自然语言理解、推荐引擎和模拟五项技术。该公司 CEO 黄仁勋曾展示如何利用 Omniverse Avatar 平台制作自己的数字形象。

更高清、更沉浸式的交互式 3D 体验，也是构成元宇宙的基础。在元宇宙时代，3D 内容预计取代线性和平面 2D 数字内容，那么意味着世界上越来越多的内容将是 3D、实时、可交互的，自然不能缺乏对应的制作工具。

而 Unity 可以为开发者们提供实时 3D 内容创作工具，比如通用渲染管线 URP，开发者可以快速搭建高清的虚拟世界，制作逼真的水波、变换的阳光等，手机、VR 等各种平台都可容。它还有一套 HDRP 高清渲染管线，专为高画质渲染量身定制的工具，充分挖掘机器的视觉保真度。Unity 还发布了数字人 Demo，探索数字人生产的全流程，包括 4D 真人扫描、高精度面部建模等，建立行业标准，然后开放给开发者，这样开发者们就能够用 Unity 创造一个可以实时驱动的数字人。

手游时代，Unity 赶超 UE 成为热门游戏引擎，支持平台包括手机、平板电脑、PC、游戏主机、增强现实和虚拟现实设备。从应用领域看，Unity 实时 3D 技术的应用，远不止游戏领域，从可视化建筑设计到自动驾驶汽车仿真，还有影视动画，都在使用 Unity。截至 2020 年第四季度，Unity 在全球拥有约 27 亿名月活跃用户。Unity 有潜力成为元宇宙创作者、生产者的首选创作工具之一。

区块链是分布式数据存储、点对点传输、共识机制、可追溯、加密算法等计算机技术的新发展，其技术特性适配元宇宙的关键应用场景，比如身份认证、数字资产、内容平台、游戏平台、共享经济与社交平台等。

就具体应用来讲，区块链在元宇宙场景中正沿着两条线发展，一是利用其去中心化、不可篡改等属性，促成元宇宙可信任的有效治理；二是利用数字货币构建有效的激励机制，保证元宇宙社区的运行。

以信任建立为例，区块链是一个去中心化的分布式数据库，能够分布式记录与存储数据信息，在元宇宙中以低成本建立信任，包括通过区块链实现身份的唯一性认证，进而促成不同参与者之间的信任；通过去中心化的管理体系，保障参与者们数据的安全性，促成元宇宙参与者同平台之间的信任。

再者，区块链的 Token 通证为元宇宙的运行提供了激励体系，激励参与者们贡献代码与内容，同时为数字资产确权，并评估价值，促成数字资产的交易流通。

数字孪生是元宇宙世界的一项重要技术，它以数字化的形式对某一物理实体过去和目前的行为或流程进行动态呈现，能够将现实物体仿真制作为数字资产。例如，工厂可复制自己的"数字孪生"，用来推动设备增减、检修、工作流程规划等工作。全球已有多家龙头企业布局数字孪生，比如 UINO 一站式数字孪生可视化管理平台，利用自研的数字孪生引擎和工具平台，在数字世界中"复刻"现实的实体对象，并进行仿真、监测、分析和控制，实现可视化、智能化、人性化、众创化的创新管理模式。英伟达表示，一些建筑工程软件公司和地图软件公司已成为数字孪生业务的客户。

虚拟身份（虚拟数字人）是元宇宙最基础的维度，具备多元化应用场景与商业化路径，目前已有一些公司推出虚拟身份的生成工具，并不断迭代，使得虚拟身份更逼真。

虚拟身份表现出三大发展趋势：一是高保真，从外形、表情到动作都 1∶1 还原真实人；二是智能化，运用语音识别、自然语言处理、语音合成等技术赋予虚拟人情感表达的能力；三是工具化，开发更轻量、便捷的工具，让艺术家和普通用户都能快速生产高品质美术资产。

7.3.3　通信网络

5G 或者更高层次的通信网络技术普及，将提升算力，降低元宇宙的技术门槛。这跟网络本身的优势有关，5G 时代网络主打超高速、低时延、海量连接、泛在网与低功耗，在节省能源、降低成本的同时，提高系统容量和大规模设备连接能力。

随着 5G 渗透率的不断提升，网络传输速率和质量有望得到进一步提升，更多企业级和消费级应用创新将有望落地，进一步助推元宇宙的实现。

以云游戏为例，5G、边缘计算和芯片架构的发展，通过将高计算处理能力放置在更靠近用户和设备的位置，同时提供支持高质量、多玩家游戏体验所需的带宽，从而帮助满足低延迟、高带宽要求。再者，通过 5G 传输，在云端完成渲染，以超低时延帮助用户获得媲美本地主机的渲染质量。

当前的 5G 技术发展已进入较高阶段，正深刻影响技术产业体系。截至 2021年 11 月，我国 5G 基站超 139.6 万个，5G 手机终端连接数达 4.97 亿户。同时，在千兆光网方面，支持千兆接入的 10G-PON（万兆无源光网络）端口规模超过

600 万个，具备覆盖超过 2.4 亿户家庭的能力，千兆用户规模提升至 2525 万户，比 2020 年底净增约 1885 万户。这都为元宇宙所需算力提供了基本的网络支持。

再者，由 VR、AR、MR 等构成的 XR 技术是人类进入元宇宙的一把钥匙，要保障 XR 设备流畅地运行，必须建立高速率、低时延、低能耗的通信基础。

总的来讲，随着通信和算力技术的不断提升，元宇宙的技术门槛将不断降低，沉浸式体验将获得新的改善，有可能实现更大范围的渗透。

7.3.4　算力架构

元宇宙对网络传输提出了更大带宽、更低时延、更广覆盖的要求，相较云计算而言，更需要借助边缘计算技术，以保障所有用户获得同样流畅的体验。边缘计算一定程度上能够推动算力发展，助力元宇宙的实现。

前面我们对边缘计算已经有专门解读，作为继分布式计算、网格计算、云计算之后的又一新型计算模型，边缘计算是以云计算为核心，以现代通信网络为途径，以海量智能终端为前沿，集云、网、端、智四位一体的新型计算模型。它是一种分布式运算的架构，其将应用程序、数据资料与服务的运算由网络中心节点移往边缘节点来处理。由于边缘节点（如智能设备、手机、网关等）离用户或数据源头更近，因此数据的传输和处理速度可以有效提升，减少延迟。

无论是元宇宙还是自动驾驶、云游戏、智慧城市等领域与场景，海量的数据需要边缘计算来处理优化，高质量的交互体验需要边缘算力来保驾护航。以游戏为例，将图形运算能力放在更接近需要的地方，可以给玩家创造更好的体验。

同时，原生云（在云上构建、运行、管理应用程序的一套技术体系和管理方案）、无服务计算（用户无须关注底层代码，低代码甚至零代码开发）、异构计算（采用 CPU、GPU、FPGA、DPU 等多种指令集，x86、ARM、RISC-V 等不同体系架构的计算单元组成混合系统，满足通用和专用计算不同需求）、存算一体（计算和存储集成到一个芯片，消除数据存取延迟和功耗）、隐私计算（数据可用不可见）等算力技术，都有助于推动元宇宙的发展。

到 2021 年 12 月，已有多家上市公司表示布局边缘计算，以满足元宇宙的算力要求。比如初灵信息透露，在边缘计算上持续投入，可以在智能连接、数据感知、智能分析三方面间接支撑元宇宙的内容体系和计算要求，以实现其有效运转。中科创达表示，公司已构建了自己的边缘计算平台，并着手开始在边缘计算和嵌入式人工智能领域进行布局。

　　南凌科技在回答投资者提问时表示，积极拥抱元宇宙生态，构建元宇宙离不开底层基础设施的建设，包括云终端、通信网络和云端等，公司拥有终端接入产品 SD-WAN，通过 SDK 嵌入 AR、VR 等设备作为元宇宙的入口，边缘计算作为前端入口数据预处理，将需要中央计算中心处理的数据通过南凌骨干网，低时延、高可靠地传入中央数据中心。并且，南凌科技愿与产业链上下游企业一起搭建元宇宙底层基础设施。

　　目前来看，元宇宙呈现出的应用，大多还停留在概念阶段。如果没有一个可靠、高速、高效的网络与源源不断的算力支撑，那么这一切都只能是空中楼阁。元宇宙的实现，将伴随芯片算力提升、软件设计引擎大众化、VR/AR 等交互设备的便利化等技术精进，叠加区块链、人工智能等技术的升级，才能逐渐走近人们的工作与生活。

　　值得注意的是，如果人类以数字化身（Avatar）生活在元宇宙中，通过物联网与城市的设施发生交互，则意味着人的身份属性、行为轨迹、社会关系等都会被采集和储存，那么，如何管理如此庞大的居民身份信息数据库、降低泄露的风险，将成为至关重要的课题。

　　再者，虚拟货币将在元宇宙里流通，可能会冲击国家的法币体系。这套元宇宙里的货币体系与现实世界紧密相连，当虚拟货币相对于现实货币出现价值波动时，经济风险很可能会从虚拟世界传导至现实世界，那么，金融监管从现实世界拓展到虚拟世界将是新的问题。

第 8 章

做趋势的朋友：
算力经济的未来

当前正处于从传统 IT（Information Technology，信息技术）向新 IT（Intelligence Technology，智能技术）升级的阶段，技术进步推动经济社会从传统计算迈向新的算力时代。计算力改变了金融、零售、交通、物流等众多传统行业，助推网上零售额在 2020 年达到 11.76 万亿元。以数据中心、超级计算中心、智能计算中心等为代表的算力基础设施，成为各行业的新地基。多股力量汇聚在一起，相互促进，推动了算力经济的高速发展与繁荣。

那么，算力经济的未来图景将是怎样的？未来数十年里，它将带给社会、行业、企业与个人哪些改变？

算力经济的发展趋势主要由三部分构成，一是算力本身的发展趋势；二是算力产业的发展趋势，以及算力在行业的落地应用方式与形态、与行业场景结合后所呈现的发展趋势；三是在发达的算力支持下，产业互联网将获得新的施展空间，表现出新的发展趋势。

8.1　算力的发展趋势：更快、更实用、更节能

围绕算力的提升，近年来的进步从未中断过。20 世纪 60 年代，为解决大规模数值计算、仿真模拟等计算问题，超级计算机与超级计算中心应运而生，其重要性不断提升，尤其到了今天，超级计算机的运算速度实现飞跃式提升，为各个领域提供科学计算服务。

进入 20 世纪 80 年代后，在互联网的促进下，个人计算机逐渐普及，为分布式处理奠定了产业基础，个人计算扮演关键角色；2000 年至今，在互联网信息服务、高并发访问等网络计算与数据存储需求推动下，各大公有云平台进入繁荣时期，云计算蓬勃发展促进了算力的集中共享，释放了个人终端侧的算力需求。

近 10 年来，人工智能计算横空出世，逐渐扩大应用舞台，从图像识别、语音识别到知识计算、知识推理，知识图谱的作用进一步提升；机器开始学习理解数据，甚至可以进行逻辑推理和自主计算，从早期收集数据的感知智能走向类大脑的认知智能。

超级计算、云计算、人工智能计算等齐头并进，多种计算形态并存，界限逐渐模糊。随着近几年边缘计算的兴起，云计算逐渐演变为云边端一体化的协同工作模式。在此过程中，各类 FPGA、GPU 等计算芯片不断登上算力舞台，驱动算力提升，并应用于各种场景。

从未来的发展来看，算力本身的发展趋势将表现为：绿色计算、云边端一体化、算力互联网、分布式计算、异构计算以及面向未来的前沿计算等。新计算时代已经到来，计算不再局限于数据中心，而向云、网、边、端全场景扩展；计算不再仅仅是通用计算，更是包括 AI 计算在内的多样性算力混合部署。

8.1.1　绿色计算迎来黄金时代

随着算力经济的发展，同时受益于新基建的推动，国内对算力基础设施的投入持续增加，相应的，作为核心底层基础设施的数据中心、智能计算中心的数量迅速增长，更多服务器正在部署与投入运营，无疑会产生极大的能耗。

而实现碳达峰、碳中和已成为国家战略目标，基于数据中心的高能耗问题，"绿色集约"成为算力基础设施建设的关键实施路径，绿色计算将是算力经济的核心发展趋势之一。如何在保证算力的同时把能耗降下来，成为摆在基础设施厂商面前的一大挑战。

从技术角度来看，绿色计算表现为高性能、低功耗与低时延等特征，它的计算架构、芯片架构、业务部署架构持续创新，满足高效能算力需求。从环保节能角度来看，绿色计算是节能、高效、可持续发展的计算产业，使用可再生能源，电能使用效率值达到 1.4 以下或更高的标准，采用模块化、液体冷却等技术。

强计算能力并不意味着高能耗，未来的算力必须同时考虑绿色低碳。由于数据中心是算力输出的核心，因此必须重点改进数据中心的绿色计算能力，除聚焦于 PUE 值的降低外，还要关注数据中心的算力、算效以及可再生能源的替代。

其中，PUE 值是评价数据中心能源效率的指标，是数据中心消耗的所有能源与 IT 负载消耗的能源的比值。PUE = 数据中心总能耗 /IT 设备能耗，其中数据中心总能耗包括 IT 设备能耗和制冷、配电等系统的能耗，其值大于 1，越接近 1 表明非 IT 设备耗能越少，即能效水平越高。

国家和地方已出台了众多政策和文件，对数据中心提出更具体的能耗要求，比如 2019 年工业和信息化部、国家机关事务管理局、国家能源局联合印发《关于加强绿色数据中心建设的指导意见》，要求到 2022 年，数据中心能耗基本可比国际先进水平，新建大型、超大型数据中心的电能使用效率值达到 1.4 以下；高能耗老旧设备基本淘汰，水资源利用效率和清洁能源应用比例大幅提升；打造一批绿色数据中心先进典型，形成一批自主创新的绿色技术产品、解决方案。另有部分地区提出，电能使用效率值达到 1.3 以下。绿色算力的实现，是一个系统工程，离不开软硬件、供电系统、制冷系统等全面的考量和设计。

1. 集约化、规模化的数据中心

建设大型数据中心，提升单体机房的利用率，发挥规模效应；部署高性能、高密度的基础设施，通过集约和整合的架构来实现计算本身的"绿色"；采用稳敏兼备的集约架构，在每个系统上实现高计算性能、高资源利用率和高存储密度，以减少服务器扩展需求；选择本身需要较少物理系统、比较节能的服务器硬件和系统，以及能够充分利用系统资源的软件，减少不必要的数据传输和算力转移。

采用更集约的绿色计算意味着，同样的工作负载只需要更少的服务器和配套软件、网络支撑，进而实现节能。同时，采用高性能、高密度、高资源利用率的架构，可以支持企业在现有架构的基础上灵活扩展，充分利用服务器的资源。

AWS（亚马逊 WEB 服务）认为，集约式的计算资源可以显著提升计算效率。微软测算，相较于分散的传统企业数据中心，Azure 集约式数据中心通过改善 IT 运维效率、IT 设备效率、数据中心基础架构效率、可再生能力 4 个方面，或可降低 72%~98% 的能耗。

2. 更大比例地采用清洁能源

如何利用清洁能源，大幅降低数据中心的能耗水平、碳排放压力，这是非常重要的课题，也是算力经济发展的方向。一旦大量采用清洁能源，自然可以减少碳排放，实现绿色计算。

清洁能源有哪些？主要包括太阳能、风力发电、光伏等，从目前的实践来看，已有多家公司付出努力，比如微软亚利桑那州新数据中心将太阳能作为主要能源；苹果公司着力打造绿色能源数据中心；北京冬奥云数据中心充分发挥风能、太阳能优势；百度阳泉数据中心充分利用太阳能供电等；阿里云的张北数据中心，得益于张北县充沛的风能和太阳能，绿色能源使用率超过了 50%，就地消纳可再生能源。

还有青海的海南州投建的大数据产业园（一期），定位就是 100% 利用绿色能源建设和发展的大数据中心，产业园全部建成后，园区大数据中心的机架总规模将达到 10 万架，可容纳 133 万台标准服务器，一年的耗电量为 57 亿度，就地消纳青海省新能源。

而在工信部印发的《新型数据中心发展三年行动计划（2021—2023 年）》里明确提出，鼓励企业探索建设分布式光伏发电、燃气分布式供能等配套系统，引导新型数据中心向新能源发电侧建设，就地消纳新能源，推动新型数据中心高效利用清洁能源和可再生能源、优化用能结构，助力信息通信行业实现碳达峰、碳中和目标。

3. 冷却节能

冷却是仅次于 IT 负载之外的主要耗电来源，从趋势来看，企业在数据中心的设计上采用更多的先进技术与设计，以降低冷却耗能。在海底建数据中心被视为一种选择，冰冷的海水为数据中心的服务器提供了免费的降温条件。2018 年，微软将一个长约 12 米、直径接近 3 米的圆柱形数据中心，沉入苏格兰东北部的奥克尼群岛海底，配备了 64 台服务器，可以存储 27.6PB 的数据。它采用的冷却技术是，将海水泵入每个服务器机架背面的散热器管道，然后返回海洋中进行循环冷却。

除了海水，还可以利用温度非常低的湖水实现降温，比如阿里云在千岛湖建设的数据中心，引进冰冷的深层湖水，经过物理净化，通过完全密闭的管道流经数据中心为服务器降温，该数据中心年均 PUE 可达 1.3，非常节能。

有些数据中心充分利用风冷与自然冷，也可以节能，阿里云在张北建立的数据中心可容纳百万台服务器，充分利用了气温优势。这个地方年均气温仅为 2.6℃，最低气温达 –40℃，工程师将室外温度适宜、质量良好的新风通过风墙技术输送至机房，直接为 IT 设备降温，实现全年 300 多天的自然冷却，降低空调系统的电力消耗。

除了风冷，还有液冷，即将服务器浸泡在液体里。在张北数据中心的机房里，一排排服务器被浸泡在绝缘冷却液里，它们产生的热量可以直接被冷却液吸收进入外循环冷却，全程用于散热的能耗几乎为零，效率更高。加上模块化设计、AI 调温等技术，张北数据中心的年能耗最低达 1.09，每年可节约标煤 8 万吨。

4. 能量回收

数据中心的服务器在运行中会释放大量余热，这些余热易提取、产热稳定且热量大，可加热生活用水、供暖，或满足其他热需求，比如利用热泵技术将数据中心余热回收，并用于区域供暖。

据《中国能源报》的一篇文章，中国建筑设计研究院智能工程中心副总工程师劳逸民认为，以我国数据中心耗电量为 1600 亿千瓦时测算，其中可有效利用 178.76 亿千瓦时电力消耗产生的余热。这些余热如果完全被利用，按照北京市相关建筑能耗标准，可满足北京市 2.56 亿平方米的采暖用热。

从国内来看，数据中心确实在部署能量回收利用系统，比如阿里巴巴千岛湖、张北数据中心以及腾讯天津数据中心和中国电信重庆云计算基地等。其中的阿里云张北数据中心，将部分机房热风回收至柴发配电室及部分设备间，用于采暖，同时将空调回水作为供暖换热的驱动力，减小冬季的供暖能耗；通过废水回收系统，降低生产污水的硬度、电导率等指标，回收并重新利用至生产系统，减少水资源的消耗。

腾讯在天津的数据中心，正在按照余热回收方案推进节能。据"暖通观察"的一篇文章介绍，腾讯天津数据中心提取全园区 1/40 热量，即可满足办公楼采暖需求，每年可节省采暖费 50 余万，减少能耗标煤量达 1620.87 吨，相当于减少约 4040 吨二氧化碳排放量；回收腾讯天津数据中心冬季全部余热，热量用于采暖可覆盖的面积达到 46 万平方米，如果用于家庭采暖，可满足超过 5100 户居民的用热需求。

欧美国家也在探索数据中心的余热利用，比如北欧国家，形成了余热回收利用产业链，拥有专业从事数据中心余热回收的节能服务公司，出售废热所得已成为一些数据中心运营商的收入来源。

除了上述绿色计算的趋势体现，部分龙头企业，比如京东、阿里巴巴、百度、腾讯等，想办法从多个角度入手，探索绿色计算的实现。

京东云的绿色计算

2021 年京东云峰会上，京东云表示，将力争用 3 年时间，从懂产业的云出发，做产业云、低碳云、开放云和增值云的排头兵。京东云公布了建设中的华北廊坊和华东昆山绿色数据中心，服务器数量均超过 10 万台，计划从硬件技术创新能力、清洁能源全面应用以及智能运维能力三方面入手，实现减碳。

在硬件方面，京东云数据中心有三大核心技术：一是已经在京东华东昆山数据中心使用的智能间接蒸发冷却机组，其内置的智能运维系统，能够保证故障发生 15 分钟内快速定位。同时，可以借助智能运维系统，实时了解蒸发系统的温度等系数，模块化设计能够更好地调整制冷模式，有效降低能耗；二是中低压一体化的供配设备，通过高度集成中压、低压、锂电系统，以及工厂预制化方案，最终实现成本下降 8%，效率提升 2.5%；三是采用冷机 + 自然冷却方式，通过板式液冷服务器实现了基础 PUE 小于 1.1。

在服务器整机柜设计方面，新一代京造服务器改善风道与电源设计，同时增加新型散热器，提升整个主板散热与单个设备制冷效率。在供电方面，提供整机柜解决方案，将每台服务器设备进行统一管理。之前每台服务器都需要一个备份电源，现在一个机柜十几台甚至几十台服务器只需要 2~3 个。整机柜还实现了用电峰值的统一协调管理，京东云通过直流中压转低压等技术应用，极大地改善了散热与提升供电效率，有效地避免了电源损耗。

在集中式 GPU 算力平台与调整中心的支持下，所有的计算需求都可以实现全区域、全时段的共享，避免资源重复建设。为更好地践行低碳，京东将逐步将高负载、高能耗业务向西部迁移，借助西部大量清洁能源降低对原始能源的使用，推动绿电数据中心建设。

清洁能源技术也正应用于京东数据中心，并持续增加可再生能源（风能、太阳能）的利用比例，比如京东华东数据中心将使用大规模分布式光伏电站建设解决整个园区的供电；同时采用热回收技术，让热系统循环使用，以保证资源高效利用。

运维能力会影响数据中心的使用效率与能源消耗，京东云的运维能力主要体现在两大方面：一是数据中心系统的全面感知，通过部署大量 IoT 设备，能够对数据中心运行的数据进行全方位分析，持续地调整机房制冷策略，最终达到绿色节能的效果；二是实现对全系统算力设备的实时监控，智能调度算力资源和计算任务，错峰使用，进一步提升电力系统效率。同时，京东云数据中心的运维管理实现了低代码工具化，形成统一运维大数据中心平台，运维人员可以通过移动端随时随地查看与管理，实现运维管理的全面自动化。

阿里巴巴的绿色计算

2021 年 6 月，天猫宣布，"618"期间，淘宝天猫上每笔订单的碳排放量同比下降了 17.6%。碳排放量的下降主要有 3 个原因：即算法优化带来的单位算力耗能下降，风电、光伏等清洁能源占比的提升带来单位能耗碳排放下降，智能装箱、地网光伏带来的物流环节减碳。

具体来讲，消纳 1 度风电可减少 800 克碳排放，"618"期间，张北数据中心可以少排放二氧化碳约 8160 吨。

据了解，2018 年起，阿里巴巴加入张家口"四方协作机制"风电交易，截至2021 年 5 月，共交易绿电约 4.5 亿千瓦时，累计减排二氧化碳近 40 万吨。阿里云数据中心 2020 年风电光伏使用占比 38.2%，2021 年前 5 个月提高到 45%。

百度的绿色计算

2021 年 6 月，百度正式公布，到 2030 年实现集团运营层面的碳中和目标。在这个过程中，百度以 2020 年为基准年，计划在已有绿色实践的基础上，从数据中心、办公楼宇、碳抵消、智能交通、智能云、供应链六个方面，全面构建 2030 年碳中和目标的实现路径。

为此，百度建立了绿色数据中心。对于自建的数据中心，通过数据中心技术创新、人工智能融合应用等方式持续降低单位算力能耗。百度决定，自有新建数据中心将优先选择可再生能源丰富的地区建设，逐年提升可再生能源使用比例。

百度同时针对办公楼采用自然光照明、自然通风、遮阳等措施，提高楼宇能源使用效率，并通过引进光伏发电技术等方式，增加办公楼宇可再生能源的使用比例，实现绿色运营。

腾讯的绿色计算

腾讯宣布启动碳中和规划，并已在腾讯滨海大厦和数据中心，通过人工智能和云计算来降低碳排放。以滨海大厦为例，8000 平方米的广场上铺装的生态陶瓷透水砖，可以大量吸存和净化雨水，用来浇灌大楼里的花花草草。腾讯办公区采用的智能照明系统，每年可节电约 132.61 万千瓦时。IT 机房搭载的独特能源系统，对服务器散发的热能可进行热回收处理。

对于数据中心，腾讯投入 4.0 版本的 T-Block，可以通过高效电力模块和自然冷技术，实现 1.2 以下的超低 PUE 值；配合冷热电三联供技术来提升能源综合使用效能，并采用屋顶光伏等清洁能源技术。腾讯建成的贵安七星数据中心经工信部实测，其极限 PUE 值小于 1.1；2020 年交付的腾讯清远数据中心液冷实验室，实现了极限 PUE 值低于 1.06 的高节能效果。

国外的不少企业也在向绿色计算努力，苹果公司总部办公大楼 "Apple Park" 的圆环顶部全部铺设了太阳能电池板，装机容量为 17MW 电力。

早在 2015 年，苹果与中环股份的子公司四川晟天新能源发展有限公司合资成立两家公司，以运营两个太阳能光伏电站，该项目每年将产生高达 8000 万千瓦时的清洁能源。

2016 年 6 月，苹果创立了一家能源子公司 "Apple Energy LCC"，出售剩余电力。

2018 年，苹果宣布全球 43 个国家或地区的苹果零售店、办公室、数据中心和其他场所设施全部采用 100% 可再生能源供电。

而另一家科技巨头谷歌，也很早就投资了绿色计算。2015 年，谷歌曾投资 3 亿美元给美国加州太阳能公司（SolarCity），用以资助该公司 25000 多个家用太阳能项目。SolarCity 是美国一家专门发展家用光伏发电项目的公司。

谷歌计划在 2025 年前使用 3600MW 清洁能源，将其在四大洲的 14 个数据中心均转型使用可再生能源供电，在公司互联网搜索业务、地图业务、Gmail 邮箱业务、YouTube 视频服务业务需求量增加的同时，确保都可以使用可再生能源。

亚马逊的行动同样坚决，订购了 700 多辆压缩天然气动力卡车，减少碳排放，努力降低其美国送货车队对空气的污染。2017 年 3 月，亚马逊宣布了一项新计划，在其物流配送中心安装太阳能光伏。这些初始项目位于亚马逊在加利福尼亚州、新泽西州、马里兰州、内华达州和特拉华州。太阳能电站为每个物流配送中心提供 80% 的电力需求。

此外，亚马逊还在美国的北卡罗来纳、俄亥俄和弗吉尼亚州建设风力和太阳能发电厂，这些发电项目足够为 24 万户美国家庭提供电力。

扎克伯格也是新能源发电的 "铁粉"。Facebook 在 2019 年使用了 86% 的可再生能源，这一数字比 2015 年增加 35%。

从趋势来看，未来在节能、计算提效升级、多元技术融合等领域，需要投入大量的研发资源，通过创新的数据中心运营，优化节能技术，计算、存储与运维，场景应用与算力布局架构进行融合，进一步推动绿色算力的实现。

8.1.2　算力网络将走向成熟，让算力触手可及

算力网络是这样的一种布局：计算中心与计算中心之间串联形成的计算网络，以网络为载体，接入和聚合全国计算中心海量物理核心资源，形成持续扩展的算力池，让海量、多元的算力触手可及。

在传统算力时代，算力资源是中心化的，重点集中在各种数据中心、超级计算中心等算力中心里，而时下，这种中心化逐渐下沉到边缘与终端，算力的基础架构发生变化，需要将边缘计算节点、云计算节点以及包括广域网在内的各类网络资源加以融合，通过对计算能力、存储资源、广域网的网络资源进行协同，并根据业务特性提供灵活、可调度的按需服务。

现实情况是，在算力需求指数级增长的环境下，现有计算中心陷入"孤岛"境况，没有形成有效连接，并且传统计算中心的资源服务相对单一，难以满足多样化的应用诉求。

如果将全国算力中心连接到一起，整合散落在全网的资源孤岛，构造云、边、端式的数据协同计算体系，进行算力整合与调配，搭成庞大的算力网络，它的意义非凡，具体表现在：一是实现海量算力资源的聚合，进行统一调度，便于未来海量的应用能随时按需获取所需算力资源，在满足用户良好体验的同时，实现算力网络的全局优化；二是将整合起来的资源实现再分配，突破传统中心化算力的瓶颈；三是避免被动资源扩容中的低效陷阱，提升全网算力的资源利用效率。搭建算力网络，将更好地满足各行各业对海量算力及计算服务的柔性需求，实现按需、按量分配，在创造有效价值的同时，又能实现更高的经济适用性，对于产业转型升级起到极大程度的促进作用。

同时，面向智能社会，网络将连接云、边、端，构建专业化、弹性的算力资源池，支撑高速增长的高效数据处理能力，并将海量数据传输到网络化算力基础设施，实现万物智能。通过成熟可靠、超大规模的网络控制面（分布式路由协议、集中式控制器等），实现计算、存储、传送资源的分发、关联、交易与调配。

物联网、车联网和工业互联网的应用需要算力网络。这些场景的计算任务依托于快速响应的物理环境，要求云计算中心的算力向应用侧迁徙，也就是边缘计算场景。传统的数据中心与终端的两级模式，无法满足新计算的要求，因此，要求算力从网络中心流向边缘进行扩散，构建由中心云、边缘智能和智能终端为主的三级处理体系架构，形成分布式算力基础架构，这已是重要趋势。

算力网络吸纳和调度社会分散算力，以统一服务的方式，结合确定性网络输

送高可靠、可度量、通用化的算力资源，整合拉通后作为新型信息基础设施，为业务提供便捷的即时按需使用。通过算力网络，聚合海量的计算资源、存储资源、海量的应用等构成一个开放的生态，是正在探索的方向。

另外，互联网企业和 IT 厂商正在推行开放计算，推动数据中心向开放、融合、智能化方向发展，驱动数据中心领域的技术共享与标准互通。同时，开放计算正在逐渐向传统行业渗透，电信、金融、游戏、电商等领域已开始尝试部署开放标准的 IT 基础设施，这种趋势也会带动算力网络的建设。

从政策上讲，2021 年，国家发展改革委、中央网信办、工业和信息化部、国家能源局联合印发《全国一体化大数据中心协同创新体系算力枢纽实施方案》，明确提出构建数据中心、云计算、大数据一体化的新型算力网络体系，促进数据要素流通应用。这一动作奠定了全国性的算力网络体系，对未来的发展将起到非常重要的推动作用。

该方案提到 8 个枢纽节点，包括京津冀、长三角、粤港澳大湾区、成渝，以及贵州、内蒙古、甘肃、宁夏，将作为我国算力网络的骨干连接点，发展数据中心集群，开展数据中心与网络、云计算、大数据之间的协同建设。这种节点一旦完成部署与建设，对全国算力网络的成熟将起到重要的推动作用。

8.1.3　分布式存储与计算将进入巅峰时刻

在信息技术领域，基础资源就是计算、存储及内容分发网络，如同现实世界里的阳光、空气与水，是所有数字应用不能缺少的资源，同时决定了信息技术发展的方向与未来。

近年来，随着移动互联网、物联网应用的蓬勃发展，智能终端设备高速增长及普及，感知能力持续增强，进而推动感知数据规模呈现爆炸式增长。但数据中心的存储与计算能力跟不上，这种供需差距的出现，使得云计算中心负载正逐渐达到瓶颈，导致云端往返时延、网络堵塞等问题，云计算很难满足终端环境爆炸式增长的数据处理需求，严重影响云服务质量。

在这种问题出现后，业界经过较长时间的探索，已推出新的解决方案，也就是边缘计算、移动边缘计算、雾计算、分散计算、云边端一体化的技术，利用终端设备的资源就近计算，提供智能服务，缓解数据中心的载力。针对这种发展方向，前面已经做过解读，图 8-1 勾勒了云网端发展趋势的展望。

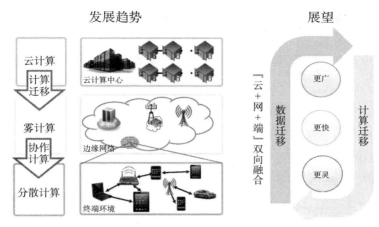

图 8-1　云网端的展望

来源：中国计算机学会《面向云端融合的分布式计算技术研究进展与趋势》

在边缘计算进一步发展的基础上，通过融合以云计算为核心的集中化资源，再辅以终端设备为核心的泛在化资源，将搭建起分布式计算平台，进而支持超大量数据的处理与运用。在这种架构下，边缘网络与终端环境将协作计算、云＋网＋端将双向融合，实现更快速、更灵活的计算，并且更有效地利用冗余的计算容量，保证敏感数据的安全，并通过"自托管"来实现计算能力的去中心化。

同时，中心化存储面临新的变化，分布式存储浮出水面，数据不是在单个公司的服务器上存储数据，而是通过分散的网络进行加密和分发，这就意味着，除了数据所有者之外，没有任何一方可以访问全部数据。

从构成来看，分布式计算系统一般由 P2P 算力网络、信誉评级系统、算力交易系统、任务计算执行系统组成，通过计算机网络相互链接与通信后，分布式计算系统将需要进行大量计算的工程数据分区成若干小块，也就是将一个计算工作分割成若干子任务，分配给多个计算节点，由网络中闲余的计算机提供算力分别计算，在上传运算结果后，将结果合并后得出数据结论。

分布式计算涉及两个环节，一是分散，二是聚合。分布式计算的"分散"，指的是从一个节点出发，把指令或者数据传递到多个节点上运行，按照某种计算规则，驱动这些节点生成计算结果。"聚合"是对结果数据的编排和汇总。

在未来的发展轨迹里，分布式计算预计引入区块链技术，借助后者的不可篡改性和智能合约功能，进一步实现机器间的可信算力交易，进而整合全球算力，支持高性能计算、人工智能、物联网等领域的超大规模数据计算、分析和模拟，同时形成规模化的算力买卖市场。

在理想状况下，分布式计算平台发展到一定水平时，还可能通过共享经济模式收集全球算力，整合闲置算力资源，具有广阔的发展潜力和前景，市场规模增长可期。

目前已经有分布式算力平台的探索者，比如俄罗斯的 SONM 项目，允许用户将个人设备连接到一个虚拟空间，并创造出一个分布式平台，在这个平台上消费者与供应者能够租赁与购买计算能力，价格也会在平台上显示。从平台取得资源后，消费者就能够用来渲染视频，进行数据存储、分析和运算，等等。

深圳的网心科技专注于共享计算和区块链，通过共享经济智能硬件赚钱宝及玩客云，筹集用户家中闲置的计算、存储、带宽资源，把千家万户连接成一张云计算网络，为企业提供优质、低成本的云计算服务。据官网介绍，共享计算产品星域云已建立了包括"150 万 +"家庭节点，"30Tb/s+"储备带宽，"1500PB+"存储空间的大规模云计算网络。

在未来的发展中，一些技术难点将获得解决，比如基于云端融合的服务模式将进一步成熟，云端混合网络融合、数据及任务的迁移等关键技术将成功落地；适用于边缘感知数据的传输协议将出现，并且以较小的通信负载实现海量边缘数据的高效传输；云端融合环境下的服务编排、感知和协作中的诸多问题预计得到更好的解决。此外，要支持分布式计算的成熟落地，全新 IT 基础设施将应运而生，边缘节点需要建立新的架构，以便储存并处理数据。

8.1.4　异构计算大踏步向前，超异构成趋势

异构计算并不是新鲜事物，很早就出现了。随着世界进入数十亿智能设备的时代，数据呈指数级增长，计算也呈多元化发展，越来越多的场景需要从单独的 CPU 转向 CPU、DSP、GPU、ASIC、FPGA 等多种不同计算单元的混合架构，进行加速计算，异构计算应运而生。它的核心点就是异构，用不同制程架构、不同指令集、不同功能的硬件组合起来解决问题。

这里面的 CPU 主要有 x86 和 ARM，其中 x86 CPU 在数据中心和云计算领域占有统治地位，而 ARM CPU 由于其低功耗、低成本等特点，占据绝大部分终端市场，目前逐渐进入数据中心作为异构算力的组成部分；GPU 主要用于图形化数据处理的专有架构；FPGA 作为可编程逻辑门电路，在硬件加速等方面具有优势；还有一些围绕特定场景需求定制的专用芯片，比如针对深度学习设计的各种 TPU，

是 Google 为机器学习定制的专用芯片（ASIC）；擅长处理视频、图像类的海量多媒体数据的 NPU。

一般来讲，异构包括两种，一是芯片级集成方式，即将 CPU IP、GPU IP、DSP IP 等集成到单一 SoC 内；另一种则为板级集成方式，将 CPU、GPU、FPGA 等放在一个板上组合。

而超异构计算，更多是芯片层级，不同的裸片整合封装在同一枚芯片中，数据带宽更大、功耗更低。通过这种技术，能够利用不同架构的芯片，在处理不同数据、不同任务时具备独特的性能和功耗优势。

异构计算能够充分发挥 CPU/GPU 在通用计算上的灵活性，及时响应数据处理需求，搭配上 FPGA/ASIC 等特殊能力，来充分发挥协处理器的效能，根据特定需求合理地分配计算资源。由于异构计算可全面适合 AI 和大数据时代处理海量数据的需求，近年来发展极为迅速，正在成为数据中心、智能手机、5G、智能驾驶等应用领域的主流芯片架构。

英特尔近年来一直在推行 XPU 战略，借助不同架构去处理不同类型数据，根据处理速度或带宽要求进行优化；2020 年，英特尔推出 oneAPI Gold 版本，提供单一、开放和统一的编程模型，简化跨不同架构的开发工作。通过 oneAPI，开发者能够使用跨 XPU 的单一代码库来开发跨架构应用程序，充分利用独特的硬件特性，并降低软件开发维护成本。2020 年 8 月，英特尔宣布了 Hybrid Bonding 技术，能够进一步缩小封装时裸片之间的凸点间距和功耗，这样的封装技术可以让很多新的芯片进行互连，连英特尔最新架构的类脑芯片也可以和传统的 CPU、GPU 互相组合。

同时，英特尔还在打造"超异构"计算，英特尔研究院副总裁、英特尔中国研究院院长宋继强认为，超异构计算是下一个等级的异构计算，具备更强大的封装互连能力和软件能力。

AMD 在异构计算整合方面也早有布局，并选择了四步走的持续性战略，其中第四步是架构和系统整合，从硬件到软件完全实现异构计算支持。2012 年，AMD 成立了 HSA（异构系统架构）基金会，联手 ARM、Imagination、联发科、德州仪器、三星等一线大厂，主推名叫 OpenCL 的异构编程框架。2015 年，AMD 发布名为"Boltzmann 计划"的新款开发工具套件，协助用户更简单地开发兼具高性能与低耗能的异构计算系统。

国内同样有不少企业在发力异构计算，比如百度云，2021 年发布异构 AI 计算平台"百度百舸"，以及首个存储产品体系"百度沧海"。百度百舸由 AI 计算、AI 存储和 AI 容器三部分组成，具备高性能、高弹性和高速互联能力。百度联合英特尔发布第五代云服务器，单核计算性能将提升 20%，实例计算密度提升 30%。

8.1.5　面向未来的前沿计算：量子计算、神经拟态计算等

既要脚踏实地，又要仰望星空。如果说前面说到的各种 XPU 已经近在眼前，那么神经拟态计算（类脑计算）和量子计算等前沿研究又创造了新的想象空间。

神经拟态计算是一个由硬件开发、软件支持、生物模型相互交融而成的领域，模拟的是大脑的计算模式，包含很多并行计算和异步计算，不需要提前进行数据训练，可以在工作的过程中自我学习，大幅提升效率。在人脑这个仅占 3% 人体质量的器官中，1000 亿个神经元携 1000 万亿个突触相连接。在每一秒都有神经元衰老死亡的情况下，大脑仍能运转计算着世界扑面而来的巨大信息量，而功耗非常低。

早在 2017 年，英特尔开发了代号为 Loihi 的自主学习神经拟态芯片，在神经拟态硬件的开发上迈出一步。在 Loihi 芯片基础上，英特尔还打造了一个神经拟态系统 Pohoiki Springs，将计算能力（神经元）扩展到了 1 亿个，将 Loihi 的神经容量增加到一个小型哺乳动物大脑的大小。它将 768 块 Loihi 神经拟态研究芯片集成在 5 台标准服务器大小的机箱中，同时以低于 500 瓦的功率运行。

量子计算已成为全球科技领域关注的焦点，成熟的量子计算技术比现在的超级计算机快得多。一些研究机构与大型企业正在深入研究。以中国为例，2020 年，中国科学技术大学潘建伟团队与中科院上海微系统所、国家并行计算机工程技术研究中心合作，成功构建了 76 个光子的量子计算原型机"九章"，使我国成为全球第二个实现"量子优越性"的国家。

2020 年，英特尔与荷兰量子技术研究中心公布了低温量子控制芯片 Horse Ridge，称其有望同时控制最多 128 个量子比特，并且在量子系统的保真度、扩展性和灵活性方面均有重大进展，正在向商用量子计算机迈进。

一般来说，量子比特要在超低温的环境下工作，人们需要用微波控制它们，而微波需要用电线作为载体。以现在的技术水平，操控 40~50 个量子比特就需要数百根控制线，数量庞大的布线会约束量子系统的扩展性。Horse Ridge 的设计理念是简化量子系统运行时所需的控制线，基于高度集成的系统级芯片（SoC），将 4 个无线电频率信道集成到上面，每个信道负责控制 32 个量子比特，整体就可以

同时控制 128 个量子比特。每个芯片只需要一根线，如果要控制上千个量子比特，则只需要多放一些芯片即可。

IBM 也在积极布局量子计算领域。2016 年，IBM 开放量子云平台，接入 5 比特的量子芯片 Canary；2019 年，IBM 实现了 27 个比特的量子芯片 Falcon；2020年，IBM 向其 IBM Q Network 成员发布了 65 个比特的量子处理器 Hummingbird；2021 年，IBM 推出 127 比特的 Eagle 处理器，在 Eagle 处理器上，IBM 引入并发实时经典计算能力，允许执行更广泛的量子电路和代码。

在英特尔、IBM 等均先后投入量子运算领域发展后，英伟达在 GTC 2021 大会上也宣布推出名为 cuQuantum 的开发工具组，让开发者能透过此开发工具组配合 NVIDIA GPU 进行量子运算特性模拟加速。

2021 年 5 月，谷歌在 I/O 开发者大会上宣布推出第四代 TPU Pods，并将在谷歌的数据中心运行。谷歌正在一个特殊园区推出新的量子计算计划。谷歌 CEO 桑达尔·皮查伊表示，他们的数据中心很快就会有几十个 TPU V4 Pods，其中大部分将以 90% 或接近 90% 的无碳能源运行。此外，TPU V4 Pods 未来将提供给谷歌的云客户。

2019 年，亚马逊 AWS 发布了量子计算服务，名叫 "Amazon Braket"，客户通过 AWS 可随时调用这种服务。

2020 年 5 月，英伟达发布了面积达 826 平方毫米，集成了 540 亿个晶体管的 7nmGPUA100，其在云端推理的基准测试性能是英特尔先进的 CPU 的 237 倍，这意味着它能为人工智能、数据分析、科学计算和云图形工作负载等提供更为强劲的算力支持。

8.1.6　政策对算力未来发展的规划

关于算力的未来规划，相关政策已有部署。据工业和信息化部印发的《新型数据中心发展三年行动计划（2021—2023 年）》，专门针对算力的发展做了规划，重点有以下 5 条。

1. 加快提升算力算效水平。引导新型数据中心集约化、高密化、智能化建设，稳步提高数据中心单体规模、单机架功率，加快高性能、智能计算中心部署，推动 CPU、GPU 等异构算力提升，逐步提高自主研发算力的部署比例，推进新型数据中心算力供应多元化，支撑各类智能应用。

2. 强化产业数字化转型支撑能力。鼓励相关企业加快建设数字化云平台。强化需求牵引和供需对接，推动企业深度上云、用云。完善服务体系建设和 IT 数字化转型成熟度模型，支撑工业等重点领域加速数字化转型。

3. 推动公共算力泛在应用。推进新型数据中心满足政务服务和民生需求，完善公共算力资源供给，优化算力服务体系，提升算力服务调度能力。鼓励企业以云服务等方式提供公共算力资源，降低算力使用成本，提升应用赋能作用。

4. 开展算力算效评价。建立新型数据中心算力算效评估体系；完善算力资源服务体系。全面梳理全国算力资源供给和需求现状，构建算力服务评价体系等。

5. 推动新型数据中心与人工智能等技术协同发展，构建完善新型智能算力生态体系。

8.2　算力产业的趋势：硬件、云计算、产业互联网、算力应用

以算力为核心，已形成一个完整的产业链，主要由软硬件构成，具体包括芯片、服务器、数据中心、超级计算中心、智能算力中心、人工智能、云计算等。以华为的鲲鹏计算产业为例，基于鲲鹏处理器构建的全栈 IT 基础设施、行业应用及服务，包括 PC、服务器、存储、操作系统、中间件、虚拟化、数据库、云服务、行业应用以及咨询管理服务等。

8.2.1　算力硬件产业的趋势

算力硬件主要涉及芯片、服务器等，近年来的变化非常大，其技术不断升级，预计未来数年里还会有新的表现。

1. 芯片的多元化发展趋势

算力芯片中，GPU 已占主导地位。据 IDC 的研究，2020 年，中国的 GPU 服务器占据 95% 左右的市场份额，是数据中心 AI 加速方案的首选。预计到 2024 年，其他类型加速芯片的市场份额将快速发展，AI 芯片市场呈现多元化发展趋势。

同时，芯片厂商不光在制程工艺上进行迭代，还在封装工艺上持续创新。比如英特尔推出了 EMIB 技术和 Foveros 技术，其中 EMIB 是一种高密度的 2D 平面式封装技术，可以将不同类型、不同工艺的芯片 IP 灵活地组合在一起，类似一个松散的 SoC；Foveros 技术为处理器引入了 3D 堆叠式设计，是大幅提升多核心、异构集成芯片的关键技术，可以实现芯片上堆叠芯片，而且能整合不同工艺、结构、

用途的芯片。

在 Computex 2021（2021 年台北国际电脑展）上，AMD 宣布将 Chiplet 封装技术与芯片堆叠技术相结合，为未来的高性能计算产品创造出 3D Chiplet 架构。这项封装技术将 AMD 创新芯片架构与 3D 堆叠技术结合，并采用混合键合方法，可提供超过 200 倍的 2D 芯片互连密度，与现有的 3D 封装解决方案相比，密度可达 15 倍以上。

在算力产业里，人工智能占据关键一席，该产业的火热带动了 AI 芯片的走俏，竞争激烈。

目前，英伟达旗下的 GPU 占据训练市场，而多数推理任务由英特尔 CPU 承担。面向训练和推理场景，国产 AI 芯片厂商均推出了相关产品，比如燧原科技发布第二代人工智能训练产品"邃思 2.0"芯片、基于邃思 2.0 的"云燧 T20"训练加速卡和"云燧 T21"训练 OAM 模组，全面升级的"驭算 TopsRider"软件平台以及全新的"云燧集群"；天数智芯发布全自研、GPU 架构下的 7nm 制程云端训练芯片 B1 及 GPGPU 产品卡；登临科技展示了自主创新的 GPGPU 芯片，解决通用性和高效率难题；壁仞科技将发布通用智能计算芯片产品等。

AI 芯片新架构、新产品层出不穷，更多不同的架构组合陆续出现，进而满足特定领域的需求，架构创新成为关键驱动力。面向场景和实际需求，成为许多 AI 芯片厂商的发力点，比如面向智能安防、工业视觉、车载视觉等场景的芯片，非常热门。

存算一体化正成为新的技术趋势，即计算与存储两个模块的融合设计，以实现对数据的高效处理。在过去 20 年中，处理器性能以每年大约 55% 的速度提升，内存性能的提升速度每年只有 10% 左右，内存性能严重滞后于处理器的计算速度。

随着 AI 技术的发展，数据量、计算量越来越大，"内存墙"（内存性能严重限制 CPU 性能发挥的现象）的问题正变得严重。存算一体有望成为解决芯片性能瓶颈及提升效能比的有效技术手段，这种技术将部分或全部的计算移到存储中，计算单元和存储单元集成在同一个芯片，在存储单元内完成运算。同时，业内提出了多种技术解决方案，比如计算型存储、存内计算、3D 堆叠和类脑计算等。

边缘计算推动芯片的新变化：边缘计算的高速发展，将产生更大量的数据，对芯片处理能力提出新要求，同时，多场景的定制化需求，对芯片的灵活性提出了更高要求。过去，在人工智能图像学习领域，擅长大规模并行计算的 GPU 大展身手，而 ASIC 芯片根据特定算法的需要进行定制，在细分领域具备较强优势。目前市场上主流 ASIC 有 TPU 芯片、NPU 芯片、VPU 芯片以及 BPU 芯片，分别是由谷歌、寒武纪、Intel 以及地平线设计生产。同时，ASIC 是全定制芯片，在某些特定场景下运行效率最高。

面向未来万物互联的物联网时代，FPGA 正迎来快速增长的机会，FPGA 是可编程的加速芯片，开发时间短、占用带宽低、时延低，适配低时延、高密度、多场景的物联时代。

2. 加速计算市场的变化与趋势

不管是 GPU，还是 FPGA 等加速芯片，都正在迎来自己的黄金时代。

IDC 发布的《中国半年度加速计算市场（2020 下半年）跟踪》报告显示，中国 2020 年加速服务器市场规模达到 32.0 亿美元，同比 2019 年增长 52.8%。其中 GPU 服务器占主导地位，拥有 86.3% 的市场份额，市场规模达 27.6 亿美元，同比增长 37.3%。同时 FPGA 等加速服务器的表现相当出色，增速高达 434.0%，市场规模已达到 4.4 亿美元。

在 GPU 市场，英伟达是毋庸置疑的"王者"，但是英伟达并没有局限于 GPU，宣布收购 ARM 之后，英伟达将触角伸向了 CPU、DPU 等 XPU 领域。在 GTC 2021 大会上，英伟达推出了 CPU、DPU 和 GPU 的"组合拳"，帮助用户打造完全可编程的单一 AI 计算单元。另外，英伟达的 DPU 内置了 ARM 核心，可实现具有突破性的网络、存储和安全性能。

在加速计算市场，FPGA 异军突起，正在成为产业新重心。与其他通用逻辑器件或者 ASIC 相比较，FPGA 在灵活性、小规模部署方面具备一定的优势，满足了 5G 通信业务灵活部署、AIoT 市场长尾碎片化的需求。具体来讲，它的优势至少体现在以下两方面。

一是针对每一种具体应用，FPGA 可根据其算法结构进行深度定制，甚至为算法的每个步骤设计专门的执行逻辑，实现较高的计算效率和能效；另一方面，其可编程特性可以加载不同的运算架构，不但可以设计针对图像的计算结构，也可以实现 GPU 并不擅长的搜索、加密解密等计算结构。

二是 FPGA 更适配边缘计算场景。与 GPU 相比，FPGA 大幅优化带宽；与 ASIC 相比，FPGA 灵活性更高，同时，FPGA 在低时延和稳定性上具备优势。不论是低时延的智能制造和车联网，还是高带宽的智慧城市和直播游戏，FPGA 的自身特性都灵活地适配于这些场景。

据 Market Research Future 预测，2025 年全球 FPGA 市场规模将增长至 125

亿美元，复合增速超过 10%。据 Frost&Sullivan 的数据，2020 年全球 FPGA 市场规模达 60.8 亿美元，2021—2025 年 CAGR 为 16.4%，2025 年市场规模预计可达 125.8 亿美元；中国 FPGA 市场从 2016 年 65.5 亿元增长至 2020 年 150.3 亿元，未来中国 FPGA 市场需求量有望持续扩大，预计 2025 年市场规模将达 332.2 亿元。

以目前的市场情况看，已有不少实力厂商进入 FPGA 领域，不过大约 90% 的市场份额由赛灵思、英特尔、莱迪思、美高森美等占领，中国 FPGA 研发厂商有紫光同创、复旦微电子等，占全球 FPGA 市场份额只有几个百分点。

国外厂商方面，赛灵思推出 Vitis 统一软件平台，帮助用户进行软件开发；阿尔特拉提供可编程逻辑的设计工具 Quartus II；莱迪思提供了用于开发 FPGA 的 DIAMOND 软件，同时还提供了 Lattice embedded CPU 的开发平台。

英特尔和赛灵思在 FPGA 市场上走了两种不同的技术路线。对于英特尔而言，它旗下拥有 CPU、GPU、Movidius VPU、FPGA 等多种面向不同场景的计算平台。对于英特尔来说，FPGA 只是一种实现 AI 算法的途径而已。而对于赛灵思来说，FPGA 就是它的全部。

再看国内的情况，国产 FPGA 以中低密度产品为主，大多采取 LUT+ 布线架构，中高密度 FPGA 的技术水平与国际领先厂商相比仍有差距。部分厂商正全力追赶，像紫光同创、高云半导体、复旦微电子等，均有 28nm 千万门级以上产品推出。从未来的走势看，5G、AI 市场未来增量大部分在亚洲，中国 5G 建设进度领先，中国 FPGA 厂商作为后发者很有可能迎来新一轮增长。

此外，FPGA 在人工智能领域处理效率及灵活性具有显著优势，并且 CPU+FPGA+AI 融合架构的 PSoC 芯片深入发展。据 Frost&Sullivan 统计，中国 FPGA 人工智能领域市场 2020 年规模 5.8 亿元，预计 2025 年达 12.5 亿元。

从趋势来看，FPGA 将加速在通信、工业、数据中心等场景的应用，比如在工业领域的应用，各类精准控制马达，并且可在单一芯片上实现多马达控制的 FPGA 提高渗透率；在数据中心领域，FPGA 芯片用于硬件加速，以加速卡的形式与 CPU 搭配，把 CPU 的部分数据运算卸载至 FPGA，将部分需要实时处理 / 加速定制化的计算交由 FPGA 执行，构成数据中心加速层。

3. 对基站与服务器的影响

新的计算浪潮下，基站、服务器都将面临新的挑战与机会。

基站方面，分为宏基站和小基站，其中小基站作为 5G 最具特征的接入场景，有望成为边缘计算的新入口。

服务器方面，大量即时数据的处理下沉到边缘端，边缘服务器的重要程度将提升。边缘服务器将逐步应用与推广，部分客户将选择超融合边缘服务器。原因在于 5G 通信网络需要去中心化，在网络边缘部署小规模或者便携式数据中心，执行终端请求的本地化处理，满足超低时延的需求。

就市场空间来看，据中泰通信的测算，预计到 2023 年，边缘计算领域的算力市场规模有望达到 127 亿美元，近 5 年复合年均增长率约为 43.5%，其中至 2023 年，宏基站端的算力投资规模约 31.25 亿美元，小基站端算力投资规模约 37.5 亿美元，服务器端算力投资规模约 58.5 亿美元。

4. 量子计算机

在超级计算机之外，更强的计算机正在出现，比如超高算力、低能耗的量子计算机，它是根据量子力学原理制造的计算机，以量子的状态作为计算形式，使用的是原子、离子、光子等物理系统，不同类型的量子计算机使用的是不同的粒子。

在某些问题上，量子计算机能超越现有的最强的经典计算机，以我国的"九章"为例，使用的是光子，它处理"高斯玻色取样"的速度，比目前最快的超级计算机"富岳"快一百万亿倍。

IBM 推出了可商用的 20 量子比特量子计算机 IBM Q System One，后来又上线了 53 量子比特量子计算机。谷歌宣称，其量子处理器研究已达到一定水平，超越了所有的经典计算机，包括美国能源部橡树岭国家实验室的超级计算机 Summit，它可以在 3 分 20 秒内完成 Summit 需要大约 10000 年时间才能完成的任务。

华为、阿里、腾讯、百度的 AI 实验室都在展开量子计算机方面的研究，华为对外公布了量子计算模拟器 HiQ 1.0 云服务平台；阿里巴巴达摩院量子实验室完成了第一个可控的量子比特的研发；腾讯在 2018 年搭建了腾讯量子实验室，2020 年底的时候，据天眼查信息，腾讯科技（深圳）有限公司新增多条专利信息，其中包括"量子芯片、量子处理器及量子计算机"。

8.2.2 云计算产业的趋势

多云融合、多网融合正成为新趋势，从用户端来看，采用多个云服务商、多种云形态变得越来越普遍。据《Flexera 2020 年云状态报告》数据，93% 的企业采用了多云策略，87% 的企业则采用了混合云策略，受访者平均使用 2.2 个公共云和 2.2 个私有云。多云策略下，催生多网融合需求，也就是将云服务商打通，让同一企业部署在不同云服务商的数据形成交互。

云原生将成趋势，生在云上，长在云上：企业的业务、产品都会被直接承载在云端，适用于有数据流转的大中型企业。如今大部分企业是一部分业务跑在云上，一部分在云下，步调不一致，多个要素没法完全协同，而在云端，这个问题能很好地解决。直接把业务架构放到云端，一方面能极大地降低企业成本，另一方面能助力企业实现更大程度的查漏补缺、业务延展。

无服务器计算：即 Serverless，正在快速演进，它把开发者从烦琐、冗杂的开发配置工作中解放出来，不需要任何基础设施建设、管理与运维，只需要关注代码的实现，极大地降低了开发门槛。无服务器计算并不是真的没有服务器，只是服务器由第三方服务替代，工作负载仍然在某个服务器上运行着，只不过我们不需要以任何方式部署、配置、维护或管理这些服务器，比如腾讯云和微信联合推出的"小程序·云开发"，上线一年服务超过 50 万开发者。

分布式云：据研究机构 Gartner 预测，到 2025 年，超过 50% 的组织将在其选择的地点使用分布式云。它的意思是将公有云服务（通常包括必要的硬件和软件）分布到不同的物理位置（即边缘），而服务的所有权、运营、治理、更新和发展仍然由原始公有云提供商负责。

分布式云的出现，满足了客户让云计算资源靠近数据和业务活动发生的物理位置的需求。比如华为云发布了分布式云全系列产品服务，并升级了覆盖基础设施、音视频、AI、大数据等众多领域的全栈云原生能力，它的分布式云就是将中心 Region 延伸到业务所需的各类位置，包括城域范围内的热点区域、企业的数据中心机房，以及企业的各类业务现场，以边缘数据中心、企业边缘站点、企业专属 Region、AIoT 边缘节点等形式出现。虽然这些云分布在不同的地理位置，但通过一致的云架构和云网络，实现了业务系统的互通。

网络运营的趋势：从网络建设的角度看，网络建设有望转变成按需驱动，由传统的运营商统一规划建设，转变为按客户需求进行众筹建设。一方面，运营商节省网络建设投资成本；另一方面，企业客户能够按需参与建设网络，满足自身需求。

从网络运营的角度来看，网络运营有望化整为零，包产到户，由传统的运营商统一管理运维包含省干到接入点的庞大网络，转变为企业用户管理运维各自的小型网络。

面向未来工业互联网、人工智能等业务，运营商需要在端到端的网络平面基础上，借助边缘计算打造一张全连接的算力平面，实现算力的全网覆盖，为垂直行业就近提供智能连接基础设施；而边缘端的厂商的服务内容将多样化，具体可以分为行业应用、PaaS 能力、IaaS 设施、硬件设备、机房规划和网络承载几个重要领域。

8.2.3　产业互联网

受益于算力经济时代的到来，产业互联网的发展将进一步提速。此前的 20 年里，互联网完成了人与人的连接，形成了消费者网络。而产业互联网是以企业为主要用户、以产业链的各个环节为主要内容、以提升效率和升级体验为核心价值、产业实现互联网化后的发展新阶段。

产业互联网不是某项单一的技术，而是以数据作为基础资料，综合运用互联网、移动互联网、物联网、大数据、云计算、人工智能等下一代信息技术，使产业链上各企业、各环节实现数字化，每家企业都将变成信息驱动型企业，并以数字化的方式实现互联，重塑企业自身和整条产业链，进一步促进传统产业转型升级，同时带动新兴产业发展。

与消费互联网不同，但产业互联网又依托于消费互联网，把消费互联网的经验和消费者的需求高效传递到产业侧，再实现精准高效供应。产业互联网一方面能够更好地协同人对人的服务，借助数据洞察让人的服务更个性化；另一方面能够借助人工智能实现机器对人的服务，降低对人工的需要，从而提高服务的覆盖能力。

知名咨询公司埃森哲认为，产业互联网的核心价值在于提升产业整体效率，让企业共享产业红利。产业互联网平台归集贸易 / 交易流通、物流、金融服务等海量产业数据，推动生产要素配置方式和生产运营方式的智能化变革，促进产业效能提升，稳定产业链、供应链。

近年来，互联网巨头和传统行业龙头正在加速布局产业互联网。其中，互联网巨头利用在消费互联网市场建立起来的渠道、资本、技术等优势，依托云计算、大数据、网络平台等能力，迅速搭建起产业互联网体系，并入股多家优势突出的企业端（B 端）服务企业，加速产业生态构建与发展。

以腾讯的智慧零售为例，并不是自己向消费者卖东西，而是赋能商户，扮演工具与技术提供者的角色，包括腾讯云、小程序、公众号、移动支付、社交广告，零售商可以在售前、售中、售后等各个环节，使用这些工具，比如用公众号做推广；用小程序实现在线交易，并记录数据。

传统行业龙头企业则依托产业链布局与行业洞察，也在探索产业互联网的实践，比如宝武集团整合大宗商品电子商务资源，打造欧冶云商钢铁产业互联网平台；国电集团将整个集团的煤炭集采服务平台对全行业开放，搭建起电力煤炭 O2O 交易平台。

厦门象屿搭建农产品产业互联网平台，协同科研机构、种肥农药等伙伴，赋能专业合作社、家庭农场、种植大户等，做到农资采购、协调代耕、耕种标准、技术指导、金融保险、产品收购六统一，并延伸到农产品深加工环节，打造农业产业化联合体示范标杆，推动当地农业转型升级。

未来数年里，随着产业互联网在软硬件支持上的成熟，尤其是数据要素的提出、算力的强有力驱动，它将以产业数字生态重构的方式出现。在产业生态伙伴的共同努力下，推动产业生态转型升级、高质量发展，实现产业规模的新一轮增长。从消费互联化到产业互联化，将全面协同升级，实现全场景、全链路的数字化、互联化、智能化。

在算力经济时代，产业互联网将继续保持良好发展态势，并且体现出如下趋势。

趋势一：产业互联网将加速传统产业与数字技术、智能技术的跨界融合发展，使得线上调控、设备远程操控、服务和创新资源共享成为现实，催生出共享制造、全生命周期管理、众包研发、工业直播、个性化定制等具备广阔市场前景的新赛道。

产业的线上、线下融合将成为普遍常态，零售商将把线上、线下销售场景，通过数字化、可视化的方式重构融合；供应链企业也将全面数字化，实现线上、线下一盘货。全链路的数字化将变得更加普遍，从供应链、设计、销售到生产、交付，实现整个生态圈的数字化。

趋势二：产业互联网独角兽、上市公司将增加。近两年来，多家产业互联网公司顺利上市，并赢得认可，比如贝壳找房和明源云。其中，明源云面向房地产相关企业提供 ERP 解决方案及 SaaS 产品，推出云采购、云客、云空间、云链等 SaaS 产品，满足房地产开发商、供应商、资产管理公司、物业管理公司以及房地产产业链上的其他产业参与者的各种需求。

另外，钢铁产业互联网平台欧冶云商、工业零部件领域的怡合达，能源互联网平台能链集团，物流领域的货拉拉、满帮等企业，发展势头相当不错。

趋势三：新基建的推进，将加速产业互联网发展。随着 5G 时代的到来、新基建的推进、数字化深入各个产业，以及算力升级后解决了速度、稳定性等问题，产业互联网还将提速。

新基建包括以 5G、物联网、工业互联网、卫星互联网为代表的通信网络基础设施，以人工智能、云计算、区块链等为代表的新技术基础设施，以数据中心、智能计算中心为代表的算力基础设施等，构成产业互联网发展的基础设施，为算力经济发展与产业数字化提供底层支撑，将加快行业数字化进程，为产业互联网的发展提供新动力，而且可能催生新的产品服务、生产体系和商业模式。

趋势四：企业级 SaaS 将继续成长，2020 年受疫情影响，各种企业应用的 SaaS 受到了广泛欢迎，比如办公协同、文档协作、视频会议。经过多年发展，SaaS 领域出现了很多实力企业，比如用友、金蝶、金山办公、广联达、微盟、有赞、酷家乐、三维家等。腾讯、阿里、华为都在搭建 SaaS 生态，比如华为云构建了涵盖 IaaS、PaaS、数据库和物联网等领域的大量云服务。

随着业务边界的拓展，企业经营管理需求的多样化、复杂化以及企业上云意识的增强，都推动着越来越多的企业开始进行数字化转型。

据 B2B 内参统计，2020 年国内 SaaS 共发生 134 起投融资事件，融资总金额超 157 亿元。2021 年热度同样不减，仅前 4 个月，就发生 54 起投融资事件，融资金额总计约 106.17 亿元，已经达到了 2020 年全年融资金额的 68% 左右。

趋势五：产业互联网与消费互联网并存，合作程度继续加深。消费互联网继续向前发展，精耕细作，把所有数据整合并分类，搭建数据中台，掌握流量来源、深度理解消费者，再用来指导设计、研发与生产。

通过"人—货—场"的数据整合分析来提升整个产业链的生产效率，零售产业链的每一个节点，都将以数据形式存在，研发设计、原料采购、生产制造、物流仓储、批发零售、售后服务、资金流转等各个环节都将逐渐融入 ABC（Artificial Intelligence、Big Data、Cloud Computing）技术平台，实现商流、物流、信息流、资金流的一体化运作，最终实现以消费者为中心的零售业务数字生态搭建。

趋势六：协同升级，构建产业共同体。在传统经济时代，政府部门、科研院所、企业、用户等主体，在物理空间集聚，各自发展，中间的联络相对传统，相互赋能与共创共享显得艰难。算力经济时代，产业互联网打破物理边界，集聚一批产业链上下游企业、研究机构、服务机构、用户等主体，并通过互联互通的创新链、供应链、资金链等推动相互协同合作、密切联系，促成产业创新共同体的建立。

通过数字化打通数据，通过平台实现互联协同，形成闭环。在数据流的基础上，可以重构信用、风控模型。

8.2.4　算力应用的趋势

物理世界和数字世界互相渗透，二者的边界趋于模糊，各种智能物理系统将无处不在，人类有望进入一个万物智联、虚实共生和全真互联的新时代。算力深入各个行业与场景，无处不在，时刻都在发挥着作用。

华为轮值董事长胡厚崑在 2021 世界人工智能大会上表示，在数字经济时代，算力就像水和电一样，一定要成为一种可获得、可负担的资源。

在具体应用方面，算力将以人工智能、区块链、物联网等形式体现，比如深度学习、沉浸式媒体、产业区块链、脑机接口、医疗 AI、人车路网云体系、新一代数字地图等。自动驾驶、智能安防、工业视觉、车载视觉等场景里，已经看到人工智能的力量。在未来的发展中，算力将催生更多热点市场，在起居、出行、运动、教育、医药、医疗、制造、政务、交通、养老等所有领域，都会寻找到它的广阔用武之地。

5G 商用的普及，让直播游戏、AR/VR、智能制造、智慧城市等应用也普及开来，海量的边缘设备需要大带宽、低时延、高性能的边缘计算来满足，进而带动边缘数据中心的需求激增，与超大规模数据中心、云计算协同作用，推动互联网业务创新。

深度学习将一直是产业热点，计算机视觉继续广泛应用于人脸识别、工业视觉、OCR 和视频内容理解等领域，对视觉、听觉、嗅觉、味觉、心理学等多种信号进行融合，实现联合分析，打造高度拟人化的数字虚拟人，创造全新的人机交互方式，进而应用于各个行业。

借助算力的驱动，沉浸式媒体可能改变未来的生活方式，带来更清晰和流畅的沉浸式体验，并促成更多优质内容产品的出现，将影响娱乐消费市场。

在算力的提升、公链的完善和数据打通共享基础上，区块链的响应速度瓶颈得以解决，更多资产将数字化，比如数字化的货币、股票、股权、债券、期货等，以及不动产、知识产权、艺术品、奢侈品、文化遗产、企业资产等。同时，数据资产化将成为热点，一切数字化的文字、音乐、图片作品等都可以得到确权，并进入区块链网络进行交易。

脑机接口有望在康复领域实现突破，脑机接口是脑与外部设备之间建立的通信和控制通道，依赖于多学科的合力推进、更友好的生物材料、更丰富的数据库、更强大的机器学习算法等，算力的提升可能推动这种科技成果的完善，比如帮助脑疾病患者进行主动运动康复、重塑部分脑功能。

算力的升级，预计推动人工智能技术在医疗领域的应用，通过人机协同，扩大医疗供给并提升医疗效率和质量，比如医疗影像 AI、疾病监测预警 AI 和辅助医疗决策 AI 等，可能进入更成熟的阶段，以解决当前知名医院面临的资源与效率困境。

同时，借助物联网设备，提前发现并预测疾病走向，比如通过视频分析和手机传感器等，评估帕金森综合征、心功能、肾功能、骨质疏松、脊柱侧弯等；通过面部、语音、呼吸音、咳嗽音、运动功能等情况，来评估心功能恶化情况等，实现全生命周期的健康管理和个性化精准医疗。一旦这种应用走向成熟，将意味着一个千亿级甚至万亿级的产业出现。

我国技术厂商正在推进新计算的全新应用，比如鲲鹏计算系统，与 2000 多家合作伙伴推出超过 4500 个通过鲲鹏技术认证的产品和解决方案；与 12 家整机厂商达成合作，推出自有品牌的服务器；与麒麟软件、普华基础软件等 6 家操作系统软件提供商共同发行了基于 openEuler 的商用版本操作系统。再者，算力应用的服务模式正在形成，由算力租赁、算力 + 平台服务、算力 + 平台 + 模型服务等构成，有可能复制以前 IDC 服务的辉煌。

8.2.5　算力驱动元宇宙

1992 年，尼尔·斯蒂芬森在其科幻小说《雪崩》中这样描述元宇宙：戴上耳机和目镜，找到连接终端，就能够以虚拟身份进入由计算机模拟、与真实世界平行的虚拟空间。

20 年后，元宇宙大热，带动 VR/AR、在线游戏等迎来又一轮高光时刻。字节跳动斥资 15 亿美元收购 VR 创业公司 Pico；Roblox 在纽交所上市，被称为"元宇宙第一股"；Facebook 宣称五年转型元宇宙公司。

算力被视为构建元宇宙最重要的基础设施，因为元宇宙的虚拟内容、区块链网络等，都离不开算力的支撑。虚拟世界里的图形显示需要算力支持，尤其是 3D 画面都是通过各种计算，实时渲染出来的，每一步都离不开算力。

可以说，算力支撑着元宇宙虚拟内容的创作与体验，更加真实的建模与交互需要更强的算力作为前提。

用户要想获得与现实世界趋向一致的沉浸式体验，就离不开 VR、人工智能等数字技术及数字基础设施不断升级，而这一切的背后还得仰仗强大的算力。

虚拟世界将被增强，现实世界也是如此，将有更多的传感器、摄像头、物联网芯片部署到周围的物理世界中，将实时与它们的虚拟模拟物连接，后者也会与前者交互。总之，我们周围的大部分世界将实现互联，并线上化。

要想满足计算、沉浸、数据同步、动作捕捉、人工智能等需求，必须具备非常高的算力能力。算力的可得性和发展水平将局限和定义元宇宙。

就目前的发展情况来看，元宇宙的一种应用场景是游戏，比如《堡垒之夜》，但它有峰值的限值，如果要允许更多用户同时在线，无疑对算力提出了挑战。

很多元宇宙里的体验都需要复杂的瞬时处理，沉浸式体验最好以高保真度呈现，没有算力，一切将无从谈起。而算力的高速发展，有可能推动元宇宙概念的落地。

8.3　投身又一个黄金时代！如何在算力经济时代胜出

算力经济的发展有 3 种动力：一是技术动力，需要在基础设施建设、软硬件水平，以及算力体系建设上保持领先优势；二是制度动力，从政策支持、标准建立、运营规范等环节入手，既能激活产业活力、加强科研与人才布局，同时又能有序运行；三是市场动力，超大规模的市场是中国的典型优势，需要在算力产业的上下游、算力与行业应用方面提升竞争优势。

1. 对算力经济进行顶层设计

根据我国数字经济发展情况、需求与趋势，针对算力经济进行顶层设计，对国家干线、区块链、东西南北中算力布局进行总体规划与部署。在政策安排上进行前瞻性布局、引导与规范，将算力产业作为新基建和数字经济发展的战略任务，对重大研发项目、产业链布局、区域协同发展、基础设施投资等进行统筹谋划，比如提出建设以数据中心、智能计算中心为代表的算力基础设施等；重点支持虚拟企业专网、智能电网、车联网等七大领域的 5G 创新应用提升工程，并对边缘计算平台建设提出要求等，都是顶层设计的体现。

在充分预判数字经济新业态、新领域对算力结构性需求的基础上，做好算力产业发展的区域协同、上下游协同、基础设施协同的顶层设计。加强算力产业重大项目统筹，合理布局不同区域在算力产业各细分领域的重点发展方向，精准出台鼓励政策，避免各地方一哄而上、重复建设。

2. 加强算力基础设施建设投入

各地建设数据中心、超级计算中心、智算中心的投入已不少，接下来需要针对算力中心的发展趋势以及应用端的需求，建立符合未来趋势的算力中心，并对现有算力基础设施进行升级改造；将各地算力中心联结入网，优化全国的算力资源配置；不仅是在全国，甚至可以考虑全球布局算力"新基建"，在算力总量上建立领先优势。

同时，从国家层面出发，在不同技术路线、不同规模、不同应用的算力发展方向上都有所布局，并快速推进相关基础设施建设，突破依赖于单一技术路线和业态形式发展算力系统的局面。

3. 建立算力相关技术的领先优势

针对芯片制造、架构设计、通用软件、平台软件存在的"卡脖子"问题，集合产、学、研、用多方优势力量，设立战略性的攻关项目，逐步改变算力相关底层技术、基础技术落后的局面。在算力相关的前沿领域保持高投入，在移动通信、量子计算、量子通信等领域争取国际领先；开展异构计算架构体系研究，定义多样性算力未来演进。

对于一些短期内难以转化为经济效益、不被市场经济主体认同的技术路线，政府应设立专门项目给予资金保障。

4. 搭建算力产业联盟

探索算力产业联盟的运营，支持国内龙头企业结成生态联盟，孵化开放的算力生态圈，在基础软件领域实施供需联合创新，统筹布局技术路线，积极推动产业化应用推广。在金融、电信等核心领域开展应用示范工程，推动操作系统、数据库、中间件等基础软件自主创新，牵引基于国产计算体系的大型工业应用软件发展。

推动"东数西算"相关联盟的运行，共同建设算力中心集群，探索算力供需精准对接机制，打开算力资源共享通道，推动区域交流与合作。推动多样性算力产业联盟的运营，凝聚产业力量，共同发布标准规范和应用迁移平台，开展评估评测，牵引国内技术创新和突破，构建开放多元可靠的计算产业供应体系，促进国内多样性算力生态繁荣。

5. 构建完整的数据体系，激活数据要素潜能

在确保个人隐私和数据安全的前提下，探索实现更精准的数据确权、更便捷的数据交易、更合理的数据挖掘应用；充分挖掘数据的多重价值；建设一批高质量公共数据集和算法集，推动数据归集和流通，制定统一的数据格式和元数据标准、

数据标注规范、存储安全标准和使用方法；培育数据中介机构，平衡不同主体在数据开发中的利益，为加速构建数据驱动的生态系统提供数据交易服务。

同时，建立健全政务数据共享协调机制，进一步明确政务数据提供、使用、管理等各相关方的权利和责任，推动数据共享和业务协同，构建全国一体化政务大数据体系等。

6. 推动算力中心的绿色化发展

在我国提出 2030 年前实现碳达峰和 2060 年前实现碳中和的绿色发展战略目标的背景下，算力的绿色化显得至关重要。节能技术要成为算力技术研发的重点方向，新算力设施的建设必须积极使用新能源和能效技术。

大型数据中心要靠近能源相对丰富且存在自然力降温的地区，更多利用可再生能源，创新使用地下水冷却、深海水冷却、自然空气冷却等自然降温方式。在政策执行上，确保能耗标准全面落地，扩大绿色数据中心示范项目范围，支持绿色算力中心的发展。

7. 促进算力应用创新

应用创新是释放潜在需求的重要途径，重点推进制造业、金融业等行业的算力应用创新，引领全球智能制造的发展。探索算力对人工智能发展的驱动，实现语音、图像、视频、搜索等应用性能的提升。

在公共管理领域，也要加强算力的应用创新，包括智慧交通、智慧政务等。例如，2020 年新冠肺炎疫情防控中，就体现了算力的价值，在疫情统计、物资调动、人员流动监控等方面发挥了积极作用。

8. 加强算力核心人才队伍建设

必须增强我国在基础研究、产学研合作和人才培养方面的硬实力，比如数学、量子物理、新材料、量子计算、类脑计算等领域的人才培养；在学科理论、物理建模、数值算法、并行软件实现、硬件支撑等方面进行专业且深入的学习；通过高校学科改革加强对交叉学科人才的培养和储备力度；鼓励高校院所联合行业龙头企业创建国家级或省级人工智能重点实验室、新型研发机构、工程（技术）研究开发中心等创新平台；积极招引全球人工智能人才，加快培养交叉学科复合型人才；同时，随着算力经济的发展与成熟，各个产业应用需要系统维护、服务支撑、技术研发等方面的人才，以及数据中心运维与技术服务专业化人才。

政策加持、资金力挺、精英技术与应用人才躬身入局、技术地基逐渐夯实、新成果陆续浮出水面……多种迹象表现，受益于算力的升级与驱动，数字经济新阶段的大门正徐徐打开。一种新技术能力的建立、一个新时代的到来，既意味着机会的丛生，同时也将对传统架构形成严峻的挑战。要想把握新时代的机遇，在算力经济时代锁定胜局，我们需要全力以赴完成的工作，以及重新掌握的能力还有很多。

［1］曹畅，唐雄燕，张帅，李建飞，等.算力网络：云网融合 2.0 时代的网络架构与关键技术［M］.北京：电子工业出版社，2021.

［2］雷波，陈运清，等.边缘计算与算力网络［M］.北京：电子工业出版社，2020.

［3］郭凯天，司晓，马化腾，等.数字经济：中国创新增长新动能［M］.北京：中信出版社，2017.

［4］庞博夫.区块链商业［M］.北京：北京大学出版社，2019.

［5］任仲文.区块链领导干部读本［M］.北京：人民日报出版社，2018.

［6］bp 中国.bp 世界能源统计年鉴 2021［R］.英国：英国石油公司，2021.

［7］华为技术有限公司.泛在算力：智能社会的基石［R］.广东：华为技术有限公司，2020.

［8］中国信通院.2021年中国算力发展指数白皮书［R］.北京：中国信息通信研究院，2021.

［9］工业和信息化部节能与综合利用司.国家绿色数据中心名单公示［EB/OL］.https://www.miit.gov.cn/jgsj/jns/gzdt/art/2020/art_6552c55bb9f84555b7139b42331f67ba.html，2020-12-03.

［10］李勃，等.新基建：大数据中心时代［M］.北京：电子工业出版社，2021.

［11］钟伟，等.数字货币：金融科技与货币重构［M］.北京：中信出版社，2018.

［12］诺伯特·海林.新货币战争［M］.北京：中信出版社，2020.

［13］汤潇.数字经济：影响未来的新技术、新模式、新产业［M］.北京：人民邮电出版社，2018.

［14］徐子敬，等.链接未来：迎接区块链与数字资产的新时代［M］.北京：机械

工业出版社，2018.

[15] 王汉生.数据资产论［M］.北京：中国人民大学出版社，2018.

[16] 马晓东.数字化转型方法论：落地路径与数据中台［M］.北京：机械工业出版社，2021.

[17] 阿里云基础产品委员会.弹性计算：无处不在的算力［M］.北京：电子工业出版社，2020.

[18] 卜向红，杨爱喜，古家军.边缘计算：5G时代的商业变革与重构［M］.北京：人民邮电出版社，2019.

[19] 中国互联网络信息中心.第47次中国互联网络发展状况统计报告［R］.北京：中国互联网络信息中心，2021.

[20] 工业和信息化部信息通信发展司.全国数据中心应用发展指引.2020［M］.北京：人民邮电出版社，2021.

[21] 郑金武.产业互联网驱动数字经济新蓝海［N］.中国科学报，2021-09-09.

[22] 姚前.中国法定数字货币原型构想［J］.中国金融，2016，（17）.

[23] 中金点睛，彭虎，石晓彬，唐宗其.半导体算力系列一：契合下游应用新场景，国产FPGA步入加速期［EB/OL］.http://stock.jrj.com.cn/hotstock/2021/08/13084633246729.shtml，2021-08-13.

[24] 宫学源.英特尔发布神经拟态计算芯片，可模拟人类大脑自主学习［J］.科技中国，2018，（2）.

[25] 覃彦婷.量子计算机驱动未来［J］.科学启蒙，2021，（5）.

[26] 尼尔·梅塔（Neel Mehta），等.数字货币革命进行时［M］.北京：电子工业出版社，2020.

[27] 王晓云.算力时化：一场新的产业革命［M］.北京：中信出版社，2022.

[28] 尼古拉·尼葛洛庞帝.数字化生存［M］.北京：电子工业出版社，2017.